劳动和社会保障部职业技能鉴定推荐教材

21世纪高等职业教育规划教材
双证教材

设施园艺

（第三版）

主　编　胡繁荣

副主编　王秀林　沈玉林

主　审　喻景权

上海交通大学出版社

内 容 提 要

本书系统地介绍了园艺设施的类型、基本结构及性能，设施园艺的环境特点和调控技术，无土栽培技术，设施园艺种苗技术，设施蔬菜栽培技术和病虫害防治技术，设施果树、花卉栽培技术；设施园艺机械化技术及生长调节剂在园艺植物上的应用，同时突出技能训练，设计了园艺设施的构建、园艺植物的组织培养、环境检测与调控、灌溉技术等能力模块。

本教材适合高职高专园艺、设施农业、园林等专业学生使用，也可供农技人员及农民参考。

图书在版编目(CIP)数据

设施园艺/胡繁荣主编. —3版. —上海：上海交通大学出版社，2016(2021重印)

(21世纪高等职业教育规划教材双证系列)

劳动和社会保障部职业技能鉴定推荐教材

ISBN 978-7-313-03152-5

Ⅰ.设... Ⅱ.胡... Ⅲ.园艺—保护地栽培—高等学校：技术学校—教材 Ⅳ.S62

中国版本图书馆CIP数据核字(2008)第109373号

设 施 园 艺

(第三版)

胡繁荣 主编

上海交通大学出版社出版发行

(上海市番禺路951号 邮政编码200030)

电话：64071208

苏州市古得堡数码印刷有限公司 印刷 全国新华书店经销

开本：787mm×1092mm 1/16 印张：13.25 字数：323千字

2002年10月第1版 2016年2月第3版 2021年2月第9次印刷

ISBN 978-7-313-03152-5 定价：36.00元

前　言

设施园艺是把生物技术、农业工程和环境控制有机结合在一起，创造最适合植物生长的环境条件，从而实现优质、高产、高效的集约化农业，是现代化农业的重要组成部分，也是当今世界各国最有活力的新兴产业之一。通过设施栽培不仅能周年生产优质鲜嫩的蔬菜、水果和花卉，满足市场的需要；而且能大幅度增加产量、改进品质、增加农民的收入。随着农村农业产业结构的不断调整，设施园艺生产进入了蓬勃发展的新时期。为适应社会发展和高等职业技术教育改革的需要，我们编写了这本《设施园艺学》教材，供高职高专园艺、园林、设施园艺、现代农业（艺）、设施农业等专业使用，同时也可供职业培训之用，还可供农技推广人员和农民朋友阅读参考。

根据农业高职院校职业性、技艺性特点，遵照培养应用型人才的目标和以能力为本位的教育思想，本教材内容突出实用性、实践性、应用性、先进性和前瞻性。

本教材不仅涉及与设施园艺有关的内容非常丰富，如设施园艺发展的历史、现状和展望；设施园艺的研究内容；园艺设施的基本结构和覆盖材料；设施园艺的环境特点及调控技术；无土栽培技术；设施园艺种苗技术；设施蔬菜栽培技术；设施蔬菜病虫害防治技术；设施果树、花卉栽培技术；设施园艺机械化技术及生长调节剂在园艺植物上的应用等，同时突出技能训练，设计了园艺设施的构建、园艺植物的组织培养、环境检测与调控、灌溉技术等能力模块。每一个能力模块由若干个技能单元组成，每一个技能单元又分解为若干个可操作的单项技能。

本书自 2003 年问世以来，先后多次印刷，读者的厚爱更激励了我们心中的责任感，为了能更适应高职教育教学需要，我们对教材进行了修订。修订的内容，一是将书名《设施园艺学》改为《设施园艺》，二是改正了个别错误，三是对若干章节进行了调整，删繁就简，增加了茄子、厚皮甜瓜设施栽培技术内容。

在教材编写过程中，全体参编人员付出了辛苦的劳动。胡繁荣担任主编，副主编为王秀林、沈玉英。全书分工如下：沈玉英编写第 4、11 章和能力模块 2 等内容，施雪良编写第 7 章和能力模块 4 等内容，王秀林负责设施园艺编写大纲的修订、第 4 章等内容，胡繁荣编写第 1、2、3、6、8、9、10、12、13、14、15、16 以及能力模块 1、3 等内容，并负责全书的统稿。本教材承蒙浙江大学博士生导师喻景权教授认真、细致地审阅了全部内容，并提出了许多宝贵的意见。书中引用借鉴了有关专著的研究资料和图片，在编写过程中，还得到了浙江省金华职业技术学院和上海交通大学出版社的大力支持，在此一并致谢。

由于编写时间仓促，加上编者水平所限，一定有许多错误和不足之处，敬请老师、同学和园艺业界的广大朋友提出宝贵意见。

编者

2008 年 6 月

目　录

1　走进设施园艺

学习目标

理解设施园艺概念，了解园艺设施的重要性和发展历史，熟悉国内外园艺设施现状、问题及发展前景。

1.1　设施园艺的内容

设施园艺是指在外界自然条件不适宜园艺植物生长的季节，采用温室等人工设施及相关联的加温保温、降温降湿、通风遮光等设备装置，人为地创造适合园艺植物生长发育的小气候环境生产蔬菜、花卉、水果等园艺产品的一种环境调控农业。它通过人工、机械或智能化技术，有效地调控设施内光照、温度、湿度、土壤水分与营养、室内 CO_2 浓度等环境要素，按照栽培要求为各种园艺作物提供适宜乃至最佳的生育环境，有效地克服外界不良条件的影响，科学、合理地利用国土资源、光热资源、人力资源，从而有效地提高劳动生产率和优质农产品的产出率，大幅度增加经济效益、社会效益和生态效益。

1.2　我国设施园艺的特点

中国是世界上应用设施园艺技术历史最悠久的国家之一。我国的设施园艺最早的文字记载见于西汉的《汉书补遗》："太官园种冬生葱韭菜菇，覆以屋庑，昼夜燃蕴火，得温气乃生……"到了唐朝，温室种菜又有发展。王建在《宫词》中写道："酒幔高楼一百家，宫前杨柳寺前花，内园分得温汤水，二月中旬已进瓜。"说明我国1 200多年前已用天然温泉进行瓜类栽培。到了元朝已有风障栽培韭菜的技术。清朝时候，北京有了"北京式土温室"。新中国成立后，随着生产的发展，人们对蔬菜产量、品质需求水平的提高，有力地促进了设施蔬菜栽培技术的发展。各地根据气候和物资条件，因地制宜，就地取材，发展设施栽培，由简单到复杂，由小型到中大型，逐步形成多种类型、多种方式的设施栽培技术体制。

1.2.1　设施蔬菜栽培由城镇郊区向农作区发展

改革开放前，我国设施蔬菜栽培多集中在大中城市近郊及老菜区，现向广大农作区发展，目前在山东寿光、苍山，河北永年，辽宁海城、北宁，河南扶沟，安徽和县等广大农作区发展了一大批集中连片大规模产业化设施栽培生产基地，并建立了相应的大市场，成为全国大流通的蔬菜集散中心。

1.2.2 设施蔬菜栽培区向南扩展

设施蔬菜栽培过去多集中在东北、华北及西北地区，后向黄河中下游的黄淮平原发展，成为新的主产区。近年来设施栽培在沿长江流域、长江中下游以及长江以南的广大地区，如安徽、浙江、江苏、湖北、江西等省发展迅猛，形成了新的发展热点。

1.2.3 节能日光温室发展迅速

节能日光温室以其结构性能优越，建造容易，适合我国目前经济、技术水平，能实现高产高效的突出功能而受到广大农民的青睐，发展速度很快，配套设备及技术日趋完善，对解决我国北方冬春季节鲜菜供应的巨大作用越来越被人们所认识。

1.2.4 设施结构趋于大型化

温室、大棚等大型园艺设施在园艺设施中所占的比重增加，1981～1982 年度中小拱棚占总设施面积的 69%，薄膜温室及大棚占 14%和 17%；而到 1995～1996 年度温室、大棚面积已分别上升到 26%和 27%，说明我国设施结构趋于大型化。

1.2.5 种植作物种类多元化

过去设施栽培的作物种类非常单调，90%以上是黄瓜、番茄、芹菜、白菜、甘蓝等，现设施内种植的种类向名、特、优、新蔬菜发展；向多种类多品种方向迅速发展；向甜瓜、西瓜、草莓、食用菌以及桃、油桃、苹果、大樱桃、葡萄等高产值的果树作物方向发展；向月季、菊、满天星、香石竹等切花，杜鹃、仙客来以及小仓兰、郁金香等盆花、球根花方向发展。设施栽培已突破蔬菜向多元化方向迈进。

1.2.6 无土栽培发展迅速

无土栽培具有节肥、节水、省力、省农药和高产、优质等特点，是设施农业工程技术的重要内容。当前，我国无土栽培中应用较多的是由中国农业科学院蔬菜花卉研究所推出的成本低、管理简单、产品质量达到国家绿色食品标准的有机生态型无土栽培技术。近年来，我国无土栽培面积增长迅速，1990 年仅为 $7hm^2$，2000 年达 $500hm^2$，示范效果良好，经济效益、社会效益及生态效益比较显著。

1.2.7 绿色食品芽苗菜生产开始普及

在设施内生产 AA 级绿色食品芽苗菜已在全国一些城镇开始普及，作业方法简单、成本低廉，可以生产豌豆芽苗、香椿芽、萝卜芽、蕹菜芽、枸杞头、荞麦芽、菊苣芽等 10 余种芽苗菜。生产过程中不施化肥，禁施农药，其产品能达到中国绿色食品发展中心所提出的 AA 级绿色食品的标准，在扩大设施内栽培面积、开拓营销市场方面很有前景。因此它不仅有丰厚的经济效益，而且社会效益、生态效益也十分显著。

1.2.8 设施类型多样化

我国目前的园艺设施主要有塑料大棚、中小拱棚、加温温室、普通温室和节能型日光温室等设施；有遮阳网及避雨栽培，有不织布、防虫网覆盖夏季抗虫栽培等多种栽培类型，可进行秋冬茬、冬春茬、早春茬、夏秋茬抗热栽培等。设施类型的多样化和栽培种类品种的多样化使某些蔬菜种类和品种可周年生产、周年均衡供给，不仅有效地丰富了菜篮子，而且对发展农村经济、脱贫致富，对社会稳定、促进国民经济发展都有重要的意义和作用。

1.3 设施园艺技术的展望

1.3.1 国外设施园艺的现状与发展

目前，世界各国均在以设施园艺为切入点，建造现代园艺设施，通过投入自动化、机械化、微电子智能化的高新技术，使设施内的温度、湿度、光照、营养等综合环境自动控制，以达到作物所需的最佳状态；使生产作业高度自动化和机械化，达到科学配置和合理利用资源。由于自动化和智能化高科技的应用，栽培环境不受自然条件的影响，使园艺产品现代化生产成为现实。

面对 21 世纪世界人口膨胀、资源短缺、环境恶化、食物安全供给矛盾突出等严峻问题，发达国家在设施园艺工程技术研究开发方面投入巨资，进行了大量综合性的研究和科学探索，取得了显著的成就。

1.3.1.1 建立植物工厂

植物工厂是继温室之后新设计制造出的一种高度集约化、自动化、工厂化生产的农业设施工程，是个密闭的建筑物。它与温室不同点在于可以完全摆脱外界自然条件和不良气候的影响和制约，应用近代先进的技术设备、装置，按照不同作物对环境条件的需求，实现人工控制生育环境，全年均衡进行农产品生产，达到高产、优质、均衡供给的目的。

目前，高效益的植物工厂在某些发达国家发展迅速，已经实现了工厂化生产蔬菜、食用菌和名贵花木等。美国现在正在研究利用植物工厂种植小麦、水稻，以及进行植物组织培养和脱毒、快繁。据报道，近年日本已有企业建立了面积为 1 500 m^2 的植物工厂，并安装有农用机器人，从播种、培育到收获实现了智能化。由于这种植物工厂的作物生长环境不受外界气候等条件影响，蔬菜种苗移栽两周后即可收获，全年收获产品 20 茬以上，蔬菜年产量是露地栽培的数十倍，是温室栽培的 10 倍以上，荷兰、美国采用工厂化生产蘑菇，每年可栽培 6.5 个周期，每平方米产菇 25.3 kg。

目前，美国、日本、奥地利、澳大利亚等国建立的植物工厂有 30 余座，主要用于科学研究和探索。植物工厂建造成本高，尚未达到实用化阶段，降低设备投资和运行成本是今后重要的研究课题。

1.3.1.2 生物圈 2 号

建立在美国南部亚利桑那州的“生物圈 2 号”，是与世隔离的、从事专门研究的特殊设施，总面积为 1.58 hm^2，按地球上热带海洋、热带雨林、沙漠、沼泽、灌木丛、草原以及集约农业等分为 7 个区，用现代科学的方法生产作物。第一批进去的 8 人都是各类科学家，进行为期 2 年的研究；第二批进去 6 人，进行 1 年研究；第三批进去 6 人，进行 5 年研究。尽管存在不少问题，但“生物圈 2 号”的作物产量比地球上高 16 倍。我们居住的地球被称为“生物圈 1 号”。“生物圈 3 号”、“生物圈 4 号”将分别建立在南极和北极。“生物圈 5 号”将发射到月球，以解决人类长期在宇宙空间的生存问题，估计在 2020 年。

1.3.1.3 美国宇航局的无土栽培研究

美国宇航局委托一些大学和研究机构，研究用最小的面积生产供 1 个人在太空中的必要食物，并研究人的排泄物等充分循环再利用问题。最新技术为：每平方米面积可种植小麦 10 000 株（种 1.2 m^2 的小麦就够一个人吃的面粉），玉米株高仅 40～50 cm 就成熟了；西红柿每平方米种 100～120 株。目前，支持一个人在太空中生活，吃的东西包括麦、薯、豆、菜等，每人只需 6 m^2 就够了，这些作物从种到收一般为 50～60 d。

在基础理论方面，过去认为各种植物都有个“光饱和点”，超过饱和点，光照强度增加，植物的产量是不会增加的。现在通过航天植物生产研究，认为只要各种条件配合好，光强增加，植物的产量可直线上升。

1.3.1.4 机器人移苗与灌溉

现在蔬菜、花卉和苗木生产的数量激增，育苗中移苗需要很多人工，由于按时工资不断提高，促使了移苗机器人的诞生。所谓机器人，实际上是一个机器手，前面有两个类似大头针的传感器，是具有视觉和触角两种功能的综合体。机器手将育苗盘上小苗孔的幼苗移栽到大苗孔的苗盘上，平均 1.2 s 移 1 株，移栽几十万株苗的繁重劳动，对机器人来说是很容易的，并且它能辨别好苗和坏苗，具体操作时能把好苗有条不紊地移栽到预定的位置上，而把坏苗抛到一边。

机器人还能指挥灌溉。新式的育苗盘底部设有排水孔，机器人能准确测出育苗盘的水分，根据光反射和折射的原理来准确测定植物需水量，进行适量灌溉，这样就没有多余的水流出，既节约用水，减少病虫害发生，又能保持环境清洁。

1.3.1.5 耐低温弱光优良品种的选育

世界上设施农业最发达的国家首推荷兰。荷兰培育的多种作物在低温、弱光的外界环境下生长良好。北欧的冬季和春季，阴天多、晴天少，但设施内培育的黄瓜仍结果累累，耐病，皮较光滑，适合于单果塑料包装。这种果实商品性好，放在室内常温条件下 10d，仍然能保持新鲜。中国的黄瓜品种大多不耐弱光，果皮刺多，不适合于单果塑料包装，在国际市场上竞争能力差。

荷兰培育的卡鲁素(Caruso)番茄品种，在世界各地都表现良好，果形整齐，不易裂果，产量高。中国的番茄容易裂果，耐贮性差。

荷兰的月季花每年产 250～350 枝/m^2，中国年产 150 枝/m^2。荷兰切花出口量占全世界总出口量的 71%，每年出口 9.2×10^8 枝；另外，哥伦比亚占 9%，以色列占 6%，意大利占 5%。

1.3.1.6 育苗基质及营养液的自动调节系统

西欧过去认为草炭育苗好，后来改为岩棉，现在认为椰子壳纤维育苗最好。

欧洲共同体已规定，21 世纪全部温室作物生产必须实行无土栽培。配制营养液是个重要技术,发达国家无土栽培的营养液配制已实现自动化,由计算机控制营养液的酸碱度和电导度,还能根据太阳辐射强度来调整植物所需要的元素;而我国无土栽培的营养液配制,基本上还是用人工调节。

1.3.1.7 设施内环境调控与智能化管理系统

设施内栽培,根据作物不同生育阶段所需要的最佳条件,设定量化指标,由环境综合控制系统即智能化管理系统对设施内的温度、湿度、照度、CO_2 浓度、土壤水分、营养等综合因子进行监测和有效的调控,使其充分满足不同作物在不同生育阶段对环境条件的需求,以发挥最大的生产能力。日本在植物工厂内通过智能化综合环境调控,对番茄、甜瓜、黄瓜进行水气栽培,单株结果数番茄达 12 000 个,黄瓜 3 300 条,甜瓜 90 个,显示了巨大的生产潜力。

智能化综合管理系统可以与气象、市场、周边农作物生产网络、病虫害发生测报以及 Internet 相接,通过计算机网络可以了解各方面的信息,指导高产高效的栽培作业,实现信息网络化、环境调控自动化、各项作业机械化,进入设施农业工程技术高层次、工厂化新境地。

1.3.2 我国设施园艺与先进国家的差距及对策

1.3.2.1 差距

(1) *技术路线落后* 发达国家工业基础好,科技先进,经济实力强,发展设施园艺采用了高投入、高产出、高效益的技术路线,实践证明是成功的。而我国经济实力不强,且农产品比价较低,生产上采取低投入、低能耗、设施简易,应尽力走提高产量、增加效益的路线。

(2) *设备、设施装备水平低* 我国目前园艺设施多为结构简单、性能较差、抗御自然灾害能力不强的竹木结构塑料大棚、中小拱棚以及就地取材建造的节能型日光温室,而现代化温室数量相对较少。

(3) *设施环境调控能力差* 我国塑料大棚、中小拱棚及温室一般均无自动环境调节装置,基本上靠手工作业通风、降温、排湿来完成设施内的生育环境调节,而增温、增光则更多地依赖于太阳辐射。设施环境调控完全处于被动局面。

(4) *劳动生产率与机械化水平低* 我国目前的设施栽培各技术环节均由手工作业完成,工效低。

(5) *缺乏专用品种,产量水平低* 我国设施栽培专用品种及其对设施环境的适应能力、产量和质量水平与国外品种相比相差较远。专用良种缺乏、设施装备落后、环境调控能力不强,加之配套技术不规范,使我国设施园艺高产、优质、高效的技术体系不能形成。我国设施栽培的黄瓜、番茄产量仅 7～8 kg/m^2,而荷兰温室黄瓜、番茄 1 季产量可达 30～50 kg/m^2,较我国高出3～5 倍。

(6) *采后加工处理技术滞后* 设施园艺产品采后加工处理是增强商品性、提高产品档次、增加产值的有效方法。国外对设施园艺产品的加工包装非常考究,其程序包括产品预冷、清选、分级、加工包装、张贴商标等系列过程,部分产品的加工包装实现了自动化和机械化。在保冷、保鲜、保质的条件下,尽量减少流通环节,尽快到达消费者手中。对出口产品的加工、分级、包装规格要求更高。

(7) *我国园艺产品分级加工包装设备、采后产品加工贮藏配套技术严重滞后* 我国园艺产品加工率仅占15%，而发达国家一般在60%以上，甚至达到100%。设施产品加工设备和技术落后的局面与我国设施栽培面积急剧扩大、产量增加，广大市民对提高产品质量的要求和出口创汇是不相适应的。生产—加工—销售有机结合、互相促进，完全与市场经济发展相适应的管理体制和运行机制尚未形成，而分散经营、各自为战的传统的栽培方式与落后的销售方式阻碍了设施园艺工程技术全面深入地发展。

(8) *资源浪费严重* 我国目前的设施园艺是劳动力密集型的传统栽培法，是资源依赖型农耕方式，对土地、种子、化肥、水资源、光热资源都存在严重的浪费现象。化肥的大量施用还造成了土壤及生态环境的污染。节能型日光温室实际利用面积仅为50%。采用大水漫灌的灌溉方式，水分利用率仅为30%～40%，这与先进国家自动化、科学化节能节水技术相差甚远。

1.3.2.2 今后研究的课题

针对我国设施栽培发展现状及其与国外先进国家的差距，考虑我国目前的实际情况和可能，应在如下几个方面深入研究开发，以尽快将我国设施农业工程技术提高到一个崭新的阶段。

(1) *加强种苗技术研究开发* 科研单位、新品种选育专营单位、高等院校应充分利用我国丰富的种质资源和世界先进的育种技术，选育适于设施内耐低温寡照、抗病、优质、高产的专用品种，这是大幅度增加单产、改进和提高产品质量的基础；同时在那些设施栽培面积大、集中连片、产业化程度高的地区应研究适应我国栽培习惯且适用性、技术性、经济效益都好的工厂化育苗技术，使蔬菜集中生产、分散供给，逐步改变家家搞大棚、户户育菜苗的落后局面。

(2) *提高园艺设施总体装备水平* 针对我国目前大棚、中小拱棚、温室、节能型日光温室结构简单、牢固性差、性能不强、抗御自然灾害能力差的现实，应根据目前的经济实力和可能，对量大面广的设施按照科学的设计原理，选用高强度材料进行逐步改造，以增强性能，提高抗灾能力。

(3) *研制开发具中国特色的现代温室或连栋大棚* 根据我国经济、技术、需求和气候条件的实际，在保证质量、增强牢固性和适用性的条件下，要尽力降低温室造价。温室以轻型耐用、抗风雪荷载力强、性能好、便于组装、能控制环境为原则。

(4) *提高设施环境的能力* 我国目前已从国外引进大量大型连栋智能化现代温室，其自动化和智能化综合环境调控能力强。但是，我国仍有 1.333×10^6 hm^2 以上的设施栽培面积结构简单，环境调节仍以人工手动为主，自动化程度低、劳动强度高、作业环境差、工作效率低。所以在考虑设施环境自动化、智能化的时候，应注重对国外自动化环境调控系统的消化吸收。

在研究开发我国设施综合环境调控装置专家管理系统时，一方面要参照国外的经验，另外也应结合我国气候与栽培特点，试验、总结并提示不同作物生长发育、产量形成以及病虫害发生与温、光、湿、气、土等环境要素的关系参数，逐步实现设施环境调控自动化、智能化，使管理规范化、科学化，将设施农业工程技术水平提高到一个新的高度。

(5) *提高劳动者素质，增产增效* 我国设施栽培发展速度很快，大型的产业化的设施园艺区域多集中在以粮棉生产为主的农作区。这里技术水平相对较低，总体产量水平与先进国家相比差距甚远，还未脱离传统的经验式的管理，所以提高劳动者的文化素质，用设施栽培的高新技术和科学化栽培管理技术武装农民、教育农民，使其全面、系统地掌握高产、高效栽培技术并能灵活运用，是大幅度增加产量、提高效益的基础条件。

(6) 开展采后处理及加工商品化技术的开发研究　随着人们生活水平的提高和对园艺产品外观及内在质量要求的不断提高，国家对出口农产品质量提出了更高的要求，传统的方法已完全不能满足高度商品化的需求，所以对设施园艺产品进行采后分级、清选、包装、预冷、加附商标等系列化采后处理就成为必不可少的生产环节。因此要研究开发采后加工的设备及相配套的先进加工技术，这是提高产品档次、增加产品附加值、强化商品性、增加效益、满足需求不可少的措施之一。

1.4　如何学好设施园艺课程

学习设施园艺课程，不仅要了解环境条件的调控原理、园艺设施结构、性能变化规律，而且要掌握一般的设计原理及施工要求。因此，要在学习植物生长与环境、植物课程、植物保护、园艺机械、电子计算机应用等课程的基础上，进一步学习研究园艺植物的形态特征和生物学特性等，要学会将园艺植物这些特性与园艺设施环境特征有机地结合，充分发挥有利的环境因素，改善或消除不利的环境因素。设施栽培是反季节栽培，作物经常会遇到逆境，如低温、寡照或高温、高湿等，所以，除掌握一般的植物生理学知识外，对逆境生理的有关理论，应特别注意学习掌握，使环境调控做到有的放矢。

设施园艺课程是一门实践性强的课程，学习者应经常深入生产实践，通过实际观察和操作，掌握其知识和技能。

思考题

1. 设施园艺的内容包括哪些？
2. 简述我国设施园艺发展的特点、存在的问题与今后研究方向。
3. 何为植物工厂、航天植物生产和生物圈 2 号？
4. 简述国外设施园艺发展的现状和趋势。

2 简易园艺设施

学习目标

了解地面简易覆盖和近地面覆盖的类型和作用，能正确选择建造风障、温床的场所，能使用工具建造酿热温床、电热温床。

简易园艺设施主要包括地面简易覆盖和近地面覆盖两类。其中，地面简易覆盖又包括砂田覆盖、秸秆和草粪覆盖、瓦盆和泥盆覆盖、水罩覆盖等类型；近地面覆盖又包括风障畦、阳畦、朝阳沟、温床等类型。这些园艺设施虽然多是较原始的保护栽培设施类型，但由于它具有取材容易、覆盖简单、价格低廉、经济效益相对较显著等优点，目前仍在许多地区应用。

2.1 地面简易覆盖

2.1.1 砂田覆盖

砂田覆盖栽培起源于我国甘肃省中部地区，至今已有四五百年的历史。砂田主要分布于我国西北的甘肃、青海、宁夏、陕西及新疆等地。

2.1.1.1 砂田覆盖的方式

砂田可分为旱砂田和水砂田两种。旱砂田主要分布于高原和沟谷中，以种植粮食作物为主。水砂田分布于水源充足的地方，以种植蔬菜和瓜果为主。

砂田是用大小不等的卵石和粗砂分层覆盖在土壤表面而成。在铺砂前要进行土壤翻耕，并施足底肥，压实。铺砂后一般土壤不再翻耕，但有时在前茬作物采收后进行翻砂，以多积蓄雨水，有利于下茬作物生长。旱砂田的铺砂厚度一般为 10～16 cm，其使用年限可达 40～60 a。水砂田的铺砂厚度一般为 5～7 cm，使用年限为 4～5 a。

铺设砂田是一项费时、费工的农田基本建设，一般每公顷砂田用工 900～1 200 个，用沙量 10×10^4～20×10^4 kg。因砂田使用年限较长，因此必须注意质量。具体应注意以下 5 个方面：

① 底田要平整，并要做到“三犁三耙”，镇压，使其外实内松。

② 施足基肥，一般每公顷施有机肥 3.75×10^4～7.5×10^4 kg，并需追施氮磷钾无机肥。

③ 选用含土少、色深、松散的、合适沙子和表面棱角少而圆滑、直径在 8 cm 以下的卵石，砂、石比例以 6∶4 或 5∶5 为宜。

④ 铺砂厚度要均匀一致，旱砂田或气候干旱、蒸发量大的地区应铺厚些；水砂田或气候阴凉、雨水较多的地区应适当薄些。

⑤ 整地时应修好防洪渠沟，使排水通畅。

2.1.1.2 砂田的性能

(1) 保持土壤水分　因砂粒空隙大,降雨后雨水立刻渗入地下,减少了地表径流,增加了土壤含水量。据测定:砂田的水分渗透率比土田高 9 倍。同时也因为砂粒空隙大,不能与土壤的毛细管连接,因此土壤水分不能通过毛细管的张力而大量向外蒸发,从而达到了良好的保墒作用。据检测,砂田3～10月的含水量变化很小;而且砂田与土田相比,越是土壤表层,砂田比土田的含水量越多。如 0～10 cm 土田平均含水量为 7.92%,而砂田为 15.72%。

(2) 增加土壤温度　因砂、石凸凹不平,使地表面的受热面积较大,还因为砂、石松散,其内部有大量的空气,因此降低了砂、石整体的热容量,从而使白天砂、石增温较快。这些热量不断地传导到土层中,使土壤也增温较快。而且当外界降温时,由于砂、石疏松,土层中的热量又不容易传导到地表上来,减少了放热,所以砂田土壤温度要比土田高。据测定,3 月份砂田平均土壤温度为 8.52℃,土田则为 5.32℃。

(3) 具有保肥作用　因砂田地表径流很少,肥料被冲刷的也少,而且无机盐类挥发损失也少,又由于砂田很少翻耕,有机质分解较慢,因此具有一定的保肥作用。砂、石覆盖后,也可减少杂草的危害。

2.1.1.3 砂田的应用

低温干旱地区可利用水砂田栽培喜温果菜类蔬菜,西北地区多栽培甜瓜、白兰瓜和西瓜等瓜果类作物。

1.1.2 秸秆及草、粪覆盖

2.1.2.1 秸秆覆盖

秸秆覆盖是在畦面上或垄沟及垄台上铺一层农作物(如稻草)秸秆,铺设厚度因目的不同而异,一般为 4～5 cm。

铺设秸秆的作用有:可保持土壤水分稳定,减少浇水次数。可保持土壤温度稳定。由于稻草疏松,导热率低,因此南方地区覆盖稻草可减少太阳辐射能向地中传导,故可适当降低土壤温度;而北方地区秋冬季节覆盖稻草可减少土壤中的热量向外传导,从而保持土壤有较高的温度。可防止土壤板结和杂草丛生。可防止土传病害的侵染。由于覆盖稻草后减少了降雨时土壤溅到植株上,因此减少了土传病害的侵染机会,从而减轻了病害的发生。可以减少土壤水分蒸发,降低空气湿度,从而也可起到减轻病害发生的作用。

秸秆覆盖在我国南方地区夏季蔬菜生产中应用较多;北方地区主要在浅播的小粒种子(如芹菜、韭菜、葱等)播种时,为防止播种后土壤干裂以及越冬蔬菜冻害时应用。

2.1.2.2 草粪覆盖

草、粪覆盖是初冬大地封冻前,一般在外界气温降至－5～－4℃,在浇过封冻水的地面上已有些见干时,在畦面上盖一层 4～5 cm 厚的碎草或土粪。在初春夜间气温回升到－5～－4℃时撤除覆盖物。如果过早撤除覆盖物,在覆盖物下已开始萌发的植株易受冻害;如果过晚撤除覆盖物,已萌发的植株由于长期见不到光而叶片黄弱,湿度大时还会造成植株茎叶腐烂。草、粪覆盖可减轻表层土壤的冻结程度，保护越冬植物不受冻害而安全越冬；同时可使土壤提前解冻，使植株早萌发生长，达到提早采收和丰产的目的；而且还可减少土壤水分蒸发，保持土壤墒情，避免春季温度回升时因土壤缺水而造成越冬植株枯死。

草、粪覆盖主要在我国北方越冬蔬菜中应用较多，但应用草、粪覆盖时还要与其他措施相结合，才能取得很好的效果。如草、粪覆盖配合风障，可大大提高地温，促进提早采收；适时播种可增加植株的抗寒力；及时浇封冻水可避免第二年春天由于土壤干裂而死苗等。

2.1.3 瓦盆和泥盆覆盖

瓦盆及泥盆覆盖是在早春夜间将瓦盆或泥盆扣在已定植的幼苗上。这种覆盖必须是傍晚扣上，早晨揭开，并将盆放在幼苗的北侧，既可在白天对幼苗遮光，还可防止西北风或北风吹苗，目前在我国西北一些地方应用。此外，国外还有水罩覆盖，又称“水围墙”，是将双层厚的塑料薄膜充满水，做成钟罩状，每罩扣一株苗，作用类似瓦盆，但因透光故可昼夜覆盖。这些覆盖具有防风、防霜、减少地面辐射、提高温度的作用，与小拱棚相比，具有成本低廉、不需坚固骨架材料等特点，但管理费工，保温效果也较差，只适合小面积应用。这些覆盖主要用于早春果菜类蔬菜提早定植，一般可提早定植 7～10 d，提早收获 10 d 左右。

2.1.4 浮动覆盖

浮动覆盖也称直接覆盖或浮面覆盖（主要形式有露地浮动覆盖、小拱棚浮动覆盖、温室和大棚浮动覆盖等三种），是将透明覆盖材料直接覆盖在作物表面的一种保温栽培方法。浮动覆盖常用的覆盖材料有不织布（无纺布）、遮阳网等。蔬菜作物播种或定植后，盖上覆盖材料，周围用绳索或土壤固定住。覆盖材料的面积要大于覆盖畦的实际面积，给作物生长留有余地。在大型落叶果树上应用时，可将覆盖物罩在树冠上，在基部用绳索固定在树干上。

采用浮动覆盖可使温度提高 1～3℃，春秋应用可使耐寒和半耐寒蔬菜露地栽培提早或延晚生长 20～30 d，喜温蔬菜提早或延晚，果树提早发芽生长 10～15 d，也可使叶菜类蔬菜春提早和秋延晚栽培，落叶果树春提早栽培，特别是防止霜冻效果较好。

2.2 近地面保护设施

2.2.1 风障畦

2.2.1.1 风障畦的结构

风障是设置在菜田栽培畦北面的防风屏障物，由篱笆、披风及土背三部分组成，用于阻挡季候风，提高栽培畦内的温度。风障根据设置的不同，分为小风障和大风障两种。

小风障畦的结构简单，只在菜畦的北面竖立高 1 m 左右的芦苇、竹竿夹稻草等做成的风障。它的防风范围较小，在春季每排风障只能保护相当于风障高度两三倍的菜畦面积。

大风障畦又有完全风障和简易风障两种。完全风障（普通风障）是由篱笆、披风、土背三部分组成，高为 1.5～2.5 m，并夹附高 1～1.5 m 的披风，披风较厚。简易风障（或称迎风障）只设置一排篱笆，高度 1.5～2.0 m，密度也稀，前后可以透视。

风障一般用芦苇、高粱秸或竹竿等夹设篱笆，用稻草、山茅草、苇席、草包片等做披风。近年来，有废旧薄膜代替稻草做披风，做成薄膜风障。西欧和北欧应用的薄膜风障，是用 15 cm 宽的黑色塑料薄膜条，编织在木桩拉起的铁丝网上。黑色薄膜条每编一条空一条(15 cm)，形成能透 50%风的薄膜风障。日本的网纱风障是用寒冷纱绑在木桩或铁架上，形成单排风障或围障，相当于我国的迎风障。

风障可以减弱风速，稳定畦面的气流，利用太阳光热提高畦内的气温和地温，改善风障前的小气候条件。风障的防风、防寒保温的有效范围为风障高度的 8～12 倍，最有效的范围是 1.5～2倍。

2.2.1.2 风障的性能

(1) *防风* 风障减弱风速、稳定气流的作用较明显。风障一般可减弱风速 10%～50%。风速越大，防风效果越好。风障排数越多，风速越小；距离风障越远，风速越大，越能显示出风障的防风作用，这也说明风障的设置以多排的风障群为好。

(2) *增温* 风障能提高气温和地温，在 1～2 月的严寒季节，露地地表温度可达－17 ℃时，风障畦内地表温度可达－11 ℃。风障增温效果以有风晴天最显著，阴天不显著；距风障越近温度越高；但随着距离地面高度的增加，障内外温度差异不断减小，50 cm 以上的高度已无明显差异。障内外地温的差异比气温稍大，如距风障 0.5 m 处地温高于露地 2 倍多，而在阴天时只比露地高 0.6 ℃。风障前的温度来源于阳光辐射及障面反射，因此辐射的强度越大，畦温与地温越高；又由于障前局部气流稳定，并有防止水蒸气扩散的作用，因此可减少地面辐射热的损失。白天障前的气温与地温比露地要高。在夜间，由于风障畦没有覆盖物保温，土壤向外散热，障前冷空气下沉，形成垂直对流，使大量的辐射热损失而温度下降，但障内近地面的温度及地温仍比露地略高。

(3) *减少冻土层深度* 由于风障的防风、增温作用，障前冻土层的深度比露地浅，距风障越远冻土层越深。风障后的冻土层，由于遮荫而比露地深，地温也比风障前、甚至比露地还低。入春后当露地开始解冻 7～12 cm 时，风障前 3 m 内已完全解冻，比露地约提早 20 d，畦温比露地高 6 ℃左右，因而可提早播种或定植。

风障由于设施结构的特点，也存在着一些缺点。例如，白天虽能增温，并达到适温要求，但夜间由于没有保温设施，而经常处于冻结状态，因此生产上的局限性很大，季节性很强，效益较低。由于风障的热源是光热，因此在阴天多、日照率低的地区不适用，在高寒及高纬度地区应用时效果不明显；另外，在南风多或乱流风的地区也会影响使用效果。

2.2.1.3 风障畦的设置及应用

(1) *风障方位和角度* 风障的设置在与当地的季候风方向垂直时防风的效果最好。除考虑风向外，也应注意障前的光照情况，要避免遮荫。华北地区冬、春季以西北风为主，北风占 50%，故风障方向以东西延长、正南北，或偏东南 5°为好。

风障夹设与地面的角度，冬、春季以保持 70°～75°为好；入夏后为防止遮荫以 90°(垂直)为好，即冬季角度小，增强受光、保温；夏季角度大，避免遮荫。简易风障多采用垂直设立，见图 2.1。

(2) *风障的距离* 风障的距离应根据生产季节、蔬菜种类、栽培方式、风障的类型和材料

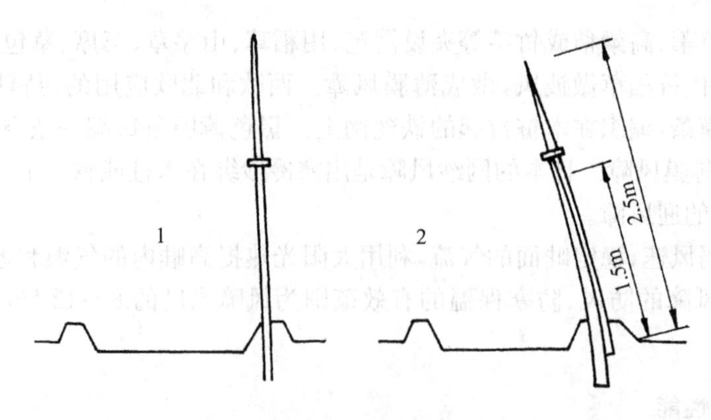

图 2.1　大风障畦

1. 迎风障畦；2. 普通风障畦

的多少而定。一般完全风障主要在冬春季使用，每排风障之间的距离为 5～7 m，或相当于风障高度的 3.5～4.5 倍，保护三四个栽培畦(即并一畦、并二畦至并四畦)。简易风障主要用于春季及初夏，每排之间距离为 8～14 m，最大距离有 15～25 m。小风障的距离为 1.5～3.3 m。大、小风障可以配合使用。

(3) 风障的长度和排数　长排风障比短排的防风效果好，可减少风障两头风的回流影响。在风障材料少时，夹多排风障不如减少排数延长风障长度。夹设长排风障时，单排风障不如多排的防风、保温效果好。

(4) 应用　风障畦多用在我国北方晴天多及风多的地方，主要用于蔬菜栽培，花卉栽培用得较少；秋、冬季用于耐寒蔬菜越冬栽培，如菠菜、韭菜、青蒜、小葱的风障根茬栽培等；与薄膜覆盖结合进行根茬菜早熟栽培；用于幼苗防寒越冬，如小葱、大葱等，或用于早春提早播种叶菜类及提早定植果菜类等；也可用于一些宿根花卉的越冬栽培；春小菜提早播种，如小萝卜、小白菜、茴香等，或提早定植叶菜及果菜类；也可与地膜覆盖结合进行早熟栽培，或为蔬菜种株防风采种等。

2.2.2　温床

温床是一种比较简易的育苗或栽培设备。温床因覆盖材料不同可分为玻璃温床和塑料薄膜温床两类。这两类中各有日光温床和加温温床。加温温床又因热源不同，有酿热温床、电热温床以及水热、烟热温床。玻璃温床依床面朝向又有单斜面与双斜面之别。单斜面玻璃温床保暖性好，适宜作播种床。

2.2.2.1　日光温床

日光温床又称冷床，是一种单斜面的保温式苗床，主要是利用日光提高床温。日光温床由床孔、南墙、北墙、透明覆盖物(薄膜或玻璃)及不透明覆盖物(草席、蒲席)等组成，见图 2.2。

(1) 结构　日光温床床面朝向一般坐北朝南，稍偏西，下午床面可以得到较多的光照；东西横长(长约 10～20 m)，北高南低(南墙高 8～15 cm，北墙高 40～50 cm)，上盖玻璃窗或塑料薄膜。床面窗盖与地面呈 17°～18°的倾斜度。苗床前后各开一条深 0.2～0.3 m 的排水沟，以降低苗床内的湿度。温床宽 1.2～1.5 m，太长或太宽操作不便。温床群内，两床之间相距约 2 m，使互相不挡光，并便于放置农具与来往操作。

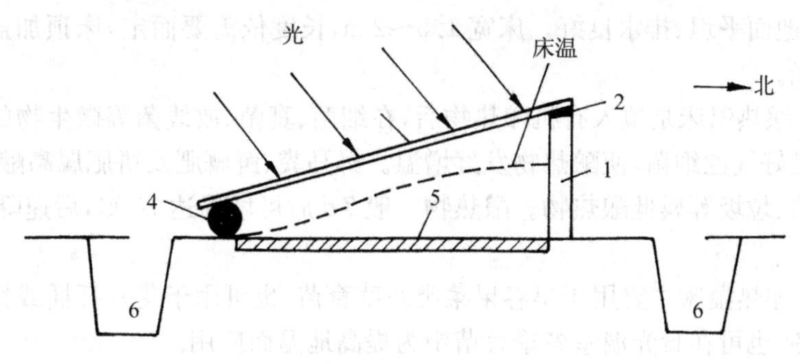

图 2.2　日光温床

1. 北墙；2. 覆盖物；3. 窗盖；4. 南墙；5. 床孔与床土；6. 排水沟

(2) 筑墙　南北墙可用稻草、泥土、木材、水泥、砖头等制作。应用最普遍的是泥墙，既保温，又经济，育苗完毕，推平墙土即可耕作。泥墙外面加草片或塑料薄膜更能耐雨和保温。泥墙一般厚 25～26 cm。前墙因为床面窗盖上的水滴下淌，宜用砖砌或草墙，以免倒塌。杭州市郊的温床，南墙多用稻草捆扎 8～10 cm 粗的"草把"代替，既省事又不会倒塌。

(3) 铺床土　在平整的床底上，铺 15～20 cm 的培养土。培养土一般由焦泥灰、风化的陈河泥、腐熟堆肥以及肥沃清洁的园土混合而成。腐熟有机质与园土的配比依土壤肥力和苗床用途而异。如播种床要求土质疏松，腐熟有机质与园土体积比为 4∶6；移植床为了移苗带土，腐熟有机质与黏土体积比为 3∶7。培养土视土壤肥力增施肥料，可加适量腐熟的鸡粪、毛灰、过磷酸钙、硫酸钾等，但不要过多，以防浓肥伤根。配制培养土要掌握疏松、透气、肥沃、没有病虫的原则。

(4) 覆盖物　温床覆盖物有玻璃窗、塑料薄膜、草片、无纺布等，要求轻便，使用灵活。

2.2.2.2　酿热温床

酿热温床是在日光温床的基础上，在床下开孔铺设酿热物来提高床内温度的温床，见图 2.3。根据酿热物释放热量、日光照射以及苗床四周热量散失的情况，在挖床孔时床底要做成弓背形。一般在距北墙 1/3 处为最高，南墙处最低，北墙处居中，其比例大致为 4∶6∶5，只有这样才能使苗床内床土的温度基本一致，秧苗生长较为平衡整齐。酿热物的平均厚度为 20～25 cm。在填酿热物时要掌握好有机物的碳/氮比（一般为 15～30）和含水量（一般为 65%～75%）。

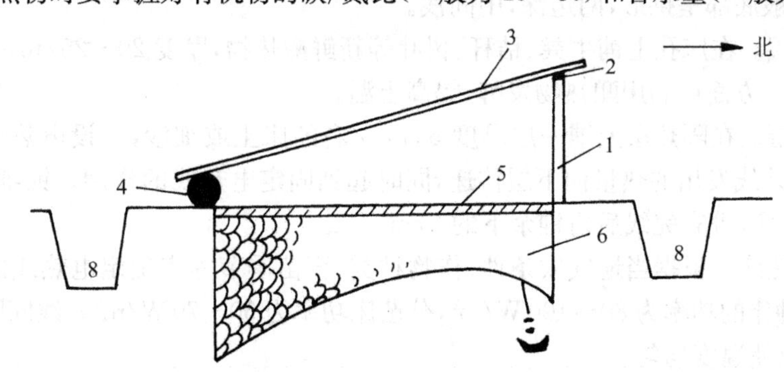

图 2.3　酿热温床结构示意图

1. 后墙；2. 草辫；3. 窗盖；4. 草绳；5. 床土；6. 酿热物；7. 床孔底；8. 排水沟

(1) 温床的结构　温床由床框、床孔、覆盖物、酿热物或加温设备等组成。温床建造场地要求背风向阳、地面平坦、排水良好。床宽 1.5～2 m，长度依需要而定，床顶加盖玻璃或薄膜，呈斜面以利透光。

(2) 性能　酿热温床是填入有机酿热物后，在细菌、真菌、放线菌等微生物的作用下，其中起主导作用的是好气性细菌，使酿热物发酵增温。鲜马粪、鲜厩肥及饼肥属高酿热物，而牛粪、猪粪、稻草、麦秸、垃圾等属低酿热物。酿热物一般 7 d 后可增温达 70℃，后速降至 50℃，以后降温变缓。

(3) 应用　酿热温床主要用于早春果菜类蔬菜育苗，也可用于花卉扦插或播种，或秋播草花或盆花的越冬；也可在日光温室冬季育苗中为提高地温而应用。

2.2.2.3　电热温床

电热温床是指利用电热线把电能转变为热能进行土壤加温的设备，可自动调节温度，且能保持温度均匀，可进行空气加温和土壤加温，见图 2.4。电热温床设置可分为地上式和地下式两种。凡床面与地面相平的称为地下式，它具有较好的保温性和保湿性，宜建在地下水位较低的地方，常用来育苗。凡床面高于地面的称地上式，它有利于土温的升高，宜建在地下水位较高的地方，常用作移苗床。生产上为了节省电能，常常把酿热温床与电热温床结合起来应用。

(1) 设备

① 电热线。电热线使电能转变成热能，给土壤加温。通常为 0.6～0.9 mm 外包漆皮的镀锌铁扎丝。目前大都使用上海农机所生产的产品，型号为 DV 系列 250～1 000 W 几种规格，其长度有 50 m、60 m、80 m、100 m 和 120 m 等 5 种类型。

② 控温仪。市售的农业专用控温仪，可控制土壤耕层温度，产品有上海生产的 KWD 型号。

③ 交流接触器。交流接触器是用来增大电压负荷的一种电器设备。控温仪最大负荷为 10 A，只能负担 2 根 5A 的电热线；如果超过负荷，可用交流接触器增容。

④ 调控板。为了安全用电，将开关、保险盒、指示灯等附属电器件安装在调控板上，以便于操作。

(2) 电热温床的建造

① 挖床孔。电热温床可在酿热温床的基础上建造。挖土深 25～35 cm。为了保证温床床面温度一致，一般底部呈拱形，两边深，中间浅。

② 设隔热层。在床孔上铺牛粪、秸秆、树叶等新鲜酿热物，厚度 20～25 cm，一方面阻止热量向下传递，另一方面可利用酿热物发酵，提高土温。

③ 铺散热层。在隔热层上铺一层厚度 5 cm 左右的床土或细沙，内设电热线。沙的导热性较好，可使电热线发出的热量向下层传递，同时起到固定电热线的作用。铺细沙时，应先铺约 3 cm 厚，整平实，等布完线后再铺余下的 2 cm。

④ 铺设电热线。根据当地气候条件、作物种类、育苗季节等来确定电热线的功率及铺设密度。一般播种床的功率为 80～100 W/m²，分苗床功率为 50～70 W/m²。线间距一般中间稍稀，两边稍密，以使温度均匀。

铺线道数＝苗床宽/线距

每道线长度＝电加温线长度－床宽/铺线道数

先用万能表检查每根电热线是否有折断、接头开焊等情况，不通电不能用。在温床两头按

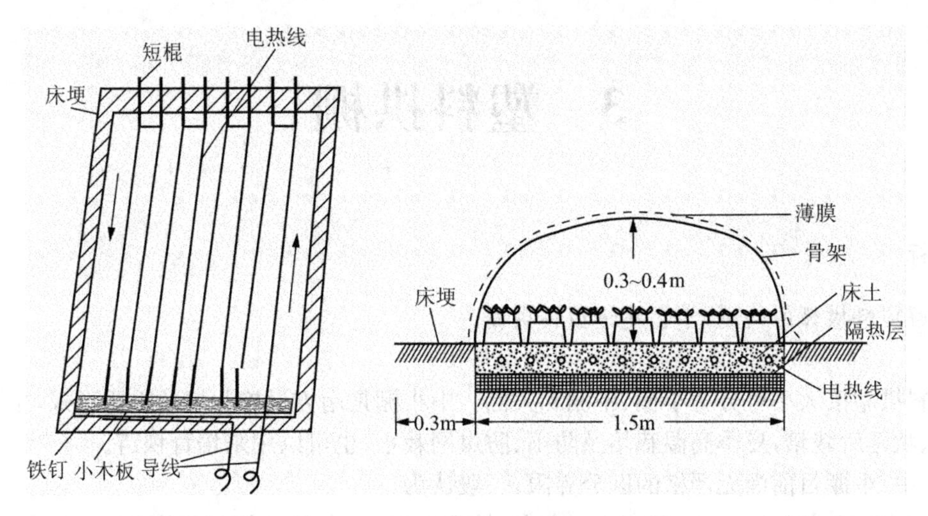

图 2.4　电热温床

8～12 cm距离均匀插牢一些木桩，在畦内来回放线。注意不要把电热线拉得太紧，两个线头要在同一侧，以便接通电源。温床的边线可稍密些，中间线距可稀些，以便保持全温床温度均匀。铺完电热线后每隔 2～3 cm 横压一些土，固定位置。再检查电线，确认通电后，即可铺放营养土 2 cm 厚。注意不要移动电热线位置，留线头在温床外。埋完后将床面土整平、踩实，撒一层草木灰等作为标记，以免起苗时把电热线弄坏、切断。然后再铺营养土至所需厚度 8～10 cm，整平后待育苗。

⑤ 安装控温仪。据负载功率大小，正确选择控温仪的连接方法和接线方法。控温仪应安装于控制盒内，置阴凉干燥安全处。感温探头插入床土层，其引线最长不得超过 100 cm。控温仪使用前应核对调整零点，然后设定所需的温度值。要按生产厂家说明书安装操作。

（3）注意事项

① 必须按说明书的规定接线，单相电路必须并联；三相电路面线根数为 3 的倍数，可用“Y”形接法或“△”接法。

② 电热线严禁绕成圈在空气中通电；不能随意截短或接长。如破损应按说明书规定的方法焊接。

③ 布线时不得交叉、重叠或扭结。接头要埋入土中，以免发热黏结或烧毁。

④ 通电前，对变压器、供电线路、电线粗细、电闸容量等进行全面检查，不能超负荷。

⑤ 拆除电加温线时，不要硬拉强拔，应先扒开培土、细沙或基质，取出加温线，擦净泥土，检查、盘卷收藏。

（4）应用　电热温床主要用于冬春园艺作物育苗及黄瓜、番茄等早熟栽培。

思考题

1. 地面简易覆盖有哪些类型？
2. 近地面保护设施有哪些类型？
3. 简述风障畦的结构和性能。
4. 温床有哪几种类型？
5. 酿热温床如何建造？

3 塑料拱棚

学习目标

了解塑料拱棚的构造，学会建造塑料拱棚。

塑料拱棚按大小可分为小棚、中棚和大棚。中小棚是南方设施栽培的重要形式，主要用于春提前、秋延后栽培，夏季高温栽培及防雨、防虫网栽培，也可以用来培育秧苗。

大、中、小棚目前尚无严格的区分界限，一般认为：

① 小棚：跨度1.5～3 m，棚高1 m左右，长20～30 m，每棚栽培面积为30～90 m^2。

② 中棚：跨度4～5 m，棚高1.6～1.8 m，长30～50 m，每棚栽培面积为120～250 m^2。

③ 大棚：跨度6～10 m，棚高2.0～2.7 m，长40～60 m，每棚栽培面积为200～300 m^2及以上。

在目前南方设施栽培中，绝大部分大棚的高度在1.8～2 m及以下，实际上为中拱棚。

3.1 小棚

小棚是全国各地应用最普遍、面积最大的简易保护设施。小棚取材方便，成本低，操作简单，保温降温效果好，适于短期园艺植物栽培及育苗。

小棚的拱架用竹片、细竹竿、树条插成弧形，也可用钢筋弯成。

3.1.1 结构

3.1.1.1 竹片小拱棚

跨度2 m，高1 m，竹片两端插入地中，棚长8～10 m，每60 cm设一道拱架。

3.1.1.2 细竹竿小拱棚

跨度3 m，高1 m，由两根细竹竿头插入地中，上部连接固定在中部横梁上，横梁用竹竿或木杆架在中柱上。每2m左右设一中柱。

3.1.1.3 钢筋小拱棚

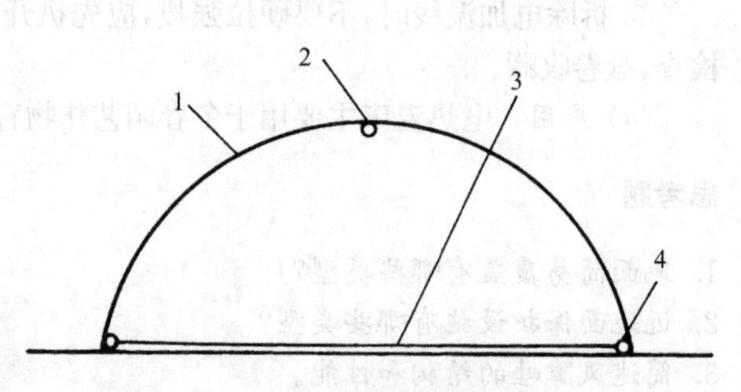

图3.1 钢筋小拱棚

1. 拱架；2. 中间拉接；3. 底部拉接；4. 固定跨度钢筋

跨度2m，高1.1m，用Φ14～16钢筋弯成，底部和中部由三道Φ14～16钢筋焊接成整体，长8～10 m，两端和中间由三道Φ10钢筋固定跨度，使用时放在畦面上，用后抬走。钢筋小拱棚见图 3.1。

3.1.1.4 矮平棚

矮平棚多用于华南地区，可分单畦小平棚和连片大平棚。方法是先用粗短竹竿在畦面每隔 3.5 m 搭一龙门架，棚架高 0.8～1 m，台风多发区为 0.6～0.8 m，然后在架顶盖网或棚膜，拉平直、扎稳，形成平面棚，见图 3.2。矮平棚适用于夏秋季生长期短的叶菜类及高温季节的甘蓝类、芹菜、莴苣的育苗。

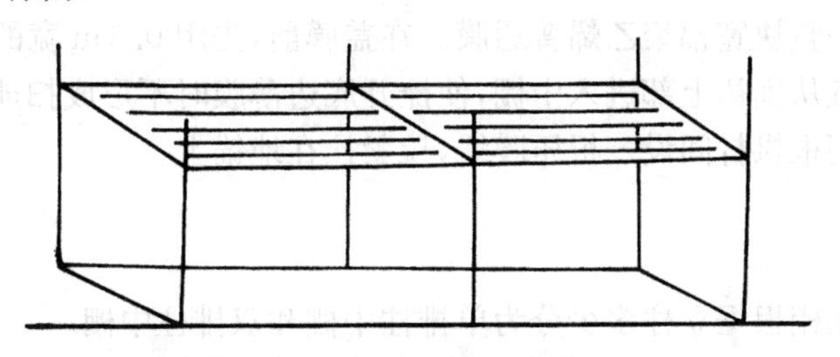

图 3.2 矮平棚覆盖示意图

3.1.1.5 半拱圆形小棚

半拱圆形小棚的特点是在棚的北侧有一道墙，骨架的一端插入畦埂，另一端插入墙中，形成半拱圆形，用塑料薄膜覆盖，栽培面积大，保温性能好。半拱圆形小棚见图 3.3。

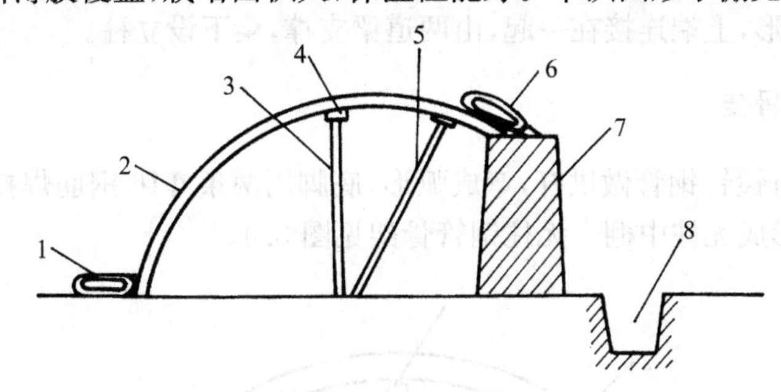

图 3.3 半拱圆形小棚

1. 纸被；2. 竹片拱架；3. 中柱；4. 梁；5. 后柱；6. 草帘；7. 后墙；8. 沟

3.1.2 性能及应用

小棚的热源为阳光，在一般条件下，小拱棚的增温能力只有 3℃～6℃，外界气温升高，棚内最大增温能力可达 15℃～20℃。冬春用于生产的小拱棚必须加盖草帘防寒。小棚多用于茄果类、瓜类、豆类、根菜类、甘蓝类等春提前及秋延后栽培。

3.1.3 特点

小棚结构简单，体积小，负载轻，取材方便。

3.2 中棚

3.2.1 结构

中棚的面积和空间比小棚稍大,人可以进入棚内操作。中棚有竹木结构、钢管或钢筋结构及钢竹混合结构。一般,根据棚的跨度可有 1~2 排支柱或无柱。

覆盖薄膜选用一整块宽幅聚乙烯普通膜。在盖膜前,先用 0.6 m 宽的薄膜,在棚内四周作围裙,通风时,冷空气从围裙上部进入中棚,使撩开底边薄膜时不形成扫地风。棚膜四周拉紧,埋入土中踩实。每两根拱杆间设一根压膜线,拉紧拴在地锚上。

3.2.1.1 竹木结构

竹木结构的中拱棚根据立柱多少分为单排柱中棚和双排柱中棚。

(1) 单排柱中棚 跨度 4~6 m,高 1.8 m,中部设 1 排支柱,拱杆间距 1 m,每隔三个拱杆设一根支柱,支柱距棚面 20 处用木杆或竹竿纵向连接,用 10 号铅丝拧紧,把各立柱固定成整体。拱杆由竹竿弯成弧形,两端插入地中。拱杆下端无支柱的用吊柱下端固定在纵杆上,上端支撑拱杆。

(2) 双排柱中棚 跨度 6 m,高 2 m,用竹片做拱杆,间距 1m。拱杆由 2 根竹片构成,两端插入土中,弯成拱圆形,上端连接在一起,由两道梁支撑,梁下设立柱。

3.2.1.2 无柱钢管骨架

无柱中棚用 4 分镀锌钢管做拱杆,弯成弧形,底脚用两条 Φ16 钢筋焊接,棚顶下面用 4 分钢管焊成横向连接形成无柱中棚。无柱钢管骨架见图 3.4。

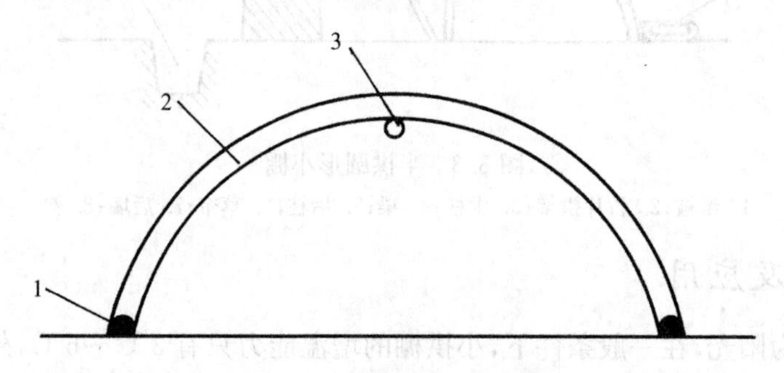

图 3.4 无柱钢管骨架中棚

1. Φ16 钢筋;2. 镀锌钢管;3. 横向连接钢管

3.2.1.3 有柱钢筋骨架中棚

跨度 6 m,高 1.8~2 m,用 Φ16 钢筋作拱杆。拱杆间距 1m,弯成拱圆形,两端插入土中。为防下沉,在靠地表 10 cm 处焊接上长 10 cm 的钢筋。在拱杆中部向下焊接 6 cm 长的 4 分钢管,穿入 Φ16 钢筋的立柱,钻透孔,插入钉子固定。立柱下端也焊接钢筋防沉。有柱钢筋骨架中棚见图 3.5。

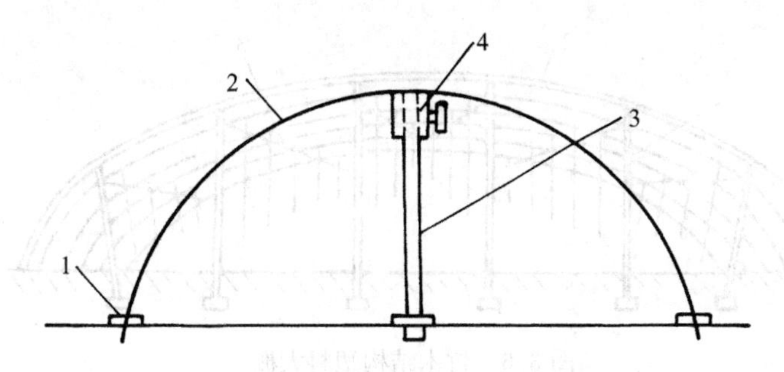

图 3.5　有柱钢筋骨架中棚

1. 脚钢筋；2. 镀锌钢管；3. Φ16 钢筋立柱；4. 立柱接头

3.2.2　性能与应用

中棚性能一般强于小棚。由于空间小，热容量少，晴天日出后温度上升特别快，夜间或阴天温度下降也快，保温效果不如大棚，但覆盖草帘后强于大棚。中棚可进行春提前及秋延后栽培，或用于育苗及分苗。

3.3　大棚

塑料大棚是一种简易实用的保护地栽培设施，由于其建造容易、使用方便、投资较少，随着塑料工业的发展，被世界各国普遍采用。

塑料大棚充分利用太阳能，有一定的保温作用，并通过卷膜能在一定范围调节棚内的温度和湿度。因此，塑料大棚在我国北方地区主要是用于春提前、秋延后的保温栽培，一般春季可提前 30～35 d，秋季能延后 20～25 d，但不能进行越冬栽培。在我国南方地区，塑料大棚除了冬春季节用于蔬菜、花卉的保温和越冬栽培外，还可更换遮阳网用于夏秋季节的遮荫降温和防雨、防风、防雹等的设施栽培。

3.3.1　类型

从大棚的结构和建造材料上分析，应用较多和比较实用的主要有三种类型。

3.3.1.1　简易竹木结构大棚

这种结构的大棚各地区不尽相同，但其主要参数和棚形基本一致，大同小异。主要以竹木材料作支撑结构的塑料大棚。拱杆用竹竿或毛竹片，屋面纵向系梁和室内柱用竹竿或圆木，跨度 6～12 m，长度 30～60 m，脊高 1.8～2.5 m。按棚宽（跨度）方向每 2 m 设一立柱，立柱粗 6～8 cm，顶端形成拱形，拱架间距 1 m，并用纵拉杆连接。竹木结构塑料大棚取材方便，投资低，建造简单，但是存在着室内多柱、空间低矮、操作不便、机械化作业困难、骨架遮荫面积大、结构抗风雪能力差等缺陷。竹木结构塑料大棚见图 3.6。

3.3.1.2　钢架结构大棚

该类型结构的大棚以钢筋或钢筋与钢管焊接成平面或空间桁架作为大棚的骨架，跨度8～20 m，长度 50～80 m，脊高 2.6～3.0 m，拱距 1.0～1.2 m。这种大棚的优势是骨架强度高、室

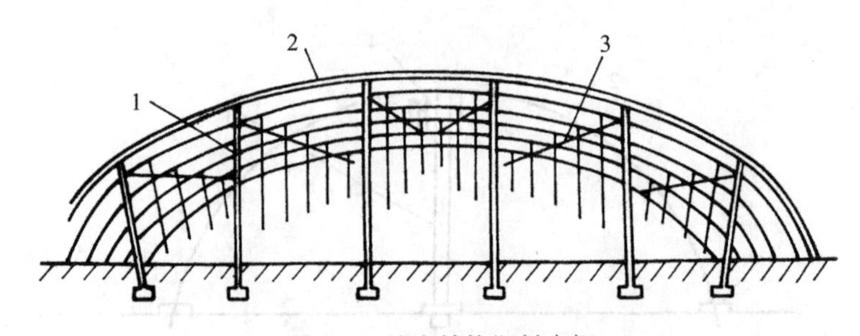

图 3.6　竹木结构塑料大棚

1. 立柱；2. 拱杆；3. 拉杆；4. 立柱横木

内无柱、空间大、透光性能好。但因为室内高湿度对钢材的腐蚀作用强，所以，几乎每年都需要对钢材做刷漆保养。

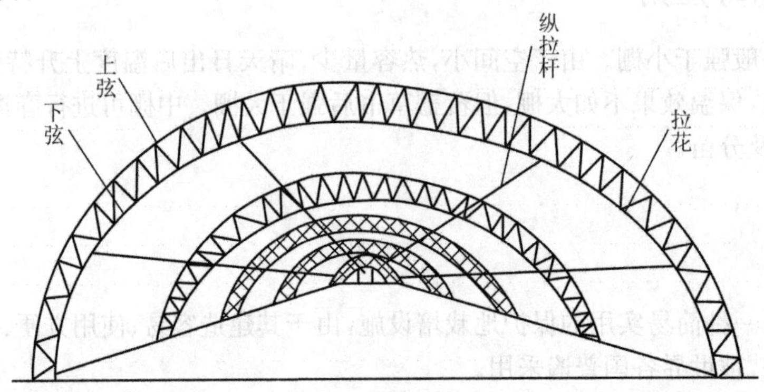

图 3.7　钢架结构大棚

3.3.1.3　镀锌钢管装配式大棚

这种结构大棚的拱杆、纵向拉杆、端头立柱均为薄壁钢管，并用专用卡具连接形成整体，所有杆件和卡具均采用热镀锌防锈处理，是我国定型生产的系列标准大棚，共有 20 多种系列产品。这种大棚跨度 4～12 m，肩高 1.0～1.8 m，脊高 2.5～3.2 m，长度 20～60 m，拱架间距 0.5～1.0 m，纵向用纵拉杆（管）连接固定成整体，可用卷膜机卷膜通风、保温幕保温、遮阳幕遮阳和降温。钢管装配式大棚的结构见图 3.8。

这种大棚为组装式结构，建造方便，并可拆卸迁移，棚内空间大、遮光少、作业方便，有利作物生长；构件抗腐蚀、整体强度高，承受风雪能力强，使用寿命可达 15 a 以上。下面主要介绍几种镀锌钢管装配式塑料大棚结构、品种和安装。

(1) GP-826B 型装配式钢管塑料大棚　大棚跨度 8 m，长度 50 m，顶高 3.2 m，肩高 1.8 m，间距 0.65 m，管径Φ26.5×1.5 mm。

(2) GP-C622 型装配式钢管塑料大棚　大棚骨架规格为宽 6 m，高 2.5 m，长 30 m。大棚设计荷载为：雪压 20 kg/m^2，适用于最大风速 26.8 m/s 以下，或相当于 10 级以下的风力。

3.3.2　棚膜的选择

棚膜按原料的种类分为聚氯乙烯薄膜（PVC）、聚乙烯膜（PE）、乙烯-醋酸乙烯共聚物（EVA）、PO 系膜、氟素膜（ETFE）等。

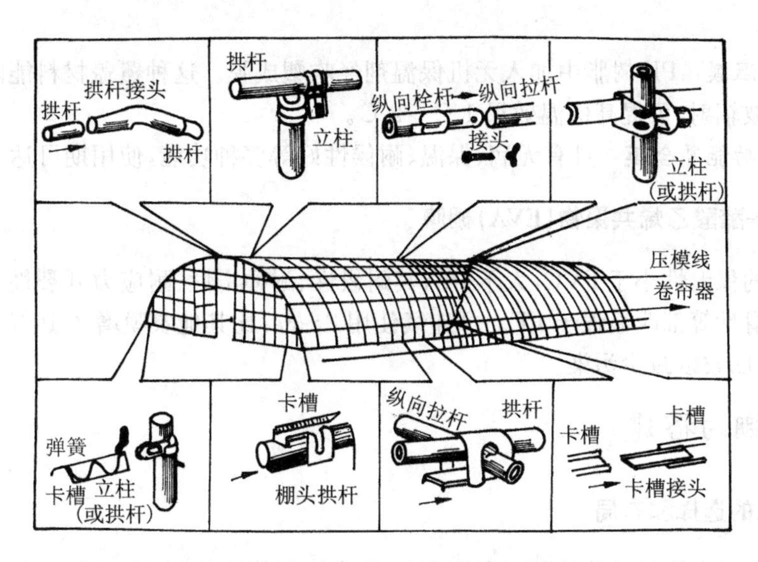

图 3.8　钢管装配式大棚的结构

3.3.2.1　聚氯乙烯(PVC)棚膜

在聚氯乙烯树脂中加入增塑剂、稳定剂、润滑剂、功能性助剂和加工助剂,经压延成膜。聚氯乙烯(PVC)棚膜的优点是透光性好,阻隔远红外线,保温性强,柔软易造型,易黏接,耐候性好;缺点是密度大,一定重量棚膜覆盖面积较聚乙烯(PE)棚膜少1/3,成本高,低温下变硬脆化,高温下易软化松弛;膜面易粘尘土,影响透光,残膜不能燃烧处理。聚氯乙烯(PVC)棚膜主要用于大棚覆盖进行早熟栽培,主要产品有:

① 普通PVC棚膜　不加耐老化助剂,使用期仅4～6个月,可生产1季作物。

② PVC防老化膜　在原料中加入耐老化剂经压延成膜,有效使用期8～10个月,有良好的透光性、保温性和耐老化性。

③ PVC防老化无滴膜(PVC双防膜棚)　具有防老化和防流滴的双重功能,透光保温性好,无滴可持续4～6个月,耐老化寿命12～18个月,应用广泛。

④ PVC耐候无滴防尘膜　具有耐老化、无滴、透光性强、耐候性好的特点。

3.3.2.2　聚乙烯(PE)棚膜

由聚乙烯树脂经挤出吹塑成膜,具有质地轻、柔软、易造型、透光性好、无毒等优点,是我国目前主要农膜品种。其缺点是耐候性差,保温性差,不易黏接,做大棚薄膜,必须添加耐老化剂、无滴剂、保温剂等改性,以适合生产要求。主要产品有:

(1) 普通PE膜　即普通"白膜",使用期4～6个月,仅种植1季作物,目前已逐步被淘汰。

(2) PE防老化膜　在PE树脂中加入防老化助剂,经吹塑成膜。厚度0.08～0.12 mm,使用期12～18个月,可用于2～3茬作物栽培。由于PE防老化膜能延长使用期,降低成本,节省能源,使作物的产量、产值大幅度增加,是目前设施栽培中重点推广的农膜品种。

(3) PE耐老化无滴膜(双防农膜)　在PE树脂中加入防老化剂和流滴剂等功能助剂,通过三层共挤加工工艺生产而成,同时具有流滴性、耐候性、透光性、增温性的优点,防雾滴效果可保持2～4个月,耐老化寿命达12～18个月,是目前性能较全、适应性较广的农膜品种,大中小棚都能适用。

(4) PE保温膜　PE树脂中加入无机保温剂经吹塑成膜。这种覆盖材料能阻止远红外线向大气中的长波辐射,可提高保温效果1℃～2℃。

(5) PE多功能复合膜　具有无滴、保温、耐候性好等多种功能,使用期可达12～18个月。

3.3.2.3　乙烯-醋酸乙烯共聚物(EVA)棚膜

这种棚膜的保温性小于PVC,大于PE,其耐候性、耐冲击性、耐应力开裂性、黏接性、焊接性、透光性、爽滑性等都明显强于PE。可连续使用2～3a,比其他农膜增产10%左右。老化前不变形,用后可回收以减少污染。

3.3.3　大棚的搭建

3.3.3.1　场地的选择和布局

场地的好坏对大棚的结构性能、环境调控、经营管理等影响很大。因此,在建造前要慎重选择场地,主要应考虑以下几个方面。

(1) 地势、地形和土壤质地　在建造大棚时,必须选择地势较高、地形平坦的土地,土壤质地宜壤土、砂壤土、黏壤土,不能选择地下水位较高的田块或低洼地,并避免选择黏性重或土壤有机质含量低、保水保肥性差的田块。

(2) 地理位置　大棚选址要考虑交通方便,不能有遮光障碍,且附近应有良好的水源。

(3) 大棚的走向　大棚的走向实际上关系到大棚内的光温效果。南北向大棚透光量比东西向大棚多5%～7%,光照分布均匀,棚内白天温度变化平缓。东西向大棚则光照分布不均匀,南部光强,北部光弱。因此,根据太阳高度角的年变化规律,大棚的走向在我国南方地区一般应南北向。但在一些特殊地区,如山区,由于冬春季节盛行偏西风,若大棚南北向建造,易受大风的影响,不仅不利于保温,而且在通风时容易发生冷害甚至冻害。所以,对于这些地区可顺冬春季节的风向建造大棚。

(4) 大棚间的间隔距离　一般并排搭建的单体大棚之间的间距应在1.5～2m,大棚两头离明沟的距离应在0.8m以上;两排大棚之间的间隔距离应在2.5m以上。

3.3.3.2　搭建

(1)确定大棚位置,进行平面放样　选择好安装大棚的地块和大致安装位置,按照图3.9的要求,先确定1、2点,再确定3、4点,在四个点各插入一根小木桩标记。

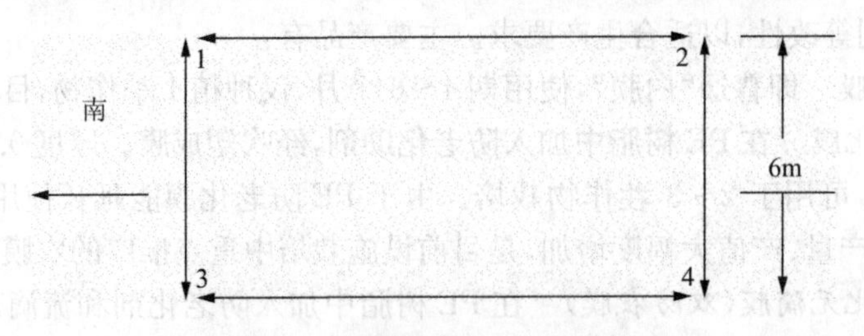

图3.9　大棚安装中的平面放样

(2) 校准水平　将大棚的四个角校准到同一水平上。可按如下方法:第一,在四个角中选择土面高度适中的一角作为校准的基准点，见图 3.10(a)。第二，在基准点上方悬挂一根长 3 m 的垂线，在基准点与另一角之间，距离基准点 4 m 处插入一标记桩，见图 3.10(b)。第三，从垂线的上端向标记桩拉一根长 5 m 的斜线，于标记桩相交，在桩的相交处作一标记，见图 3.10(c)。第四，从基准点向另一角拉一根细绳，将拉紧的细绳准确地对准基准点的木桩上端与标记桩上的标记，将另一角的木桩校准到与细绳相平，这样就使该角校准到基准点同一水平上了，见图 3.10(d)。按照同样的方法，可将其他两角校准到基准点的水平面上，见图 3.10(e)。

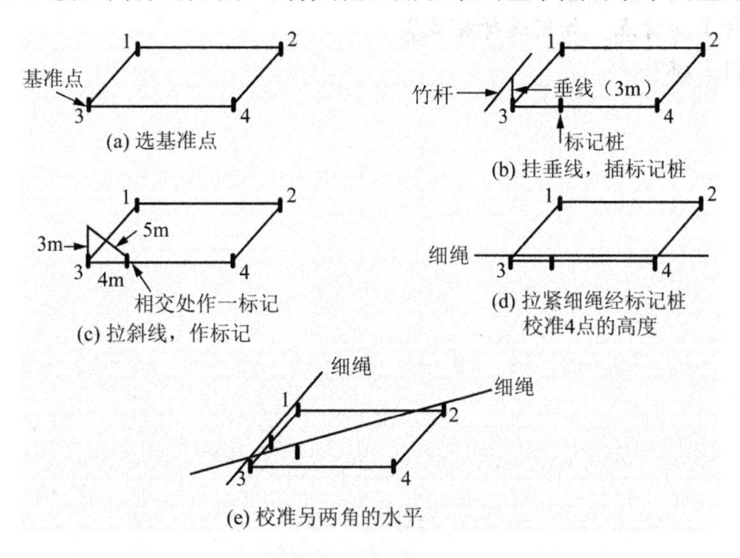

图 3.10　大棚安装中的水平校准方法示意图

上述方法校准比较麻烦，可采用一种粗放的方法：在同一侧(南北向)的两个小木桩之间拉一根基线，在基准线上方约 30 cm 处再拉一根水准线。由于一块土地尽管基本上是平整的，但可能一头高、一头低，或两头低中间高，所以这两根线的作用是使各根拱管插在同一条线上，且保持其顶端高度一致。

(3) 安装拱管　拱管的安装应分五步进行。第一步，在安装拱管的两侧基准线处，根据设计要求做好插入拱管位置的标记，各标记间的距离应该一致，并确保两侧的插入孔对齐。第二步，根据拱管的设计入土深度，在每根拱管的下方用红色油漆标出记号，使该记号至拱管基部的距离等于插入土中的深度与水准线距地面的距离之和；或者，该记号处正好处于水准线处，每根拱管的记号处距拱管顶端的距离相等。第三步，用钢钎在插入拱管处打出所需深度的插孔，该插入孔必须垂直。第四步，将拱管插入孔内，使拱管安装记号对准水准线，确保其高度的一致。第五步，将左右对称的两对拱管用拱管接头连接。

配备有加强管的大棚，在第 12、24、35 根拱管的内侧 10 cm 处，各插入一根加强拱杆，用加强拱夹片将第 12、24、35 根拱杆与加强拱杆连接在一起。

(4) 安装棚头　棚头的安装首先应确保棚头两根拱管垂直；其次应将棚头的端立柱按规定的距离插入土中，端立柱的上端刚好与拱管的高度吻合；然后将端立柱上端的接头与拱管连接。

(5) 安装纵向拉杆和卡槽　纵向拉杆的长度一般为 5 m，安装时将纵向拉杆的接头前后连接，或用拉杆的接头前后连接或拉杆接管连接，无论是中梁(大棚顶部的纵向拉杆)或是侧梁均应保持直线。卡槽的安装位置一般在距离地面约 100 cm 处，卡槽与卡槽用卡槽连接片连接，卡槽与拱管之间用专用的紧固件固定；卡槽的连接口应尽量与纵拉杆的接口错开；卡槽应保持直线状态。

棚头、纵向拉杆及卡槽安装后，应力求大棚平齐，不能有明显的高低差。

思考题

1. 常见的塑料拱棚有哪些类型？
2. 简述棚膜的种类和特点。如何选择棚膜？
3. 如何安装塑料大棚？

4 温 室

学习目标

了解温室的类型和结构，理解主要温室类型的采光、保温结构设计原理。

温室是以采光覆盖材料作为全部或部分围护结构材料，可在冬季或其他不适宜露地植物生长的季节供栽培植物的建筑。

我国现阶段的温室主要是各种日光温室和大型连栋温室，其中能充分利用太阳光热资源、节约燃煤、减少环境污染的日光温室为我国所特有。

4.1 温室分类

根据温室的建筑造型、屋面跨度、使用功能等不同，玻璃温室可按下列方式进行分类：

4.1.1 按建筑造型分

分为单坡面温室、双屋面温室、拱圆形屋面温室。

4.1.2 按屋面跨度分

分为大屋面温室、小屋面温室。

4.1.3 按平面单元组合分

分为单栋温室、连栋温室。连栋温室是指由天沟连结起来的多个“单栋”温室。

4.1.4 按使用功能分

分为栽培温室、试验温室、观赏(展览)温室、商用(销售)温室、庭院温室等。

4.2 日光温室

前坡面夜间用保温被覆盖，东、西、北三面为围护墙体的单坡面塑料温室统称为日光温室，见图 4.1。其雏形是单坡面玻璃温室，前坡面透光覆盖材料用塑料膜代替玻璃即演化为早期的日光温室。日光温室主要由围护墙体、后屋面和前屋面三部分组成，简称为日光温室的“三要素”，其中前屋面是温室的全部采光面，白天采光时段前屋面只覆盖塑料膜采光，当室外光照减弱时，及时用活动保温被覆盖塑料膜，以加强温室的保温。

日光温室的特点是保温好、投资低、节约能源，非常适合我国经济欠发达的农村使用。我国从江苏北部到黑龙江，普遍应用于蔬菜、花卉和果树的生产。

图 4.1　日光温室

日光温室分为普通日光温室、加温日光温室和节能型日光温室。

4.2.1　普通日光温室

普通日光温室是利用自然光照为热源进行生产的温室。普通日光温室包括玻璃日光温室和塑料日光温室。

4.2.1.1　结构

普通日光温室类型较多，现以鞍山式日光温室为代表，采光屋面与地面呈 25°～30°角，土屋面和土墙较厚，温室前后挖防寒沟。一面坡式温室采用玻璃屋面采光；拱圆形温室以塑料薄膜为覆盖材料。此类温室由于屋顶及墙体较厚，又有草席、纸被或棉被防寒，故防寒保温条件较好。普通日光温室见图 4.2。

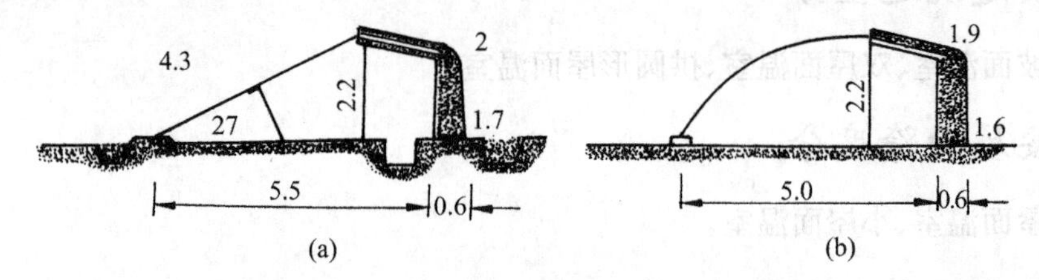

图 4.2　鞍山式日光温室(单位/m)

(a) 一面坡式；(b) 拱圆形

薄膜日光温室发展迅速，它以竹木或钢材为骨架材料，有土筑和砖造后墙，或在墙体内加置保温隔热材料，前屋面有立柱或无立柱钢架结构，覆盖草帘或保温被、保温毯。薄膜日光温室有良好的透光性和保温性。

4.2.1.2　性能

日光温室主要利用太阳能提高室温，通过土墙及后屋面蓄热保温，通过覆盖物、风障保温，在北纬 40°地区，夜间的保温效果可达 10 ℃以上；薄膜日光温室在严寒的冬季可较外界温度高 10 ℃以上，室内温度保持 0 ℃以上。

4.2.1.3　应用

普通日光温室在北方广泛用于冬春菜生产，如晚秋和初冬进行果菜类的延后栽培，严冬生产耐寒叶菜，春季提早定植或为露地菜育苗。

4.2.2 加温温室

加温温室由前屋面、后屋面、覆盖物和加温设备组成，分为单屋面、双屋面、拱圆屋面以及连栋屋面等多种类型，生产上以东西延长单屋面温室为最多。

4.2.2.1 结构和性能

北京改良温室属单屋面温室，一间3m，每16间为1栋，高2m，一般为一立一坡式玻璃温室，天窗坡面角为15°～22°，立窗倾斜角38°～53°，靠近北墙处每4间设1个火炉，由烟道散热加温，栽培床宽5m左右。加温温室见图4.3。

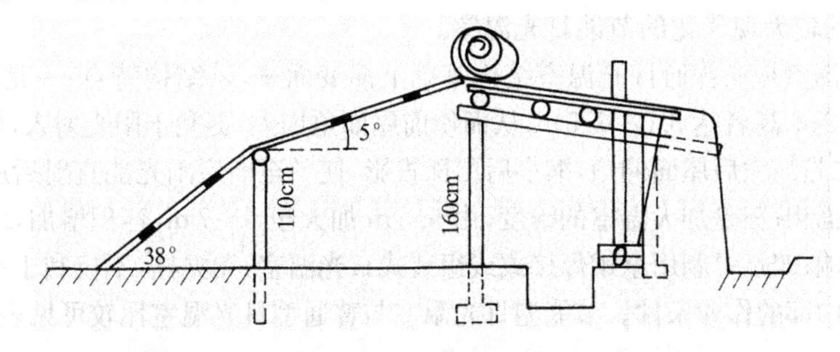

图4.3 北京式改良加温温室

随着温室设施的发展，加温温室趋向大型化，宽度8～9m，高度2.5～3.0m，出现了三折式温室，以及由薄膜、玻璃或钢化玻璃覆盖的大型加温温室。采暖方式也由简单的炉火管道加温变成锅炉水暖或气暖加温，或用工厂余热加温，并改善了内部作业环境。

加温温室白天可利用太阳光提高温室温度，夜间可通过炉火加温补温，并有草帘、保温被等防寒保温，温室内光照及温度条件得到根本的改善。如初冬的日照时数为9.5h，严冬可达8h，春季以后可达11h，冬季最大光照强度可达5.7×10^4lx。早晨拉开蒲席后室外内开始增温，午前可超过作物生育适温，开窗通风，下午降温时关闭通风窗保温，夜间根据天气变化和作物对温度的需求加温。由于温室内灌水、加温和通风差，湿度变化较大，白天可达60%～90%，夜间达80%～90%，因此管理中要注意通风降湿、防病。

双屋面温室多为南北延长，上午东屋面受光，下午西屋面受光，光照均匀，受光良好。因其散热面大，夜间要有充足的加温和供暖才能保障作物对温度的需求；炎热的夏季有通风及降温设施才能保证温室的周年利用。

4.2.2.2 应用

加温温室的应用以春秋两茬为主，可栽培2～3茬，如春栽番茄、黄瓜，秋栽植黄瓜；或春栽种叶菜、黄瓜，秋种番茄，也可每年3茬或每年越夏一大茬栽培。双屋面温室及北京改良式温室每年也可栽种2～3茬作物，或用作春大棚蔬菜育苗。

4.2.3 节能型日光温室

节能型日光温室是我国辽宁省农民在长期的设施栽培中研究、总结、创新的一种新的高效节能园艺设施，在北纬34°～43°的广大地区，冬天不加温而依靠太阳光热强化保温，可以生产喜温果菜，在元旦和春节淡季供应市场。这是我国设施栽培划时代的发明与创新，对世界园艺设施栽培也做出了新贡献。

4.2.3.1 结构

节能型日光温室由三部分组成：一是由北墙及东、西山墙（土筑或砖筑）建成，由同质或异质复合墙体支撑后屋面；二是前屋面用不同材质，如用竹竿、竹片、木杆、钢筋、钢管、水泥定型预制拱架等构成，上面覆盖薄膜，还要根据地区不同覆盖草帘、纸被、棉被、化纤保温毯（被），以达到防寒保温的效果；三是有后屋面，由秫秸、草泥、麦秸泥、发泡板或加气水泥板组成，有蓄热、保温作用。在广大农村大规模建造的日光温室，仍以竹拱架、有木立柱、土墙、秫秸草泥后屋面的简易结构为多；而在城市近郊区则多建造钢筋（管）结构，无立柱、砖墙，覆盖轻质防寒被、有卷帘机械的较为现代化的节能日光温室。

节能型日光温室是在普通日光温室结构基础上演变而来，其结构特点：一是提高了中脊高度，达到2.6～2.8m，高者达3.0～3.5m，从而使前屋面角加大，更利于阳光射入，增加室温，改善室内光照条件；二是加大后屋面仰角，缩小后屋面投影，使冬至前后阳光能直射后屋面和后墙，增加室内蓄热保温面积；三是加大温室的跨度，由5.5m加大至6～7m，容积增加，缓解了高、低温对作物的不利影响；四是可利用全钢焊接式或组装式日光温室，无立柱，不仅利于采光增温，同时也改善和优化了内部的作业条件。节能型日光温室与普通型日光温室比较可见表4.1。

表4.1 普通型与节能型日光温室结构及性能的主要差别

结构	普通型日光温室	节能型日光温室
跨度	5～9m	6～7m
脊高	2.0～2.2m	2.6～3.5m
后墙	1. 高度一般在1.5m左右 2. 厚度在50cm左右 3. 散热多，贮热少，保温力差	1. 高度多为1.8～2.2m 2. 厚度多为1.5m以上（或夹心墙） 3. 散热少，贮热多，夜间向室内放热，保温好
后屋面（后坡）	1. 较薄，约30cm左右，保温力差 2. 从室内看，后坡的仰角较小，冬季白天接受不到直射阳光，故反射光少，贮热少，夜间向室内放热也少	1. 较厚，多用秸秆或炉渣、珍珠岩等为材料，厚度多为50cm左右，保温性能好 2. 后坡仰角大（多为30°以上），冬季白天可接受到直射阳光，反射光多，贮热多，夜间向室内放热也多
防寒沟	无防寒沟。土壤热量自室内向室外导热量大，土温低	有防寒沟。土壤热量自室内向室外导热量少，土温较高
前屋面	1. 屋面角度不够合理（光线的投射角偏小），透入室内的光热较少 2. 薄膜选用不够合理，透光保温性能差 3. 夜间保温覆盖差，散热多，不利室内保温	1. 屋面角度合理，透入室内的光热较多 2. 选用透光、保温力强的无滴薄膜，室内光温条件好 3. 夜间采用多层覆盖，散热少，夜间室内温度高

节能日光温室优化结构，强化采光与保温性，加之与其配套的栽培技术，结束了北纬34°～43°地区冬天不加温不能种植果菜类的历史，使北方地区元旦、春节两大节日充分供应各种鲜菜的梦想成真。

第二代节能日光温室是在第一代节能型日光温室设计参数的基础上，为了进一步提高温室性能，扩大应用范围，通过有关专家和生产者的创新研究与生产实践的检验，优化结构，提高性能，改进设施：一是提高和加大了前屋面合理采光角 5°～7°，使合理采光时段由冬至的中午 12 时延长为上午 10 时至下午 2 时，共达 4h，称这一角度为合理采光时段屋面角；二是采用异质复合墙体增强蓄热保温能力；三是提高脊高、扩大跨度、增加空间，提高温室对高低温的缓冲能力，保持室内气温、地温稳定；四是选用高透光、高保温 EVA 复合材料，增强透光性和保温性。第二代节能日光温室较第一代性能有所提高，最好的保温效果可达 30℃。

4.2.3.2 类型

节能型日光温室的类型很多，主要有：长后坡矮后墙半圆拱形日光温室、短后坡后墙半圆拱形日光温室、鞍山Ⅱ型日光温室、宁夏带女儿墙半圆拱形日光温室、琴弦式日光温室、一斜一立式与拱形日光温室、半地下式日光温室、热镀锌薄壁钢管组装式节能日光温室。另外，我国北方各省市区结合当地的实际，也自行设计、建造了一批适用性强、结构性能更为优越的温室结构类型。

(1) 鞍山Ⅱ型日光温室　鞍山Ⅱ型日光温室是由鞍山市园艺研究所设施的一种无柱拱圆结构的日光温室。该温室前屋面为钢架结构，无立柱，后墙为砖与珍珠岩组成的异质复合墙体，后屋面也为复合材料构成，采光、增温和保温性能良好，便于作物生长和人工作业。鞍山Ⅱ型日光温室见图 4.4。

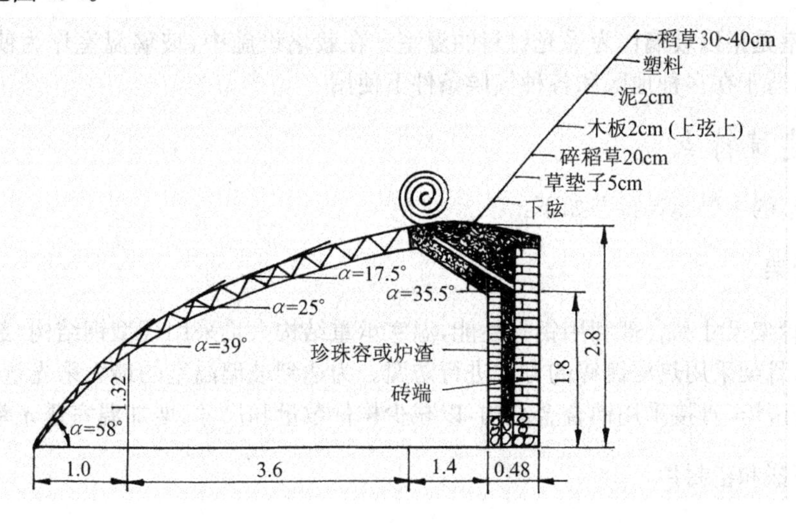

图 4.4　鞍山Ⅱ型日光温室结构示意图(单位/m)

(2) 琴弦式日光温室　在一斜一立式日光温室的基础上进行改良，取消了前屋面立柱，每 3 m 设一加强桁架(用 7.6 cm 粗钢管作上弦，Φ12 钢筋作下弦)。在加强桁架上东西拉 8# 铁线，铁线间距 30～40 cm。铁线两端固定在东西山墙外的地锚上，并在各桁架上固定。在 8# 铁线上用 2.5 cm 粗的细竹竿作拱杆，用细铁丝拧在 8# 铁线上，拱杆间距 75 cm。覆盖一整块塑料薄膜，在每根拱杆上压 1 根细竹竿，用细铁丝拧在拱杆上。琴弦式日光温室见图 4.5。

琴弦式日光温室优点是遮荫面少，前屋面无立柱，作业方便，前屋面薄膜牢固，大风天气薄膜不会破损；缺点是用细铁丝穿透薄膜固定，造成很多小孔，缝隙散热量增加。另外，用木杆作桁架时，由于强度不够，需设腰柱支撑。

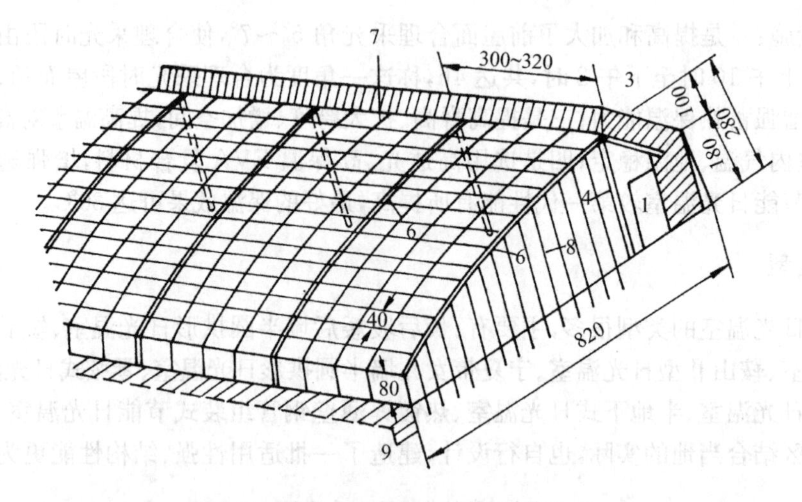

图 4.5　琴弦式日光温室结构(单位/cm)

1. 侧门;2. 后屋面;3. 后墙;4. 中柱;5. 草帘;6. 斜梁;7. 小竹竿;8. 8#铁丝;9. 防寒沟

4.3　玻璃温室

玻璃温室是指以玻璃作为采光材料的温室。在栽培设施中,玻璃温室作为使用寿命最长的一种形式,适于在多种地区和各种气候条件下使用。

4.3.1　建筑特点

玻璃温室的主要建筑特点如下:

4.3.1.1　骨架

为减小骨架尺寸和合理利用钢材性能,温室承重结构大量采用轻型钢结构,部分构件采用普通钢结构,骨架采用热浸镀锌的方式进行防腐。为达到玻璃温室的最大采光量,温室某些部位的承重构件甚至直接采用铝合金结构,以减少构件数量和尺寸,增加温室透光率。

4.3.1.2　镶嵌和密封件

由于铝合金极好的加工性,便于对其截面进行合理的设计和加工,绝大部分温室镶嵌材料采用铝合金条,密封件采用橡胶条,某些温室采用 PVC 型材密封。

4.3.1.3　天沟和檐沟

除部分小屋面温室采用铝合金天沟外,连栋温室排水大多采用薄壁型钢冷弯天沟。排水方式可采用有组织排水或山墙处自由排水。

4.3.1.4　侧窗和天窗

玻璃温室一般设有天窗和侧窗系统。天窗和侧窗均可设计为连续开启或间隔开启。为达到最佳的通风效果,天窗开启面与水平面夹角应在 15°左右。天窗的开启一般采用上旋式(即上旋窗),而侧窗的开启可采用上旋式或推拉式(推拉窗)。

4.3.1.5 门

玻璃温室门的设计通常采用平开和推拉两种形式。在寒冷地区以平开门居多,并设置门斗以减少进出时外界气候对温室内温度的影响。

4.3.1.6 帘幕系统

帘幕系统可通过反光和遮光作用降低温室内空气的温度,也可通过热屏的作用来减少温室加温体积,提高地温、空气温度和作物本身的温度,大大降低温室运行费用。通常玻璃温室内帘幕系统设计为可开闭方式。在某些温室内,帘幕系统亦可设计为两层,一层为透明的保温幕,另一层为允许空气流动的遮阳幕。两层系统可单独使用也可共同使用,特别是透明保温幕,在白天也可以使用,从而为种植者的使用提供了极大的灵活性。

4.3.2 玻璃温室的覆盖材料

作为温室覆盖材料,玻璃经常选用 4 mm、5 mm 两种规格,欧美等地区常用 4 mm 的规格,仅在多雹地区选用 5 mm 的规格。在我国,由于 5 mm 厚的玻璃符合民用建筑市场的需求而成为常用规格,玻璃温室多以 5 mm 的规格作为覆盖材料。

玻璃温室采用的玻璃为浮法平板玻璃,其技术要求应符合我国国家标准 GB11614-89 中的有关规定。为减少安装时玻璃的损耗和现场加工量,采购玻璃时应认真分析温室用材特点,选用适宜的规格。

4.4 塑料温室

大型连栋塑料温室是近十几年出现并得到迅速发展的一种温室形式。与玻璃温室相比,它具有重量轻、骨架材料用量少、结构件遮光率小、造价低、使用寿命长等优点,其环境调控能力基本上可以达到玻璃温室的相同水平,成为现代温室发展的主流。

4.4.1 塑料温室类型

4.4.1.1 根据温室连栋数分类

塑料温室分单栋温室和连栋温室,连栋温室有两连栋、三连栋和多连栋。

单栋温室不需要排水天沟,雪荷载一般能自动滑落,不会对屋面形成太大压力,设有侧窗通风,夏季通风降温效果好。但单栋温室群占地面积大,温室表面积大,冬季生产散热量大,室内环境均匀性差。连栋温室基本上克服了单栋温室的缺点,在总宽度小于 30m 时,夏季的通风效果基本上可达到单栋温室的水平,在室内环境控制上,可以实现与玻璃温室相同的功能。

4.4.1.2 根据温室屋面形式分类

塑料温室可分为拱圆顶温室、尖屋顶温室、锯齿形温室和屋脊窗温室 4 种。

锯齿形温室和屋脊窗温室均为固定式垂直立窗,前者通风窗在天沟处,开窗面积较大;而后者通风窗则在屋脊处,而且开窗面积较小。垂直立窗夏季通风时,一般在窗口设有防虫网。

从通风效果看，由于温室热空气总是向上运动，而且屋脊处外界风力对屋面的负压力也较大，如果与侧墙通风相结合，其热压通风高差也大，因此，在同样开窗面积的条件下，屋脊窗的通风能力要比其他通风窗强。固定式垂直立窗不论设在屋脊还是在天沟处，一般只能设在温室的一侧屋面，因此在设计上要考虑将窗户的设置位置与当地夏季的主导风向相一致，使温室通风口处形成强烈负压，以便加强温室的风压通风；同时也要考虑当地冬季的主导风向，避免冬季冷风直接吹向温室窗口，减小温室的冷风渗透，造成温室过多的热量损耗。

锯齿形温室一般从天沟处设置通风窗，往往通风窗高度达不到屋脊高度，这样温室必须设置两道天沟。这样，在一定程度上减轻了暴雨对温室排水的压力，但屋檐天沟处的防水必须特别注意，以防天沟溢流将雨水排进温室。

尖屋顶温室在屋顶处屋面坡度在15°以上，温室屋面的大部分雪荷载可直接滑落到地面或天沟，而且由于屋面高差大，温室空间也自然加大，这对温室夏季的通风和室内环境的均匀分布都有比较有利的一面。但由于温室体形加大，冬季散热量也加大；温室骨架用材也相应增大，若在室内天沟以下设置水平保温幕，在冬季运行，温室的散热面积将与拱圆屋面温室基本相当，再通过合理结构优化，其总体用材量也能够达到其他温室的水平。

拱圆顶温室一般采用半圆或合理拱轴线屋面形式。这种温室受力合理，用材少，因而被普遍采用。因为屋面坡度较缓，在温室屋面任何地方开窗对温室的通风影响都不太大，而且开窗机构的齿条也不会过长，有利于开窗机构的平稳传动。

4.4.1.3 根据覆盖材料及其覆盖方式分类

塑料温室可分为卷材塑料温室、片材塑料温室以及单层覆盖温室、双层覆盖温室。

卷材塑膜温室的覆盖材料主要为PE、PVC、EVA等柔性塑料膜材料，其厚度在0.1～0.2 mm，透光率在90%以上，使用寿命在3 a以上，一般不少于2 a。

片材塑料温室其覆盖材料为硬质波纹板或硬质多孔结构板。波纹板厚度在1 mm左右；多孔结构板有双层和三层结构，厚度为8～20 mm，使用寿命一般在10a以上。由于硬质板相对于卷材一次性投资较大，所以全硬质板塑料温室的造价不在玻璃温室之下。为降低造价，大部分生产者将硬质塑料板与柔性卷材塑料薄膜结合使用。一般温室侧墙用硬质板材，屋面用塑料薄膜。由于硬质板材的抗冲击能力强，作为温室的侧墙，对生产中的意外撞击和碰撞有很强的承载能力，轻微的日常撞击不会对温室造成局部损伤或破坏。

为加强保温，大型塑料温室常使用双层膜覆盖，如双层充气膜、双层屋面结构温室。由于双层膜间空气层的隔热作用，这种温室其总体保温性能比单层膜覆盖温室提高40%左右，在冬季日照充足的地区具有很高的实用价值和经济效益。

4.4.2 塑料温室的总体尺寸

此类温室在不同国家有不同的结构尺寸。就总体而言，通用温室跨度6～12 m，开间3～4 m左右，檐高3～4 m。以自然通风为主的连栋温室，在侧窗和屋脊窗联合使用时，温室最大宽度宜限制在50 m以内，最好在30 m左右；而以机械通风为主的连栋温室，温室最大宽度可扩大到60 m，但最好限制在50 m左右。温室的长度（从操作方便的角度来讲）最好限制在100m以内，但没有严格的要求。

4.4.3 主体结构

塑料温室主体结构一般都用热浸镀锌钢管作主体承力结构，工厂化生产，现场安装。由于塑料温室自身的重量轻，对风、雪荷载的抵抗能力弱，所以，对结构整体的稳定性要有充分考虑。一般在室内第二跨或第二开间要设置垂直斜撑，在温室的外围护结构以及屋顶上也要考虑设置必要的空间支撑，最好有斜支撑(斜拉杆)锚固于基础，形成空间受力体系。

塑料温室主体结构至少要有抗 8 级风的能力，一般要求抗风能力达 10 级。主体结构的雪荷载承载能力要根据建设地区实际降雪条件和温室冬季使用情况来确定。在北方使用，设计雪荷载不宜小于0.35 kN/m^2。对于周年运行的塑料温室，还应考虑诸如设备重量、植物吊重、维修等多项荷载因素。

4.5 双层充气温室

双层充气温室是一种节能性温室，对不加温地区比单层塑料膜温室(大棚)的春提早和秋延后时间延长半个月左右。因为没有加温系统补充热量，这种温室只能起到延缓温室散热的作用，使温室内的温度变化不像单层塑料膜温室那样剧烈。但与日光温室相比，由于其保温能力要差一个数量级左右，所以在北方地区越冬还必须配置加温系统。

4.5.1 双层充气温室的构造

从温室结构上讲，双层气温室与单层塑料膜温室没有什么差别，其主要区别在塑料膜的固膜构造上。单层塑料膜温室一般用卡槽和压膜线来固定薄膜；而双层充气温室不用压膜线，只在塑料膜的四周固定，靠气泵或鼓风机来支撑塑料膜，使内层塑料膜紧贴温室骨架，外层塑料膜靠气压与内层塑料膜隔离，从而形成空气夹层，产生保温作用。由此也看出，双层充气膜的固定主要在塑料膜的四周，要求固定牢固，不漏气。

4.5.2 双层充气温室的材料与设备

为了保证双层充气的充气效果，即保温效果，双层充气温室在塑料膜、鼓风机等的选择上必须满足其特殊要求。

4.5.2.1 塑料膜

选择双层充气温室用塑料膜，必须保证有足够的强度，能耐老化、无滴和抗紫外线，一般要求塑料膜的使用寿命在 2a 以上。温室上常用的塑料膜为聚乙烯膜，如果是单层膜，要求温室内侧膜用 0.1 mm 厚膜，外侧膜用 0.15 mm 厚膜；如果是双层膜，为保证外侧膜的需要，要求膜的厚度在 0.15 mm 以上。

塑料膜的配套胶带是双层充气膜必需的。因为双层充气膜一旦出现破裂或漏气必须及时修补，否则，由于鼓风机的压力和流量有限，难以长时间维持层间压力，势必会破坏整个隔热空气层，造成保温系统失效。

4.5.2.2 鼓风机

鼓风机是形成双层膜间空气间层的主要动力。一般要求层间空气压力不超过 6 mm 水柱。对于 1 000 m^2 面积的温室，用一台 1/30 马力的离心风机，最大输出静压保持在 25 mm 水柱，一般可满足要求。

4.5.2.3 气压计

气压计是为了监测塑料膜空气间层的压力。保持适当的压力，不仅是形成膜间空气间层所必需的，而且对塑料膜和鼓风机的使用寿命也有重要的影响。

4.5.2.4 备用电源

稳定可靠的电源是维持鼓风机不间断运行的前提。

4.5.2.5 备用风机

一般充气温室所用的鼓风机要求能够不间断工作。为避免由于电压波动或长时间机械磨损出现个别风机工作失效，必须有备用风机能及时更换。

4.6 温室的遮阳系统

4.6.1 遮荫降温的原理

夏天日照强烈，对一般温室作物来说，上午 10 时至下午 4 时光照强度大于作物的光饱和点。遮荫是利用不透光或透光率低的材料遮住阳光，阻止多余的太阳辐射能进入温室，既保证作物能够正常生长，又降低温室内的能量聚集，降低温室的温度。由于遮荫的材料不同和安装方式的差异，一般可降低温室温度 3 ℃～10 ℃。遮荫方法有室内遮荫和室外遮荫。遮荫材料有苇帘、黑色遮阳网、银色遮阳网和镀铝膜遮阳网等。

4.6.2 遮阳系统的组成和类型

4.6.2.1 遮阳系统的组成

遮阳系统由遮阳网和传动部分组成。

(1) 遮阳网　遮阳网根据其透气性能分为密闭型和透气性两种。密闭型遮阳网白天具有极好的反光作用，可降低空气温度，夜间可避免对流热损失，减少向外的热辐射，能降低加温成本，主要适用于北方严寒地区及顶部开窗的温室。透气性遮阳网主要用于自然通风温室及炎热气候条件下的温室降温，其良好的透气性，即使在系统闭合的情况下，也能保持良好的通风效果，主要适用于顶部开窗自然通风的温室。

温室用户在选择遮阳网时，应考虑以下因素：温室建造地区的温度、湿度、光照条件，所建造温室的类型，温室内所种植作物的种类及栽培特性，遮阳网的遮荫率和湿气透过率等。

(2) 温室传动系统　温室传动系统集中应用于温室遮阳系统的传动和温室通风系统中自

然通风状态下温室覆盖材料的启合，对改善温室整体性能具有关键作用。

温室内外遮阳的拉幕系统根据所建造温室类型的不同分为拉幕线传动和推拉杆传动两种。拉幕线传动系统包括减速电动机、传动轴、驱动线、换向轮、托幕线、压幕线、遮阳网和电控箱等。推拉杆传动又称齿轮齿条传动，包括减速电动机、传动轴、齿轮齿条、推拉杆、托幕线、压幕线、遮阳网、电控箱等。

温室通风系统中自然通风状态下覆盖材料的启合主要使用卷膜器和齿轮齿条传动开窗装置。卷膜器用于塑料大棚和连栋塑料温室顶部和侧墙卷膜，可分为手动卷膜器和电动卷膜器。选择卷膜器主要考虑的参数包括：卷膜幅度、长度、减速比、功率等。齿轮齿条传动开窗装置主要用于温室顶部和侧窗的启合，包括减速电动机和齿轮齿条等。

4.6.2.2 遮阳系统的类型

根据遮阳网悬挂的位置可分为外遮阳网和内遮阳网。

(1) 外遮阳网　外遮阳网是在温室骨架外另外安装一遮荫骨架，将遮阳网安装在骨架上，能有效地折射、阻挡部分阳光，起到遮阳降温的作用。

外遮阳网采用黑色透气型编织外用幕，遮阳率 70%（保质期 4 a，寿命 8 a），夏季能阻挡多余阳光进入温室，温室内形成阴凉，保护作物免遭强光灼伤，为作物生长创造适宜条件。外遮阳幕可控制室内湿度及保持适当的热水平，将阳光漫射进入种植区域，保持最佳的作物生长环境。同时，黑色幕布还可遮挡过量的阳光以确保更好的土壤和空气温度、湿度环境，节水、省力、节能。

遮阳网可以用拉幕机构或卷膜机构带动，自由开闭。驱动装置可以手动或电动。使用者可以根据需要进行手动控制、电动控制，或与计算机控制系统连接实现计算机全自动控制。遮阳网室外安装的优点是：降温效果好，直接将太阳能阻隔在温室外，其缺点是：室外遮荫骨架需要耗费一定的钢材；风、雨、冰雹等灾害天气时有出现，对遮阳网的强度要求高；各种驱动设备在露天使用，要求设备对环境的适应能力较强，机械性能优良。

(2) 内遮阳网　内遮阳网安装于温室内屋架下弦，除具有遮阳的功能外，还有夜间隔热保温、减少温室内水分蒸发的功能。

内遮阳系统是在温室骨架上拉接一些金属或塑料的网线作为支撑系统，将遮阳网安装在支撑系统上，整个系统简单轻巧，不用另外制作金属骨架。内遮阳网因为使用频繁，一般采用电动控制，或电动加手动控制，在临时停电时可以手动启闭。

内遮阳系统在降温理论上比外遮阳系统复杂。外遮阳是太阳照射在室外的遮阳网上，被网吸收或反射，都是发生在温室外，这部分能量没有进入温室，不会对温室的温度产生影响。而室内遮阳是在阳光进入温室后进行遮挡，这时遮阳网要反射一部分阳光，因为反射光波长不变，则这部分能量又回到室外；另外的一部分太阳辐射被遮阳网吸收，升高遮阳网本身的温度，然后再传给温室内的空气，升高温室的温度。这样内遮阳虽然能够降低温室地面的温度，但与同样遮光率的外遮阳相比，仍然有一部分太阳辐射进入温室，升高温室的温度。内遮阳的效果主要取决于遮阳网反射阳光的能力，不同材料制成的遮阳网使用效果差别很大。

内遮阳系统一般还与室内保温幕帘系统共同设置。夏天使用遮阳网，降低室温，到秋天将遮阳网换成保温幕，夜间使用，可以节约能耗 20%以上。

4.7 温室降温系统

温室降温系统一般采用通风降温、湿帘风机降温、高压喷雾降温、屋顶喷淋降温和屋面喷白等5种方式。

4.7.1 通风降温

通风降温包括强制通风和自然通风两种形式。

4.7.1.1 自然通风

自然通风是通过传动装置开启温室侧窗和顶部，利用室外自然风力和内外温差促使温室内空气流动，从而达到降温的目的。

4.7.1.2 强制通风

强制通风是通过在温室端墙加装风扇，从而实现温室内外部空气的交换。强制通风采用的方法有低进高排和高进低排两种方法，前者具有较好的通风性，但温室内温度分布不均；后者通风性较差，但温室内温度分布均匀。

4.7.2 湿帘风机降温

湿帘风机降温系统由湿帘、风扇、供水系统和附件组成。湿帘降温的过程是在其核心——湿帘内完成的。特制的波纹状纤维纸能确保水均匀地淋湿整个湿帘墙，当安装在湿帘对面端墙的风扇启动后，温室内热空气被强制抽出，形成负压区，温室外干热空气因负压穿透湿帘介质进入温室。此时，介质上的水会吸收空气中的热量进而蒸发成水蒸气，从而达到降温的目的。湿帘在降温的同时还可在一定程度上提高温室内的湿度。此系统与遮阳系统配合使用，可以达到更佳的降温效果。

湿帘降温装置的效率取决于湿帘的性能。湿帘必须保证有大的温表面积与流过的空气接触，以便空气和水有充分的接触时间，使空气达到近似饱和。此外，还要求湿帘能够抗腐烂和能够保持其原有的形状和纤维方向。

湿帘的材料主要要求有吸附水的能力、通风透气性能、多孔性和耐用性。材料的吸水性能使水分布均匀，透气性使空气流动阻力小，而材料的多孔性则可提供更多的表面积。目前湿帘采用的材料有杨木细刨花、聚氯乙烯、浸泡防腐剂的纸、包有水泥层的甘蔗渣等。国产湿帘大部分是由压制成蜂窝结构的纸制成的，聚氯乙烯湿帘目前正在研制中。国外有用其他材料制成的湿帘，但在国内应用很少。

4.7.3 高压喷雾降温

高压喷雾降温系统由高压泵、喷雾嘴、过滤器、电控部分和管路组成。其工作原理是将普通水经过喷雾系统自身配备的微米级过滤器过滤后，进入高压泵，经加压后的水通过管路到达喷雾嘴，以微米级雾滴形式喷入温室，并迅速蒸发，大量吸收空气中的热量，然后通过通风系统将潮湿的空气排出温室，从而达到降温的目的。高压喷雾降温系统在降温的同时，也具有一定的加湿作用;若在系统中安装 1 台药物泵,将杀虫杀菌剂与水在雾化管道混合后通过喷嘴以雾状形式喷入温室,还可以起到灭菌杀虫的作用。

4.7.4 玻璃温室屋顶喷淋降温系统

屋顶喷淋降温是将水均匀地喷洒在玻璃温室的屋面上来降低温室的温度。其原理是:当水在玻璃温室屋面上流动时,水与温室屋面的玻璃换热,将温室内的热量带走,因为水的导热系数远大于空气的导热系数,所以水与玻璃的换热强度远大于空气与玻璃的换热强度。另外,当水膜厚度大于 0.2 mm 时,太阳辐射的能量全部被水膜吸收并带走,这一点又相当于遮荫。

屋顶喷淋系统由水泵、管道、喷头组成,系统简单,价格低廉,但需要有温度较低的水源。屋面喷淋系统的降温效果与水温及水在屋面上的流动情况有关。如果水在屋面上分布均匀时可降温 6~8 ℃,否则降温效果不好。屋面喷淋降温的缺点是:耗费大量的水;水在屋面上结垢,影响玻璃的透光率;清洗复杂。

4.7.5 玻璃温室屋面喷白

屋面喷白是玻璃温室特有的降温方法,属于遮荫降温的一种。它是在夏天将白色涂料喷在温室的玻璃维护结构上,阻止太阳辐射进入温室,其遮荫率最高可达 85%,并可以通过人工喷涂的疏密来调节其遮光率,到冬天再将其清洗掉。屋面喷白的优点是不需要制造支撑系统,因此造价低、施工方便;缺点是不能调节控制,一个夏天都是如此,对作物生长有影响。

一般温室不是采用单一的降温方法,而是采用多种方法组合,如采用室内遮荫与冬季保温的组合;强制通风与蒸发冷却方式的组合;遮荫与湿帘—风机的组合等等。

4.8 温室的通风

温室的通风主要以自然通风为主。在特别炎热的地区(室外温度经常超过 33℃以上),自然通风难以满足降温要求时,也有采用强制通风的。

4.8.1 自然通风

塑料温室的自然通风主要有侧墙通风口通风、屋面通风口通风以及两者结合的通风。塑料温室由于覆盖材料为柔性卷材,所以温室的侧墙通风口一般采用手动或机动卷膜开窗。温室的屋面通风有多种方式:固定通风窗通风(锯齿形温室、屋脊窗温室)、活动通风窗通风(卷膜通风和齿条开窗通风)。其中齿条开窗通风由于开窗位置的不同,有天沟通风窗、屋脊通风窗、屋面中部通风窗(简称屋腰通风窗)和半屋面全部开启通风窗。

玻璃温室大部分时间依靠自然通风调节室内环境。大型生产性玻璃温室的结构型式一般为双坡面连栋温室,通风形式为在侧墙和屋脊设置通风窗。

自然通风的通风量与风速、风向、通风窗位置、通风窗面积及温室内外温度差有关。

4.8.2 强制通风

玻璃温室虽然大部分时间依赖自然通风来调节环境,但夏季气温较高,尤其室外温度超过 33 ℃以上的炎热天气,单靠自然通风难以满足温室降温要求时,采用强制通风并配合其他措施进行降温是生产中常用的手段。

强制通风是采用风机将电能或其他机械能转化为风能，强迫空气流动来进行温室换气并达到降温效果。强制通风的理论降温极限为室内空气温度等于室外空气温度。因为此时的温室内外温差为零，通风量为无穷大，在实际应用中是不可能的。由于机械设备和植物生理上的原因，一般温室的通风强度一般为每分钟换气 0.75～1.5 次，能够控制温室内外的温差在 5℃内。

4.9 温室开窗系统

4.9.1 卷膜开窗系统

卷膜开窗系统主要用在温室的侧墙开窗和屋顶卷膜开窗。卷膜开窗系将覆盖膜卷在钢管上，通过转动钢管将覆盖膜卷起或放下。一般卷膜钢管长度在 60 m 左右，最长可达到 100 m 左右。卷膜开窗系统有手动和机动两种，传动方式有软轴传动和直接传动两种。一般屋顶卷膜用机械传动或用软轴传动；侧墙卷膜用手动直接传动方式，但侧墙用机械卷膜的也不少。对卷膜器的基本要求是：在通常方向上卷膜轴不能有太大的变形，卷膜器在卷起过程中要能自锁，不至于在重力作用下自动将卷起的幕膜打开。带动自锁功能的卷膜器，是利用卷膜器中的齿扣在卷膜时自动锁定反方向转动，当反方向操作打开卷膜时，只要按下锁定器按钮，可使卷膜器顺利反转。一种最简单的锁定方法是将卷膜手柄挂在设置在温室端部的固定杆上。侧墙的卷膜系统还必须设卷膜限位器。一般卷膜限位器用 Φ20 mm 的钢管，每隔 3～6 m 设置在温室的通风口外侧。

4.9.2 齿条开窗系统

齿条开窗系统大都为机械传动，也有用手链传动的，但很少使用。塑料温室用齿条开窗机构基本上与玻璃温室相同，只是前者由于通风窗口重量较后者大大减轻，所以电机的负荷大大减小，或每台电机的服务范围得到了扩大，也就是温室所用的电机数量减少，一次性投资也相应降低。

齿条开窗系统所用的电机主要有两种型式：一种为普通电机，220 V 或 380 V；另一种为管道电机，320～240 V。管道电机由于体积小、重量轻、遮光少、变速比小，尤其适用于塑料温室的开窗。

4.10 温室的加温方式

温室的采暖根据热媒不同分为：热水式采暖、热风式采暖和电热采暖。

4.10.1 热水采暖

热水采暖系统由热水锅炉、供热管道和散热设备三个基本部分组成。热水采暖系统的工作过程为：用锅炉将水加热，然后用水泵加压，热水通过供热管道供给在温室内均匀安装的、与温室采暖热负荷相适应的散热器，热水通过散热器来加热温室内的空气，提高温室的温度，冷却了的热水回到锅炉再加热后重复上一个循环。

热水采暖系统运行稳定可靠，是玻璃温室目前最常用的采暖方式。其优点是温室内温度稳定、均匀，系统热惰性大；如系统发生紧急故障，临时停止供暖时，2 h 内不会对作物造成大的影响。其缺点是系统复杂，设备多，造价高，设备一次性投资较大。

热水采暖系统采用的散热器种类有光管散热器、铸铁散热器、铸铁圆翼散热器、热浸镀锌钢制圆翼散热器，其中热浸镀锌钢制圆翼散热器为温室专用的散热器，具有使用寿命长、散热面积大的优点，在玻璃温室中应用比较广泛。

4.10.2 热风加温

热风加温系统由热源、空气换热器、风机和送风管道组成。热风加温系统的工作过程为：由热源提供的热量加热空气换热器，用风机强迫温室内的部分空气流过空气换热器，空气被加热后进入温室进行流动，其他空气又流经空气换热器，这样不断循环加热了整个温室。热风加热系统的热源可以是燃油、燃气、燃煤装置或电加热器，也可以是热水或蒸汽。热源不同，热风加温的安装形式也不一样。蒸汽、电热或热水式加温系统的空气换热器安装在温室内，与风机配合直接提供热风。燃油、燃气式的加热装置安装在温室内，燃烧后的烟气排放到室外大气中；如果烟气中不含有害成分，可直接排放至温室内。燃煤热风炉一般体积较大，使用中也比较脏，一般都安装在温室外面。为了使热风在温室内均匀分布，由通风机将热空气送入通风管。通风管由开孔的聚乙烯薄膜或布制成，沿温室长度布置。通风管重量轻，布置灵活且易于安装。

热风加温系统的优点是：温度分布比较均匀，热惰性小，易于实现温度调节，设备投资少。其缺点是：运行费用和耗电量要高于热水采暖系统，当温室较长时，风机一侧送风压力不够，可能送不到另一端，造成温度分布不均匀。

4.10.3 电加温

电加温系统是将电热线埋在地下，用来提高地温。此方法在没有其他加温设备的南方温室中应用较多，主要为温室育苗用。

电能是最清洁、方便的能源，但电能是二次能源，本身比较贵，我国又是缺电的国家，因此只能作为一种临时加温措施短期使用。

4.10.4 供热源和采暖系统的选择

采暖方式和采暖设备选择的问题是一个涉及温室投资、运行成本、经济效益的问题，在温室规划阶段就必须解决好。

温室的热源不论是热风炉还是热水炉，从燃烧方式上分为燃油式、燃气式、燃煤式三种。其中燃气式的设备装置最简单，造价最低，但在气源上没有保证，不可强求。燃油式的设备也比较简单，操作容易，自动化控制程度高。现有一些小型的燃油锅炉，完全实现计算机控制，设定好温度后，全部操作由计算机完成。但燃油设备的运行费用比较高，相同热值比燃煤费用高3倍。燃煤式的设备最复杂，操作也比较复杂，要求锅炉工人责任心强，精心操作。燃煤式设备费用最高，因为占地面积大，土建费用比较高，但设备运行费用是三种设备中最低的。一般南方地区采暖时间短，热负荷低，采用燃油式的设备比较好，加温方式采用热水或热风方式都可以，最好采用热风式的。北方地区冬季加温时间长，采用燃煤热水锅炉比较保险，虽然一次投资比较大，但可以节约运行费用，长期计算还是合适的。

4.11 温室栽培系统

温室栽培系统包括种子加工设备、基质处理设施、播种机、移苗设备、育苗床、育苗容器。

建造温室并不是温室用户的最终目的。如何选择适宜的栽培方法和种植品种使温室发挥最大效能，才是温室用户最关心的问题。目前，常见的温室用栽培设备主要有种子加工设备、基质混料机、基质填料机、播种机、移苗设备、育苗床、生长箱、穴盘等。

种子加工设备主要用于种子的清洁、烘干、分级、包衣等加工处理。

基质混料机和基质填料机多用于无土栽培基质及农药、化肥等多种原料的混合和填充。

温室种植者在选用穴盘育苗用播种机和育苗盘时，根据播种机操作方式、温室栽培面积及所栽植作物品种可分别选用手动播种机、电动播种机、播种生产线和不同规格的育苗盘。

移苗设备主要用于无土栽培穴盘育苗时种苗的移植，种植者可根据所移植作物的品种、种苗所处生长期及穴盘规格选用相应的设备。

育苗床一般分为固定式育苗床和移动式育苗床，后者与前者相比可增加温室种植面积30%左右。

4.12 温室的环境控制系统

设施栽培的关键技术是环境调控技术与自动化技术。人们用温室创造供作物生育的适宜条件，主要包括室内温度、湿度的自动调节，水温及灌水量的自动调节，CO_2 施肥的调节以及通风降湿等方面的调节与控制方法，其方式有两种：一是单因子控制；二是复因子控制。

4.12.1 单因子环境控制系统

单环境因子控制系统是对温室的温度、湿度、光照强度、CO_2 施肥等各环境因子分开独立控制，有手动和自动两种控制方式。对环境要求不高的温室可采用一种或几种环境因子控制系统，而且控制系统操作简单、造价低、维修方便，对管理人员的技术要求低。

4.12.1.1 光控系统

(1) 拉幕系统　在温室里安装遮荫系统，降低光照度，使作物在最适宜的环境里生长。通过温室外光照传感器测出太阳光光照度并输入到光控仪，当光照度超过光控仪设定值时，光控仪就发出指令启动拉幕电机拉幕降低光照度。

(2) 人工光照系统　人工光照可采用两种方式：一种是在黑夜特定时间里打开人工光照来延续白天光照时间；另一种是打破夜晚被自动控制开关控制的人工短时期光照，来延续作物的光周性。这种方法叫循环光照，把黑夜分为光照和黑夜两个时期，光照时间占全部时间的20%～30%，最有效时间在20∶00～4∶00之间。循环光照对草莓、菊花等类型的作物有良好的效果。

4.12.1.2 温控系统

(1) 降温系统　在夏季(或春秋季),由于室外气温较高致使温室内温度过高,首先通过控温仪控制打开迎风/背风天窗通风(自然通风),使温室内的温度降低到控温仪设定的上限温度值以下;如果利用天窗通风(自然通风)还未能达到要求,控温仪就启动遮阳系统降温,使温室内温度达到要求;如果还未能达到要求,控温仪就启动风机湿帘降温系统或喷雾降温系统从而达到目的。这样不仅降低了温室内的温度,而且使温室内的空气保持新鲜。当温室里温度低于控温仪设定的下限温度值,控温仪首先关闭风机湿帘降温系统或喷雾系统,使温室内温度回升;如果温室内温度仍低于下限温度值,控温仪就关闭天窗使温室内温度升高到下限温度值以上。

(2) 加温系统　在冬季(或春秋季),由于温室外温度比较低,需要对温室加热。将温室里温度传感器测定的温度输入控温仪并显示出来,当温室里温度低于控温仪设定的下限温度值时,控温仪控制打开供暖调节阀;当加热到控温仪设定的上限温度值时,控温仪就关闭供暖调节阀,这样使温室里温度保持在设定的范围之内。

4.12.1.3 灌溉施肥系统

对作物来说,灌溉和施肥最为重要。灌溉施肥系统包括水泵单元组、喷灌系统、滴灌系统、无土栽培系统、大水漫灌系统、苗床系统等。

(1) 水泵单元组　提供灌溉系统施肥剂量的水泵单元组可分为三组:吸水泵单元、混合泵单元、注水泵单元。

① 吸水泵单元。这种类型的水泵单元主要用于喷灌或土壤种植,是利用灌溉泵吸取含有肥料的灌溉水进行灌溉。灌溉泵的下水管里装有 EC 测量探头。EC 传感器连续测量水中的肥料的含量。

② 混合泵单元。这种混合缸的水泵单元完成肥料、水、酸等的混合从而保证灌溉水里的 pH 值及 EC 值不发生变化。此单元包括两个肥料溶液泵和一个加酸泵。控制设备采用脉冲方式控制来确保适量的肥料及酸注入缸中。如果其中一个泵人工关闭,则别的泵同时关闭。

③ 注水泵单元。这种类型的水泵单元中,利用电机驱动注水泵把肥料与酸直接注入灌溉管道之中。在 A 和 B 溶液罐同时各安装一个注水泵,它们被速度控制器或与 EC 控制相连的控制设备控制。水泵单元只安装一个控制 pH 值的加酸泵。

(2) CO_2 系统　CO_2 施肥有两种方式:一种是提供纯 CO_2。罐装液体 CO_2 可提供纯 CO_2 气体,通过减压系统、阀门和多路聚氯乙烯管道释放到温室里;另一种是 CO_2 燃烧发生器。在温室里可用悬挂式燃烧器产生 CO_2 和热量。这种方法可用来轻微供暖。

4.11.2 复因子环境控制系统

用计算机调控室内多种环境因子,首先要将各种不同作物不同生育阶段所需的综合环境要素输入计算机中,用一定的计算机控制程序软件控制。当温室中某一环境要素发生变化时,其他多项要素能自动作出相应的反应,并进行修正和调整。一般以光照为始变条件,温度、湿度、CO_2 浓度等为随变条件,使这四个主要环境要素始终处在最佳的组配状态。

计算机监测与控制系统属于分布式数据采集与控制系统。计算机监测与控制系统可对室内外的环境(空气温度、空气湿度、光照强度、空气中的 CO_2 浓度、室外风速、室外风向、室外雨水、灌溉水的 EC、pH 等)进行自动监测和显示;可根据不同的要求,考虑各环境因子之间的相互关系对室内环境进行自动调节与控制;可控制控温系统、拉幕系统、人工光照系统、灌溉施肥系统、屋顶清洁与降温系统、CO_2 系统等;对采集的历史数据进行分析、统计、运算、处理、生成报表、打印。

对不同的作物,农学家制定出促进作物生长的灌溉和施肥的日程计划表并输入计算机,然后由计算机控制对作物的各个生长期进行灌溉施肥。

思考题

1. 何为温室?现代温室有哪几种类型?
2. 温室配套系统有哪些?
3. 温室覆盖材料有哪些?有何性能?
4. 日光温室有哪几种类型?第二代日光温室结构有什么特点?

5　南方夏季保护地设施

学习目标

了解遮阳网、防虫网、无纺布的性能，掌握塑料遮阳网覆盖栽培、防虫网覆盖技术、无纺布覆盖技术和防雨棚覆盖技术。

5.1　塑料遮阳网覆盖栽培

塑料遮阳网又叫遮阳网、遮荫网、遮光网、寒冷纱或凉爽纱。其产品主要是用聚烯烃树脂做原料，并加入防老化剂和各种色料，融化后经拉丝编织成的一种轻量化、高强度、耐老化的新型网状农用塑料覆盖材料。

根据纬编的密度，即一个密区(25 mm)中所用编丝的数量：8 根、10 根、12 根、14 根和 16 根，将产品定为 SZW-8、SZW-10、SZW-12、SZW-14 和 SZW-16 五种型号，其遮光率分别为 20%～30%、25%～45%、35%～55%、45%～65%和 55%～75%，生产中使用较多的是 SZW-12 和 SZW-14 型；其宽度有 0.9 m、1 m、1.4 m、1.5 m、1.6 m、2 m 和 2.2 m 等，使用较多的宽度为 1.6 m 和2.2 m。遮阳网每平方米分别重(45±3)g 和(49±3)g。遮阳网的颜色有黑色、银灰色、白色、浅绿色、蓝色、黄色及黑色与银灰色相间等等。生产上应用较多的是银灰色网和黑色网。SZW-12 型黑色网的遮光率为 35%～55%，银灰色网为 35%～45%；50mm 宽度的拉伸强度经向(含一个密度)为 250N，纬向为 350N。

遮阳网的遮光率和纬经拉伸强度与纬经每 25 mm 的编丝根数呈正相关。编丝根数愈多，遮光率愈大，纬向拉强也愈大。不同编丝的质量、厚度、颜色也影响遮光率和拉伸强度。但不论何种规格，经向拉伸强度差异不大。选购时要按作物的需光特性、栽培季节、地区天气状况决定。一般黑色网的遮光降温效果比银灰色网好些，适宜伏天酷暑季节和对光照强度要求较低、病毒病害较轻的蔬菜覆盖。银灰色网的透光性好，有避蚜虫和预防病毒病危害的作用，适用于初夏、早秋季节和对光照强度要求较高的蔬菜覆盖。不同规格的遮阳网覆盖后的遮光降温效果也有差异。需要将窄幅网拼接使用时，应用尼龙线缝合，切勿用棉线或市售包扎塑料绳，防止使用过程中棉线或塑料绳老化而断裂。

5.1.2　遮阳网覆盖栽培的方式

5.1.2.1　温室遮阳网覆盖

夏季在温室的玻璃屋面上覆盖遮阳网，如在温室中栽培茄果类、瓜类、豆类蔬菜，在高温来临时覆盖黑色或银灰色遮阳网可防止植株早衰，延长开花结果期，提高产量，增进果实品质。甘蓝、菜花、芹菜、莴苣、芥菜等秋菜需夏播育苗时，利用遮阳网覆盖，可以提高成苗率和秧苗素质。

5.1.2.2 塑料大棚遮阳网覆盖

夏季利用塑料大棚骨架或在塑料棚膜上覆盖遮阳网,网两边要离开地面 1.6～1.8 m,以利通风。棚膜与遮阳网并用,降温、防暴雨效果较好。还可以将遮阳网悬挂在大棚内距地面 1.2～1.4 m 处,既有利通风,又不必每天揭盖,可用于大棚夏菜的延后栽培及秋菜育苗,也可用于夏伏天小白菜、菜心、伏莴笋、伏萝卜、伏芹菜、伏黄瓜、夏大白菜、生菜等的生产。

5.1.2.3 中、小拱棚遮阳网覆盖

早春在塑料薄膜中、小棚上加盖遮阳网,可提早定植夏菜。夏秋季节利用中、小拱棚骨架做支架覆盖遮阳网,可以培育秋菜苗、栽培绿叶菜,或在棚内提前定植秋菜。

5.1.2.4 小平棚遮阳网覆盖

利用竹竿、木棍、铁丝等材料,在畦面上搭成平面或倾斜的棚架,棚架上面盖遮阳网,主要用于夏季绿叶菜栽培。棚架宽约 1.6 m,高 0.5～1.8 m。低棚便于揭盖遮阳网;高棚便于在棚内操作;倾斜棚则兼有两者的优点。

5.1.2.5 遮阳网浮面覆盖

遮阳网浮面覆盖又叫直接覆盖、飘浮覆盖,或畦面覆盖,是将遮阳网直接覆盖在畦面或植株上面的栽培方式。浮面覆盖可以在露地、中小棚或大棚中进行,主要用于蔬菜出苗期覆盖。如夏季栽培绿叶菜,播种后用遮阳网覆盖畦面,隔一定距离将网压住,以防风吹,可遮光、降温、保湿,为种子发芽和出苗创造有利条件。出苗后揭除遮阳网,就地用竹片搭成小拱棚或小平棚,将遮阳网移到棚架上。此外,在越冬蔬菜越冬期间及春甘蓝、春花椰菜、春大白菜等春季定植后一段时间,采用遮阳网浮面覆盖有保温效果。

5.1.2.6 食用菌栽培覆盖

利用高遮光的黑色遮阳网覆盖于棚室上,夏季降温保湿,秋季保暖保湿,可以进行平菇、草菇、香菇等食用菌的生产。

5.2 防雨棚

防雨棚是综合利用大棚、小拱棚的一种方式。早春利用大棚或小拱棚进行早熟栽培,到 6 月以后,往往因保护地内气温过高而影响作物的正常生长。因此,大棚除去围裙,小拱棚仅盖顶部,加强通风,利用薄膜防止夏季特别是黄梅季节的多雨天气造成的涝害。另外,在薄膜上加盖遮阳网,可起到降温、防雨的双重效果。这种覆盖形式称之为防雨棚。

5.2.1 防雨棚的种类

防雨棚主要有如下三种:

5.2.1.1 小拱棚式防雨棚

小拱棚式防雨棚是用小拱棚的拱架作为骨架，在顶部盖上薄膜，四周通气。

5.2.1.2 大棚防雨棚

在夏季去除大棚四周的围裙，让其通气，留顶膜防雨，气温过高时加盖遮阳网。

5.2.1.3 弓桥形防雨棚

弓桥形防雨棚的结构近似于普通镀锌钢管大棚，只是在两边增加了集雨排水槽，同时拱架间间距较大。这种防雨棚防雨效果好。

5.2.2 防雨棚的性能及运用

5.2.2.1 防雨棚的性能

① 防止雨水直接冲击土壤，避免水、肥、土的流失和土壤的板结，促进根系和植株的正常生长。

② 防雨棚加盖遮阳网后，能有效地降低设施内的气温和地温，延长早春喜温作物的生长期，防止日伤，提高作物的产量，改善作物的品质。

③ 早熟栽培作物(茄果类、瓜类等)的土壤病害是通过雨水迅速传播的，利用防雨棚栽培可有效地抑制土壤病害的扩散。

④ 防雨棚能起到一定的防风作用，防止作物倒伏。

5.2.2.2 防雨棚的应用

防雨棚主要应用于早熟栽培的茄果类、黄瓜等的延期生产或夏季栽培；用于秋菜类如包菜、花菜、芹菜、秋莴苣、秋番茄的提前定植栽培；也可用于速生菜类，如生菜、芫荽等的夏季生产，可增加蔬菜的花色品种，缓解伏缺。

5.3 防虫网

防虫网是一种新型的覆盖材料，由聚乙烯、聚丙烯或尼龙等化纤材料拉丝编织而成的如窗纱似蚊帐的白色网。防虫网作为一种新型覆盖材料，既具有遮阳网的优点，又克服了遮阳网的不足，夏季可以降低地温 3℃～4℃，降低气温 3℃～5℃，有利于叶菜生长，是一种简便、科学、有效的防虫措施，并且还有防暴雨、强风、冰雹的效果，克服了夏秋蔬菜生产虫害和灾害天气的影响，较好地贯彻了“预防为主，综合防治”的植保方针。

目前我国生产的防虫网幅宽有 1 m、1.2 m、1.5 m 等规格；网孔的大小有 20 目、24 目、30 目等规格，使用寿命一般在 3 a 以上。

5.3.1 防虫网的作用

防虫网的作用如下：

5.3.1.1 防虫效果好

防虫网覆盖利用温室、大中棚的骨架支撑，由于防虫网网眼小，又是全生长期全封闭覆盖，害虫成虫飞不进，在田间形成一个人工隔离屏障，可以有效地抑制害虫如菜青虫、斜纹夜蛾、小菜蛾、蚜虫等侵入和传播病毒，抑制蔬菜虫害的发生、蔓延和扩散。

5.3.1.2 避光降温改善小气候环境条件

覆盖防虫网，棚内气温可降低 3℃～5℃，地温可降低 2℃～4℃，可遮光约 20%～30%。

5.3.1.3 防暴雨、强风、冰雹

防虫网网眼小，机械强度高，暴雨经网的阻挡变成细雨落到地面；强风被网阻挡而减为弱风；冰雹经网阻挡，融化为水，因而能有效地防止暴风雨、冰雹的冲击，保护幼苗、植株。

5.3.1.4 省工省时

防虫网有一定的遮光降温作用，但比遮光网遮光率低，可以在全生产过程一盖到底，不必晴盖阴揭或日盖夜揭，管理上省工省时，同时节省农药和喷药用工。

此外，防虫网还有防鸟、防止昆虫传粉等作用，能够减少或不使用农药，生产出无污染的蔬菜产品。从目前应用的情况看，叶菜类应用防虫网后，全生长期无需打药，可保证叶菜棵形美观、无虫眼，且无农药污染；防虫网覆盖的菜花，其花球更为肥嫩洁白；茄果类瓜菜夏秋季易发生病毒病，应用防虫网后，切断了害虫的传毒途径，有利于减轻病毒的危害；秋冬菜育苗时，正是夏秋季高温、暴风、大雨、虫害频发期，育苗难度大，使用防虫网后种子发芽出苗率高，幼苗健壮。

5.3.2 防虫网的覆盖方式

防虫网在应用时，应根据主要的防止对象和作用加以选择。一般害虫选择 20～24 目规格的即足够了；对于防止风力传粉的隔离网纱，应提高目数。选择的防虫网网眼越细，则通风、透光性能越差，应引起注意。

防虫网的覆盖方式有：

5.3.2.1 浮面覆盖

将防虫网直接覆盖于夏季直播的速生菜或其他叶菜上，或夏季定植成活后的幼苗上，能有效地防止害虫和台风暴雨。

5.3.2.2 小拱棚覆盖

小拱棚覆盖是一种投资少、简便易行的覆盖方法，拱的大小和形式可根据畦的情况灵活掌握，主要用于夏季叶菜的生产。但夏季高温季节易发生热蓄积造成烂秧死苗，宜改用大棚覆盖。

5.3.2.3 大棚覆盖

在夏季利用大棚骨架，将棚全部覆盖封闭，在棚内进行夏秋菜或高效叶菜的生产。在气温过高时，可与遮阳网配合使用。这是目前南方夏季叶菜栽培的主要方式。

5.3.2.4 局部覆盖

在大棚两侧通风口、温室的通风窗、门等处安装防虫网，在不影响设施性能的情况下还能起到防虫、防鸟、防台风的效果。

利用防虫网做浮面覆盖时，一般一盖到底。因此，有可能的话应对土壤进行严格的消毒，杀死土壤中的病毒和虫卵，同时适当增加基肥的施用，在以后的管理中以喷水为主。大棚覆盖特别是小拱棚覆盖时因为网眼细，通风效果差，有可能引起高温障碍，可与遮阳网配合，或安装风扇强制通风等，避免引起高温障碍。

5.4 无纺布

无纺布又叫不织布、丰收布，是以聚酯或聚丙烯等为原料，经拉丝成网状，再以热轧粘合成类似布状的农用新型覆盖材料。无纺布按材料不同，有长纤维和短纤维之分；按添加剂不同有亲水性和疏水性之分；按颜色分有白色、黑色、银灰色等。生产上以亲水性白色长纤维无纺布的应用最广。我国生产的无纺布幅宽一般为 2.8～3.0 m，重量为 18～100 g/m^2，其通气性、透光性和保温性随规格不同有较大差异，应根据应用目的加以选择。

无纺布具有良好的透光性、通气性、透湿和吸湿的特点，因此具有保温、防霜冻、防风、防虫鸟和保墒效果。疏水性无纺布加上其较厚的特点（100 g/m^2 以上），在冬季可以代替草帘覆盖。

5.4.1 无纺布的覆盖方法

5.4.1.1 直接覆盖

对于露地越冬的青菜、菠菜等，以及早熟露地提早定植或播种的菜或设施内提早定植的茄、瓜类早期，利用无纺布直接覆盖，都能起到良好的防霜冻、保温、保墒的作用。

5.4.1.2 小拱棚覆盖

小拱棚覆盖有小棚内的直接覆盖、代替薄膜小棚覆盖、无纺布再加薄膜双层覆盖等方法。

5.4.1.3 大棚内二道幕覆盖和大棚外覆盖

大棚内设中棚，在中棚上覆盖无纺布或设小拱棚，在小拱棚上覆盖无纺布。疏水性的无纺布可用作大棚外覆盖保温。

在露地覆盖无纺布时，因为无纺布质地轻，易受风害。因此，覆盖时四周要用砖块、土压实。覆盖时不能绷得过紧，留有余地让作物正常生长。当无纺布幅宽不足时，可用电熨斗将两幅烫合在一起使用。一茬用完后，要小心揭除，以免撕裂，被污染的部分用清水冲洗干净，晒干，待下一次使用。

思考题

1. 南方夏季保护地设施有哪些类型？
2. 试述遮阳网的覆盖方法及作用。
3. 防虫网覆盖的意义是什么？应注意哪些问题？
4. 无防布覆盖的方法有哪些？

6 地膜覆盖栽培

学习目标

了解常用地膜的种类，理解地膜覆盖的原理，能根据生产需要正确选择地膜，进行地膜覆盖栽培。

地膜是指专门用来覆盖在地面上的一类薄型农用塑料薄膜的总称。我国制定的强制性国家标准 GB13735-1992《聚乙烯吹塑农用地面覆盖薄膜》中规定：地膜的厚度大于 0.008mm、拉伸负荷大于 1.3N、直角撕裂负荷大于 0.5N。

地膜覆盖栽培是利用塑料薄膜覆盖技术进行的护根栽培。地膜覆盖技术于 1982 年开始在我国普及，是农作物优质高产栽培中不可缺少的技术环节。

6.1 地膜的种类、规格及性能

6.1.1 普通透明地膜

普通透明地膜透光增温性好，具有保水保肥、疏松土壤等多种效应，是使用量最大、应用最广的地膜种类，约占地膜总量的 90%。根据其制造原料的不同可分为四大类：

6.1.1.1 高压低密度聚乙烯(LDPE)地膜

LDPE 地膜简称高压膜，是以 LDPE 树脂为基础原料，经挤出吹塑成膜。LDPE 地膜柔软性、透光性和成型性好，薄膜纵横向拉力均匀，覆盖后易与地面密贴，覆盖压土严实，不易被风吹损。纯 LDPE 地膜厚度 0.012～0.016mm，常用幅宽为 70～100cm，每 $667m^2$ 用量 7～8kg。

6.1.1.2 低压高密度聚乙烯(HDPE)地膜

HDPE 地膜简称高密度地膜，是以 HDPE 为基础原料，经挤出吹塑成膜。此种地膜纵向拉伸强度大，横向拉伸强度小，质地脆而滑，透光性及耐候性不如 LDPE 地膜，但较 LDPE 地膜更薄，厚度可达 0.008mm，每 $667m^2$ 用量 4～5kg。HDPE 地膜的缺点是质脆膜面光滑，其作业性及与地表密贴性差。

6.1.1.3 线性低密度聚乙烯(LLDPE)地膜

LLDPE 地膜简称线性地膜，用线性低密度聚乙烯经挤出吹塑而成，厚度 0.008～0.010mm。该膜具有良好的力学性能，耐冲击强度、撕裂强度都明显高于 LDPE 地膜，不足之处是地膜间易粘连。

6.1.1.4 共混地膜

为了提高地膜耐候性，增加强度和易作业性，克服一些树脂原料的缺点和不足，如 HDPE 质脆、横向拉伸强度差、耐候性不好，LLDPE 质黏、柔软，LDPE 强度、耐候性不高等，可将 LDPE、HDPE 及 LLDPE 三种树脂中的两种或三种按一定比例共混吹塑制膜。共混地膜厚度为0.008～0.014 mm，其强度高，耐候性较好，易与畦面密贴，作业性改善，适用于农业生产。

6.1.2 有色地膜及功能性特殊地膜

利用有色地膜及功能性特殊地膜科学控制特定波段的太阳光，对作物进行特别的光照，刺激植物的内部组织，以加快植物的生长速度，改变植物的营养成分；或调节控制环境，避除杂草和病虫害的发生，从而针对性地优化了栽培环境，克服了不利的自然因素，为多种作物、不同栽培形式的有效利用创造了优异的条件，达到增产增收的效果。

6.1.2.1 黑色地膜及半黑地膜

黑色地膜厚度为 0.01～0.03 mm 每 667m^2 用量 6～20kg。该膜的主要特点是透光率低，能有效地防除杂草。黑色地膜覆盖地面时，可见光透过率为 5%以下，覆盖后灭草率可达100%。此外，覆盖后的地面，热量不易传入，可有效地防止土壤水分的蒸发。用黑色膜覆盖黄瓜幼苗，可促进幼苗提前开花；在高温季节栽培夏萝卜、白菜、菠菜、秋黄瓜、晚番茄等效果良好。

半黑地膜其透光性强于黑色地膜，除草效果不如黑色地膜，提高地温的效果介于透明地膜和黑色地膜之间。半黑地膜在日本已被推广应用，我国可根据不同地区、作物种类、杂草滋生情况以及栽培目的选择应用。

6.1.2.2 银灰色地膜

银灰色地膜厚度为 0.015～0.02 mm。该地膜的突出特点是可以反射紫外光，能驱避蚜虫和白粉虱，抑制病毒病的发生。另外，银灰色膜还有抑制杂草生长，保持土壤湿度等作用，其增温效果介于透明地膜和黑色地膜之间。该膜主要适用于夏秋季高温期间防蚜、防病、抗热栽培，在烟草、棉花、甜菜、西瓜、甜瓜、番茄、白菜、芹菜、结球莴苣等多种作物上应用，有良好的防病、防蚜和改进品质的作用。

6.1.2.3 红色地膜

红色地膜的红光透过率可达到 75%～90%，利用它能最大限度地满足某些作物对红光的需求，促进作物的生长，如甜菜含糖量增加，胡萝卜直根长得更健壮，韭菜叶宽肉厚、收获早、产量高。

6.1.2.4 黄色地膜

据试验，用黄色地膜覆盖黄瓜，可促进现蕾开花，增加产量 0.5～1 倍；覆盖芹菜、莴苣，可使植株生长高大，抽薹推迟；覆盖矮秆扁豆，可使植株节间增长，豆类生长壮实。

6.1.2.5 绿色地膜

绿色地膜厚 0.01～0.015 mm。覆盖绿色地膜能使植物进行旺盛光合作用的可见光透过量减少，而绿光增加，因而可降低地膜覆盖下杂草的光合作用，达到抑制杂草生长的目的。绿色地膜对土壤的增温作用不如透明地膜，但优于黑色地膜，有利于茄子、甜椒、草莓等作物有促进地上部分生长和改进品质的作用。绿色地膜价格较贵，且易老化，使用期缩短，所以可在一些经济价值较高的作物施栽培时用于地面覆盖。

6.1.2.6 蓝色地膜

蓝色地膜的主要特点是保温性能好，可用于蔬菜、花生、草莓等作物覆盖栽培。早春阳畦蔬菜育苗时，浅蓝色地膜可大量透过蓝紫光，促使秧苗矮壮；同时，它还能吸收大量的橙色光，提高棚内温度。

6.1.2.7 紫色地膜

紫色地膜的特点是使紫色光透过率增加，主要适用于冬春季节温室或塑料大棚的茄果类和绿叶蔬菜栽培，可提高作物的品质，增加产量和经济效益。

6.1.2.8 黑白双面地膜

黑白双面地膜由黑色和乳白色两种地膜两层复合而成，厚0.02～0.025 mm，每667 m^2 用量10 kg，主要适用于夏秋季节蔬菜、瓜类的抗热栽培。覆盖时，乳白色向上，有反光作用；黑色向下，具有增加近地面反射光、降低地温、保湿、灭草、护根等功能。黄瓜、番茄、茄子、辣椒、菜豆等喜温蔬菜及萝卜、白菜、莴苣等喜凉蔬菜，在夏季都可以获得良好的生长，产量几乎不受影响。

6.1.2.9 银黑双面地膜

银黑双面地膜由银灰和黑色地膜复合而成，厚0.02～0.025 mm，每667m^2 用量10 kg。覆盖时，银灰色膜向上，黑色膜向下，具有反光、避蚜、防病毒病、降低地温等作用，同时具有除草、保湿护根等功能，主要用于夏秋季节蔬菜、瓜类的抗热、抗病栽培。

6.1.2.10 配色地膜(透明/黑/透明结构)

配色地膜由不同颜色、不同性能的地膜匹配在一起，能有效调节作物根系的生育环境、防止高温或低温障碍的一种新型地膜。这是根据不同季节气温、地温变化，作物根系分布状态而专业设计的，在西瓜、甜瓜及多种蔬菜等高产值作物上应用有较好前景。

6.1.2.11 KO系避蚜地膜

KO系避蚜地膜是在聚乙烯树脂中加入少许荧光粉，经挤出吹塑而成。地膜表面附着一薄层暗银灰色物质，具有反光避蚜作用。产品有透明KO避蚜膜(KON)、黑色KO避蚜膜(KOB)及绿色KO避蚜膜(KOG)三种，有驱避有翅蚜及南黄蓟马的作用，可减轻病毒病和蓟马的危害。

6.1.2.12 除草地膜

除草地膜覆盖土壤后，其中的除草剂会析出并溶于地膜内表面的水珠之中，含药的水珠增大后会落入土壤中杀死杂草。除草地膜不仅降低了除草的投入，而且因地膜保护，杀草效果好，药效持续长。因不同药剂适用于不同的杂草，所以使用除草地膜时要注意各种除草地膜的适用范围，以免除草不成反而造成作物药害。除草膜在应用中应注意以下几点：

① 土壤要整平、湿润，地膜要与地表密贴，除草剂被水析出后在地表分布均匀，杀草效果好，不易发生药害。

② 定植或播种后要封严苗孔，及时拔除自苗孔滋生出的杂草。

③ 地膜的贮藏期不得超过半年。地膜在室内常温下贮藏半年以后，杀草效果显著下降。

④ 各种不同作物对除草膜有严格的选择性，如果错用了不适宜的除草膜，会使作物遭受药害而死亡。在不了解除草地膜是否适用的情况下，可先小面积试验，如安全有效再大面积推广。目前国产除草膜不宜在设施栽培上应用，瓜类和豆类慎用。

6.1.2.13 切口地膜

切口地膜是在已成型的地膜中间的播种部位，由工厂进行二次加工切口，即在与地膜垂直的横向切割出均匀错开排列的规则小口，切口分布的幅宽，根据播种作物种类的要求而异。如播种胡萝卜、芜青、葱，切口幅宽 45～100 cm 为宜；栽培马铃薯、魔芋，切口幅宽为 15～20 cm 即可。使用方法是：高畦播种覆土后，覆盖切口地膜，四周压严，幼苗会自切口处萌发长出地面，同样能具有各种覆盖效应，可提高作物产量，改进品质。切口地膜适用于胡萝卜、水萝卜、小白菜、芜青、茴香、芫荽等速生小菜，也适用于马铃薯及魔芋等。

6.1.2.14 水枕膜

将直径为 30～40 cm，厚度为 0.02～0.03 mm 的透明（或一半透明、一半黑色）塑料薄膜筒，要求不能漏水，早春时置于果树或农作物根际附近，白天在其筒内充水，贮热增温，夜间会辐射散热，提高地表及近地面气温，对促进作物生长和防止轻度霜害有一定作用。

6.1.2.15 降地温覆盖材料

“培巴隆”是由日本米可多化工（株）研究开发的纤维素多孔质降地温覆盖新材料，上面为白色，底面黑色，厚度为 0.2～0.5 mm，由长纤维不织布复合聚乙烯涂层而制成，有反光、透气、降湿、防虫、防草等多种功能。“培巴隆”降温纤维素多孔质地膜，可用于高温特别是高地温地区花卉、草莓、蔬菜、果树栽培，及延后越夏大棚、温室的果菜类、瓜类、花卉育苗及栽培，嫁接苗的遮荫避光，小拱棚夜冷处理草莓苗，防蚜防病毒病危害等。

6.1.2.16 银色反光地膜

银色反光地膜叫镜面反光地膜或镜面反射地膜，厚度为 0.02～0.03mm。此膜具有反光、隔热、降地温和除草作用，对阳光的反射率可达 70%～100%，对番茄、苹果、葡萄地面覆盖银光反光地膜，可增加近地面反射光，改善中下部光照条件，提高果实的着色指数，增加糖度，改进品质。银光反光地膜主要适用于温室蔬菜栽培，可悬挂在温室内栽培畦北侧，以改变温室内的光照条件，从而提高作物产量，改进品质。但银色反光膜对温室夜间蓄热不利。

6.1.3 耐老化易清除地膜

耐老化易清除地膜可多次利用，用后可基本全部清除，以防止田间残膜污染。为了保护生态环境，充分发挥覆盖效应，解决地膜强度低、耐候性差、废旧地膜残留破坏土壤结构、影响耕作、污染环境等问题，1983年以后我国与日本合作进行了耐老化易清除地膜的试验研究与应用开发工作。北京华盾塑料包装器材公司研制出厚度为0.007 mm的耐老化、易回收地膜，经河北、天津、内蒙古等地试验，作物覆盖100 d，破碎膜在0.5 m^2 以上，回收率达100%，应用前景很好。

6.1.4 降解地膜

降解地膜可分光降解地膜、生物降解地膜和光-生物降解地膜三种。

6.1.4.1 光降解地膜

光降解地膜具有提高地温、保水、保肥、保持土壤疏松等与普通地膜相同的覆盖性能，可取得早熟高产的效果，但尚存在诱导期可控性差、衰变期长、遮蔽和埋土部分降解严重滞后等问题。

6.1.4.2 生物降解地膜

生物降解地膜是指在一定条件下，在能分泌酵素的微生物如真菌、细菌的作用下导致生物降解的材料。有的资料介绍，根据降解机理和破裂形式，可将生物降解地膜分为两类，即完全生物降解地膜和生物破坏性地膜，前者包括微生物聚酯、合成聚酯、淀粉/生物分解剂（NOVON）等；后者包括淀粉基生物崩坏性地膜、脂肪族聚酯类生物崩坏性地膜及天然矿物类生物崩坏性地膜。

6.1.4.3 光-生物双解性地膜

光-生物双解性地膜是兼有光降解和生物降解的双重降解机制，以达到完全降解的目的，是目前对降解塑料研究的主流。

6.2 地膜覆盖栽培早熟高产机制

地膜覆盖栽培具有显著的增强光照、提高地温、保水抗旱、保肥、保持土壤疏松以及防病、防虫、灭草、抑盐保苗、保持产品卫生等多种功能，能综合调节生态环境，使作物有效地利用光热资源和水肥条件，促进种子萌发出土，加速根系生长，延长有效生育期，加快生育进程，从而获得显著的高产早熟效果，是一项人工调控生态环境、向着有利于作物生长发育方向转化的新兴的栽培技术措施。

6.2.1 地膜覆盖与光照环境

6.2.1.1 增加反射光，提高作物光合强度

光是作物利用水、CO_2 和土壤中无机盐类进行光合作用，合成有机物质的能源。光照强弱、日照时数多寡与作物生长发育、熟期早晚、产量高低及品质优劣有密切关系。

作物叶片接受太阳光照射的同时，对其上部叶片的背部进行反射和散射辐射，因而太阳光

在不同的叶层间有多次辐射的特点，生长旺盛的植株叶片会互相遮荫。一般说来中下部叶片光照条件较差，因受光不良而衰老加快，影响作物产量的提高。但是，地膜覆盖后，由于地膜自身和地膜下附着的细微水珠对光的反射作用增加了反射光，有效地改变了作物中下部叶片及株行间的光照条件，对于强化中下部植株叶片光合作用、延缓叶片衰老有一定作用。

不同质地的地膜对光的反射能力不同，其中银色镜面反射膜的反光率最高，可达90%以上，黑色地膜反光性最差。覆盖反光地膜，能有效地促进葡萄、桃、苹果的果实着色，提高着色指数，改进品质。在日光温室中的后墙部位张挂反光幕，能明显改善温室中后部光热条件，使温室内作物生长整齐一致，如番茄果实提早变红，产量提高，品质改进。

6.2.1.2 地膜覆盖能延长有效光照时间

各种作物必须在一定光照强度下才能进行正常的光合作用。这个最低限称为光的“补偿点”。在光的补偿点以上，随着光照强度的增加，光合作用增强，有机物质合成旺盛；当光照强度达到作物饱和点以上，光合产物增加不明显。地膜覆盖能有效地改善、提高近地面光照状况，增加株行间的反射光和散射光，由作物提早进入有效的光照强度内，并推迟光照补偿点的到来，提早及延后了有效的光照时间，增强了光照强度，提高了光能利用率，增加了光合产量，这也是地膜覆盖能获得早熟高产的重要原因之一。

6.2.1.3 增强光照强度，强化生理功能

光合作用的强度与光照时间、光照强度、CO_2浓度、无机盐类吸收量、叶温、叶绿素含量等多种因素有关。地膜覆盖增加了反射光，延长了光照时间，为光合作用增加了更多能量，从而增强了光合强度。地膜覆盖使番茄净光合强度提高了85%。地膜覆盖番茄的叶面积和叶面积系数较不覆盖的高23%和25%，叶绿素含量提高25%，总糖量提高26%，C/N率提高23%，各生理活性要素得到改善，强化了植物体内的有机合成机能，增加了干物质累积，这是地膜覆盖早熟高产的根本保证。

6.2.2 地膜覆盖与土壤温度

明显提高地温是地膜覆盖栽培最突出的效应之一。地膜覆盖为种子萌发出土、根系生长、强化土壤微生物活性提供热量来源。

6.2.2.1 地膜覆盖土壤热量交换

地膜覆盖的热交换与露地不同。在露地，白天太阳辐射到地面，光能转化成热能，消耗于地面有效辐射，近地面空气增温，提高地温及用于土壤水分蒸发对热量的消耗；夜间土壤以长波辐射的方式向大气中散热。地膜覆盖改变了自然热量交换和平衡。白天，太阳辐射透过地膜达到土壤，使地表增温并向下传导，由于地膜的阻隔减少了地面热量向空气中辐射和因地表气层乱流及水平流动而带走的热量，同时，地膜覆盖也阻止了地表水分的蒸发，从而减少了水分汽化的热损失。这些热量都贮存于土壤中并传向深层，因而地膜覆盖较露地能获得更多的热量，提高耕层地温。在夜间，由于地表有地膜的阻隔，使土壤向大气中的长波辐射受到抑制，减少近地面乱流及水平气流的影响，因而能有效地减少热损失。同时地膜覆盖下水的凝集还可释放出部分潜热。地膜覆盖白天蓄热多，夜间散热少，其蓄热量无疑高于露地，土壤耕层地

温亦高于露地。

6.2.2.2 地膜覆盖增温效应及变化规律

地膜覆盖的增温效应在不同地区、不同季节、不同作物及不同作物的生长发育阶段有所不同，增温幅度还受作畦方式、地膜种类和性质、覆盖质量等多种因素影响。其中较寒冷地区或在早春增温效果显著，矮秧作物在作物生育前期、地膜外露期内增温效果好，而作物长高时或郁蔽的条件下增温效果不明显；虽然，晴天、阴天或多云天气都有明显增温效果，但仍以晴天强日照下增温效果最好。据浙江大学园艺系在杭州试验，各种地膜 4～5 月可提高地温 1℃～4℃，其中透明地膜增温 2℃～4℃，乳白地膜、绿色地膜及双色地膜增温 2℃～3℃，黑色地膜、黑白双面地膜增温 1℃～2℃，银色反光地膜在晴日中午可降地温 1℃～2℃，早晚可升温2℃。地膜覆盖对土壤的增温值以地表至地下 10 cm 处的耕层为最大，15 cm 以下减小，随土层加深，地温变化变小并趋于稳定。

6.2.3 地膜覆盖与土壤水分

6.2.3.1 地膜覆盖土壤水分运动规律

土壤水分的来源有灌溉、降水及地下水上升，主要散失的途径是地表面蒸发、植物蒸腾、下渗及地表流失。地膜覆盖改变了土壤水分自然分布与运动状态，并形成特殊的分布与运动规律。首先，抑制了地表的蒸发，把蒸发的水分阻隔于地膜下，切断了自然蒸发的渠道而达到保水作用。在地膜下与地面间狭窄的空间里，因水气压增高，饱和差变小，露点温度值变高，有大量水滴凝结并附着在地膜下表面，早晚水滴更多，水滴入土，高温下再次蒸发，遇冷又返回土中，地膜下不断地进行着特殊的水分循环，从而使水分多集中在地表耕层，供植物吸收利用。其次，由于毛细管作用，地下深层水分也可沿毛细管上升到耕层。自然降水或人工灌溉在地膜覆盖畦部位不是垂直渗透，而是横向渗透到植物根部，一般要经过约 24h，在此期间及时排水可防涝灾，还可防止水分垂直下渗而造成土壤养分的淋溶流失。地膜覆盖下水分散失主要是植物蒸腾，少量也从苗孔、畦侧或垄沟内蒸发流失，所以，地膜覆盖度大小及覆膜质量对保水作用的发挥是十分重要的。

6.2.3.2 地膜覆盖保水效应及变化

地膜覆盖的保水作用是地膜覆盖综合调节栽培环境的主要效应之一，已被生产所证实。地膜覆盖是以保水为中心的简便易行的抗旱措施。在较长时间干旱的条件下，地膜覆盖土壤的上层含水量明显高于裸地，而土壤含水量随深度增加差异变小，但降水后裸地土壤含水量会迅速增加，而在地膜覆盖条件下，依靠水分横向运动渗入畦内，水分含量增加速度不如裸地。在土壤水分自然蒸发量高于自然降水量 2～3 倍的辽宁、山西、内蒙古等地，地膜覆盖的保水作用突出。另外，地膜覆盖有土壤水分分布与自然分布相反的由地表向下递减的趋势。地膜覆盖使作物生长发育较一般露地栽培更为繁茂，耗水量大，因而生育中后期易造成土壤水分缺失，必须及时灌溉才能保证获得优质高产。

6.2.3.3 节水灌溉

地膜覆盖的保水及提墒作用,为节水灌溉、经济用水开辟了新的道路。据中日合作北京、上海、沈阳、大连四个试验点观察,地膜覆盖下用软管灌水,不仅可节水30%~60%,还可降低大棚内湿度,防止多种病害的发生。

6.2.4 地膜覆盖与土壤营养

各地的研究报告指出,地膜覆盖能加速肥料的矿化过程,提高土壤肥力。其主要原因有二:一是由于地温高,保水力强,有利于土壤微生物活动,加快了有机质的分解矿化和营养的释放速度,使营养成为可给态,增加了土壤肥力;二是由于地膜的阻隔,防止了土壤养分随水分蒸发而损失或被雨水、灌水冲刷淋溶流失,提高了土壤的保肥性。地膜覆盖能均衡地调节土壤水、肥、气、热状态,保持湿润、肥沃、疏松、温暖的适宜环境,增强土壤微生物活性,保肥并提高肥效,使土壤处在较高肥力水平上,为作物生长发育提供大量的营养,维持良好的生长发育环境。

作物前期生长旺盛,从土壤中吸收的营养多,生育后期会因营养供给不足而发生脱肥早衰,所以,地膜覆盖要增施基肥,以改良土壤,提高地力。应根据作物的不同生育期增加追肥才能有效克服早衰,获得持续稳定的早熟高产。

6.2.5 地膜覆盖与土壤物理性状

由于地膜覆盖能使土壤避免风吹、降水及灌水的冲击,减少中耕锄草、施肥、人工或机械践踏所造成的土壤硬化、板结,灌水从畦侧渗入根系部位土壤,从而使耕层土壤始终处在良好的疏松透气状态。地膜覆盖可使土壤中三相比率发生变化,即固相下降,液相及气相提高,土壤硬度变小。地膜覆盖下的土壤硬度明显变小,疏松程度显著高于露地。由于土壤疏松,保证了作物的根系生长所需的氧气,促进根系扎深,扩大根群,形成庞大的根体积,抗旱耐涝,始终保持着旺盛的吸收功能和生理功能,为作物地上部生长发育,获取高产早熟奠定基础。但如果土壤过松,某些高大作物则有倒伏危险,要注意培土护根。

土壤团粒结构是衡量土壤性质好坏的另一个指标。观测说明,塑料地膜地面覆盖能使土壤团粒增加。覆盖畦土壤水稳性团粒含量高于对照畦。据计算,覆盖薄膜区0~10 cm土层中,每667 m^2 比对照可多出24 t水稳性团粒。所谓水稳性团粒,就是经过较长时间的水浸或经受轻微水的冲击仍不散开的团粒,它是土壤团粒中的一部分。具有团粒结构的土壤能够协调土壤中水、肥、气、热状况,是肥沃土壤的标志之一。

6.2.6 地膜覆盖与防止土壤盐渍化

土壤中盐分运动规律是盐随水运动。在露地,土壤中盐分随水运动到地表,水分被大量蒸发,而盐分逐渐在地表大量聚集,形成返盐。种子萌发出土,遇盐碱危害会大量死苗。地膜覆盖由于地膜下形成的特殊水分循环,即含有盐分的土壤水分受地上部增温的影响,上升到地表,由于地膜的物理阻隔,蒸发受到抑制,在地膜下凝结成小水滴,又滴回土壤,就某种意义来说对地表盐分是个洗盐过程,所以能在土壤表面形成相对的“低盐耕作层”,为种子萌发出土创造了有利条件。地膜覆盖虽然不能减少土壤总的含盐量,但改变了盐分分布状态,因而具有抑盐保苗效果，为轻度及中度盐碱地的利用开辟了新的途径。

6.2.7 地膜覆盖与除草效果

地膜覆盖抑草灭草效应表现在两个方面：一是由于高质量的地膜覆盖，定植和播种孔完全封严，使地膜下呈相对密闭状态，晴日下地膜与土表间温度可以达 50℃～60℃，使刚出土的幼嫩杂草受热灼闷而死，或抑制其生长；二是由于黑色地膜、黑白双面地膜、反光地膜、绿色地膜等有色地膜覆盖，减少阳光透入或改变了透过的光质，达到灭草或抑制杂草生长的效果。

6.2.8 地膜覆盖与病虫害防治

地膜覆盖改变了土壤及近地面的生态条件，因而使作物病虫害消长规律也发生了变化，有些减轻，有些加重，有些向后推迟或提前。

据北京市农业局资料，地膜覆盖后甜椒、番茄病毒病减少 1.9%～18%，病情指数下降 1.7%～20.7%；大棚及露地番茄晚疫病、叶霉病发病率下降 20%～26%，病情指数下降 5.5%～13.9%；大棚黄瓜霜霉病发病率下降 10%～15%；露地茄子因有薄膜阻隔，防止雨水飞溅，使绵疫病下降 20%～30%。

在温室、塑料大棚及中小拱棚内进行地膜覆盖栽培，能有效地抑制土壤水分蒸发，降低设施内空气湿度，可以推迟病害发生期，减轻病害危害程度。覆盖银灰色地膜、银灰色条带地膜以及 KO 系避蚜地膜可以反射紫外线达到驱避蚜虫、防治病毒病的效果，在蔬菜、果树上应用都取得良好效果。

地膜虽然能抑制或减轻某些病虫害的发生和蔓延，但由于覆盖后生态环境的改善，病虫害发生环境提前得到满足，病虫害也有提前发生的可能，因而同样应加强检查，及早防治。

6.2.9 地膜覆盖与产品卫生

地膜覆盖有效地减少了因暴雨造成的土壤向作物植株的飞溅，使果实不与灌水和肥料接触，因而减少了作物的感病机会；同时，对于草莓、黄瓜、番茄等产品，也防止了污染，提高了品质，可生产出无污染、洁净的果品和蔬菜。

6.2.10 地膜覆盖与作物生长发育

6.2.10.1 促进种子萌发出土，加快生育进程

地膜覆盖有稳定环境效应，为作物创造了适宜的条件，有效地利用了作物生育前期光热水肥条件，加速了种子的萌发出土进程，使作物的整个生育期明显提前，从而获得早熟高产。

6.2.10.2 促进根系生长

地膜覆盖下土壤的水、肥、气、热各因素协调，为作物生长、发育强大根系创造了最佳条件。日本人称地膜覆盖是“护根栽培法”，我们认为是“促根栽培”，因为无论是根的数量、根的鲜重和干重都明显高于对照值。地膜覆盖栽培所形成的强大根系，为强化养分吸收打下了基础，也是早熟高产的根本因素。地膜覆盖作物不仅根系大、吸收功能强，而且根活性也增强。据试验，覆盖地膜的番茄根系伤流量较对照值高 3～4 倍。

6.2.10.3 促进地上部植株生长

由于地膜覆盖的综合生态效应，使土壤的水、肥、气、热综合条件得到调整，并处在协调稳定状态，使地膜覆盖的各种作物较一般耕田“高一头，青一色”，叶片增多，生育期提前，生育进程加快，生长旺盛，植株高大，为高产、早熟打下了基础。

地膜覆盖所引起的环境条件变化，以及这些变化是如何影响农作物的生长发育的见图6.1。

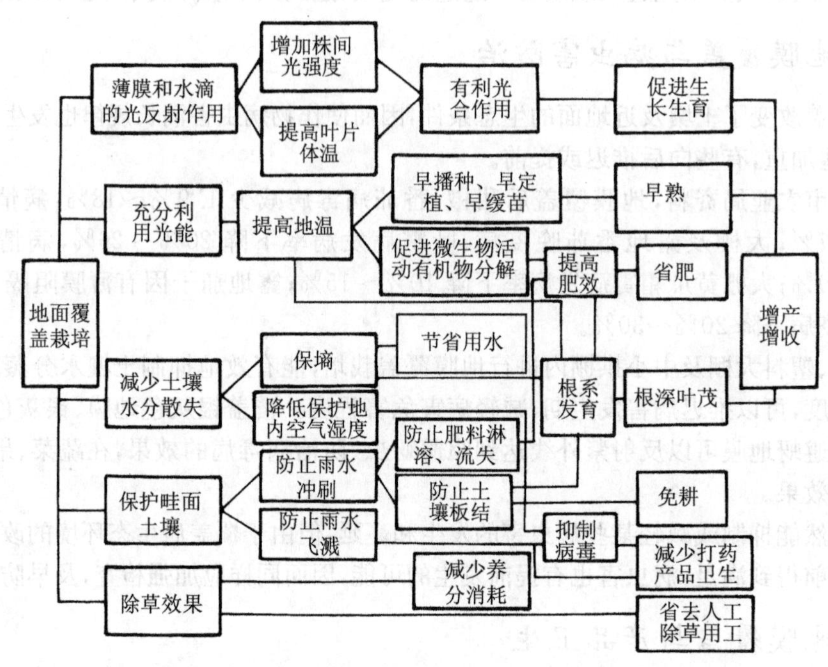

图 6.1 地膜覆盖对环境条件和作物生长发育的影响

6.3 地膜覆盖栽培技术

6.3.1 深沟高畦

地膜栽培要求深沟高畦，泥土粉碎，畦面力求平整，做成中间高两边低的龟背形，畦沟壁呈坡状，便于畦面四周用泥土压牢地膜。现掘现种的地，畦面平整后，需用铁锹轻轻拍实，促进土壤毛细管的形成，并利于地膜紧扣地面。整地时，未采用铁锹拍实，定植时土壤毛细管未能很好形成，在天晴土壤湿度低的情况下，秧苗定植初期可能会出现萎蔫，约经一周左右，毛细管水上升，水分供应正常后即可恢复正常生长。

覆盖地膜时，土壤湿度要适当。大雨之后土壤含水量高，需适当干燥后才能覆盖。早春多雨，要趁晴覆膜，以备定植；干旱天气则宜先喷水使土壤湿润后覆盖地膜。

6.3.2 基肥要控制氮肥，深施、分层施

地膜覆盖栽培，追肥不便，基肥要充足，适宜增施有机肥、磷肥、钾肥，氮肥必须控制；基肥

要深施、分层施。因为地膜覆盖，表土湿润肥沃，根系主要集中在表层，深施可促进根系向深处发展，分层施则有利植株不同生育期吸收利用肥分。

6.3.3 地膜要压牢，防风吹动

地膜覆盖要铺平扣紧，栽植孔口与四边要用泥土压牢防风吹动。4月下旬以后覆盖栽培的豇豆、西瓜、甜瓜、冬瓜等小苗，尤需注意压牢。如果不压牢，受风吹动，孔口处的地膜盖没秧苗，膜下温度可以高达40～50℃，会灼伤秧苗，甚至引起死苗。

6.3.4 适时定植、合理密植

地膜覆盖不能保护植株地上部，定植期与不覆盖相同。不过，在适宜定植范围内，早定植可以发挥地膜对提高土温的作用，有利早熟增产。暖棚栽培，由于能保护地上部，定植时间可提前到2月中下旬至3月中旬。

6.3.5 田间管理

6.3.5.1 防徒长、防早衰

地膜覆盖土温提高、土壤疏松、湿润、肥料不易流失，因而作物根系旺盛，吸收能力强，在氮肥偏多的情况下容易徒长。因此，基肥要控制氮素，其用量可比不覆盖减少1/2～1/3。追肥氮素一次不能过多。番茄有徒长趋势可喷500mg/kg CCC抑制生长。

地膜栽培植株发棵旺盛，肥水吸收量增加，如果肥水不足，容易引起作物早衰。此时需要进行追肥。追肥可以开孔施、破膜施或随灌溉沟施以及根外追施。

地膜覆盖虽然有良好的保墒作用，但在天旱植株生长盛期，地下水位低的田块，土壤上升水分少，不能满足作物生长需要，仍需及时灌溉。确定灌溉水量应以10～15 cm深处的土壤含水量为准。因为地膜覆盖的表层总是潮湿的，即使土壤下层已经缺少水分，而表层仍是湿润的，所以表层0～10 cm处的土壤含水量不能作为灌溉依据。

6.3.5.2 防草害

采用无色地膜覆盖栽培，容易发生草害。预防措施有：深耕；整地力求平整，紧贴地面覆盖，与土壤密切贴合；栽植孔口与四周地膜用泥土压紧不漏气；使用除草剂，用量可比不覆盖减少20%；采用黑色或绿色地膜覆盖栽培；栽培后期在地膜表面撒上泥土；拔除杂草。

6.3.5.3 病虫防治

(1) 病害　地膜栽培植株基部叶片与土壤不接触，可以减少雨水飞溅传播的病害，而且地表空气湿度比不覆盖的低，亦可减轻病害浸染。但是，对一些要求较高土温的土壤病害如青枯病、枯萎病，如果土壤中原有病原菌存在，由于土温提高，有提前发生和病情加剧的可能。因此，对有青枯病、枯萎病史的田块不宜使用地膜。

(2) 虫害　采用地膜覆盖栽培，由于土温提高，蛴螬、小地老虎等土壤害虫可以提前发生，并且危害加剧；蚜虫也常比不覆盖的发生多，要做好预防工作。

覆盖栽培的瓜果，因不直接接触土壤，不会受地下害虫危害。如早春茄子，不覆地膜的常遭蛴螬等咬食，而地膜覆盖就没有被咬食之患了。

6.3.6 适时采收

地膜覆盖栽培的植株比不覆盖的生长发育快，采收期能提早。但对食用的果实，如甜瓜等等，往往果实大小已达到了商品的要求，而营养成分却尚未达到生物学上的成熟，以致影响果实风味与品质，这是采收时应注意的。

思考题

1. 地膜有哪些种类?
2. 地膜覆盖栽培为何能早熟、高产?
3. 简述地膜覆盖栽培技术。

7 园艺设施的环境特性及调控

学习目标

了解设施内的环境特性，能根据植物长势进行环境调控。

园艺植物的生长发育与产品器官的形成，一方面决定于植物本身的遗传特性，另一方面决定于外界环境条件。因此，生产上通过育种技术获得具有新的遗传性状的新品种的同时，也要对环境因素进行控制和调节，为园艺植物的生长发育创造适宜的环境条件，从而达到优质高产的目标。

园艺植物的环境是指其生存地点周围空间的一切因素的总和。就单株园艺植物而言，它们相互之间也互为环境。在环境与园艺植物之间，环境起主导作用。在环境因子中对园艺植物起作用的称为生态因子，生态因子包括：

① 气候因子：温度、光照、水分、空气、雷电、风、雨和霜雪等。

② 土壤因子：土壤质地、土壤的理化性质。

③ 生物因子：动物、植物、微生物等。

④ 地形因子：地形类型、坡度、坡向和海拔等。

这些因子综合构成了园艺植物生长的生存环境，园艺植物和生态环境是一个相互紧密联系的辩证统一体，所有的生态因子综合一起对园艺植物发生作用。

设施栽培正是在露地不适于作物生长的情况下，利用温室大棚等设施，人为地创造适宜的环境条件来进行作物栽培的一种方式。设施内的环境卫生因子，包括光、温、水、气、土壤及营养元素等。这些因子除受外界环境的影响外，在一定程度上能够实现人工调控。因此，了解设施内环境因子的特征，掌握各种环境因子的人工调控措施，可促进园艺作物的优质、高产、高效栽培。

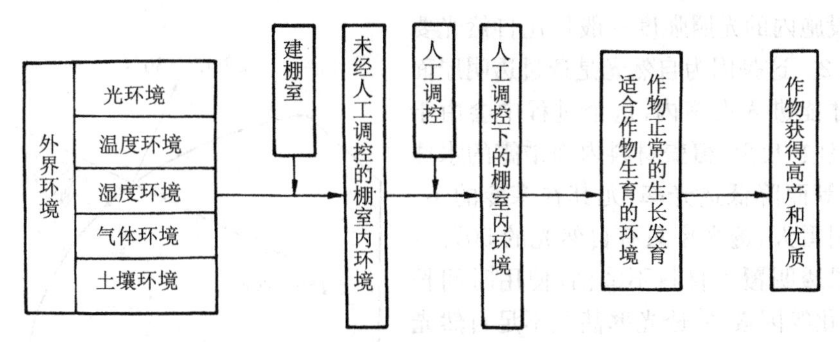

图 7.1 温室和大棚内环境调控示意图

农业生产技术的改进，主要沿着两个方向进行：一是创造出适合环境条件的作物品种及其栽培技术；二是创造出使作物本身特性得以充分发挥的环境，而园艺设施就是实现后一目标的有效途径。园艺设施对环境的调控见图 7.1。

7.1 光环境及其调控

植物的生命活动都与光照密不可分,因为其赖以生存的物质基础,是通过光合作用制造出来的。目前我国园艺设施的类型中,塑料拱棚和日光温室是最主要的,约占设施栽培总面积的90%或更多。塑料拱棚和日光温室是以日光为唯一光源与热源的,所以光环境对设施园艺生产的重要性处在首位。

光环境包括光照度、光质、光照分布、光照时间四种含义。

光照度又称光强或光照强度,以点光源在某方向单位立体角内发出的光通量来计量,它主要影响作物的光合作用和物质生产。

光质,即光谱组成。光质虽然也影响作物的光合作用,但主要对作物的生长和发育以及形态建成影响较大,同时对热量转换作用较大。

光照分布指光照在温室和大棚中的均匀程度,其中包括光照度分布和光质分布,但通常指光照度分布,它不仅影响作物的光合作用和生长发育,而且影响能量的蓄积。

光照时间指每天的光照时数,它既影响作物光合作用时数,又影响温室和大棚内热量蓄积时间。

7.1.1 园艺设施的光照环境特点

园艺设施内的光照环境不同于露地,由于是人工建造的保护设施,设施内的光照条件受建筑方位、设施结构,透光屋面大小、形状,覆盖材料特性、干洁程度等多种因素的影响。园艺设施内的光照环境除了从光照强度、光照时数、光的组成(光质)等方面影响园艺作物生长发育之外,还要考虑光的分布对作物生长发育的影响。

任何形式的温室、塑料大棚等设施园艺内的光环境与露地比较,均具有三个特点:一是光量减少,二是光量分布不均匀,三是光质变化。

7.1.1.1 光照强度

园艺设施内的光照强度一般均比自然光要弱,见图 7.2。这是因为自然光是透过透明屋面覆盖材料才能进入设施内,这个过程中会由于覆盖材料吸收、反射,覆盖材料内面结露的水珠折射、吸收等而降低透光率,尤其在寒冷的冬、春季节或阴雪天,透光率只有自然光的 50%～70%。如果透明覆盖材料不清洁,使用时间长而染尘、老化等因素,使透光率甚至不足自然光强的 50%。

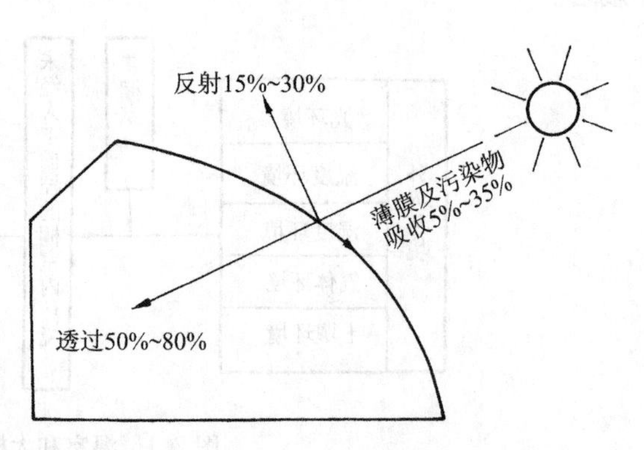

图 7.2 日光温室实际透光率示意图

(1) 可见光透光率　新的干净的塑料薄膜和普通玻璃透光率约为 87%～91%(在直射光的入射角为 0°时)。实际上温室或大棚内的透光率仅为 50%～80%,这往往成为冬季喜光果菜生产的限制因子。

(2) 紫外光透过率低　普通玻璃在350～380 nm的近紫外光区可透过80%～90%，但不能透过310 nm以下的紫外光；聚乙烯薄膜在270～380 nm紫外光区可透过80%～90%；聚氯乙烯薄膜紫外光透光率介于玻璃和聚乙烯薄膜之间。

(3) 红外光长波辐射多　长波辐射很少透过到温室或大棚之外，致使温室或大棚内部的红外光长波辐射增多。聚乙烯薄膜的红外光透过率大于聚氯乙烯薄膜，聚氯乙烯薄膜又大于玻璃，即玻璃的保温能力大于聚氯乙烯薄膜，聚氯乙烯薄膜又大于聚乙烯薄膜。

7.1.1.2　光照时数

园艺设施内的光照时数是指受光时间的长短，这因设施类型而异。

(1) 不同纬度地区不同季节的自然日照时数不同　高纬度地区冬季、早春及晚秋的自然日照时数少于低纬度地区，同一地区冬季的日照时数少于夏季。

(2) 不同保温覆盖设施内的日照时数不同　塑料大棚和大型连栋温室因全面透光，无外覆盖，设施内的光照时数与露地基本相同。但单屋面温室内的光照时数一般比露地要短，因为在寒冷季节为了防寒保温，覆盖的蒲席、草帘揭盖时间直接影响设施内受光时数。在寒冷的冬季或早春，一般在日出后才揭帘，而在日落前或刚刚回落就需盖上，一天内作物受光时间不过7～8 h，在高纬度地区甚至不足6 h，远远不能满足园艺作物对日照时数的需求。北方冬季生产用的塑料小拱棚或改良阳畦，夜间也有防寒覆盖物保温，同样存在光照时数不足的问题，日照时数不足常常成为影响日光温室内园艺植物生长发育的因素。

7.1.1.3　光质

园艺设施内光的组成(光质)也与自然光不同，主要与透明覆盖材料的性质有关。我国主要的园艺设施多以塑料薄膜为覆盖材料，透过的光质就与薄膜的成分、颜色等有直接关系。玻璃温室与硬质塑料板材的特性也影响设施内的光质。露地栽培太阳光直接照在作物上，光的成分一致，不存在光质差异。

7.1.1.4　光分布

露地栽培作物在自然光下，光分布是均匀的，园艺设施内则不然。温室和大棚内的光照存在着严重的分布不均匀现象。例如，单屋面温室的后屋面及东、西、北三面有墙，都是不透光部分，在其附近或下部往往会有遮荫。朝南的透明屋面下，光照明显优于北部。据测定，温室栽培床的前、中、后排黄瓜产量有很大的差异，前排光照条件好，产量最高，中排次之，后排最低，反映了光照分布不均匀。单屋面温室后屋面的仰角大小不同，也会影响透光率。园艺设施内不同部位的地面，距屋面的远近不同，光照条件也不同。园艺设施内光分布的不均匀性，使得园艺作物的生长也不一致。

7.1.2　园艺设施的光环境对作物生育的影响

7.1.2.1　园艺作物对光照强度的要求

园艺作物包括蔬菜、花卉(含观叶植物、观赏树木等)和果树三大种类，对光照强度的要求大致可分为阳性植物(又称喜光植物)、阴性植物和中性植物。

(1) 阳性植物　阳性植物喜强光,光饱和点大多在60～70klx以上,不耐荫,具有较高的光补偿点,在较强的光照下生长良好。这类植物包括绝大多数落叶果树,多数露地一、二年生花卉及宿根花卉、仙人掌科、景天科等多浆植物以及瓜类、茄果类和某些耐热的薯芋类蔬菜。

(2) 阴性植物　阴性植物不耐较强的光照,需在适度遮荫下才能生长良好,不能忍受强烈的直射光线,多产于热带雨林或阴坡。如花卉中的兰科植物、观叶类植物、凤梨科、姜科植物、天南星科及秋海棠科植物。蔬菜中多数绿叶菜和葱蒜类比较耐弱光,光饱和点为25～40 klx。

(3) 中性植物　这类植物对光照强度的要求介于上述两者之间,要求中等强度光照,一般喜欢阳光充足,光饱和点为40～50klx,但在微阳下也能正常生长,如李、草莓、白菜类、根菜类和葱蒜类蔬菜、杜鹃、山茶、白兰花、倒挂金钟等。

光照强度主要影响园艺作物的光合作用强度,在一定范围内(光饱和点以下),光照越强,光合速率越高,作物的产量也越高。温室蔬菜的产量与光照强度关系密切,如番茄每平方米接受100 MJ的产量为2.01～2.65 kg,降低光照64%和23.4%,其产量分别降低75%和19.9%。黄瓜也有类似的情况。

表7.1列出了温室栽培主要蔬菜种类的光补偿点、光饱和点及光合速率,可供参考。

表7.1　蔬菜作物光合作用的光补偿点、光饱和点及光合速率

蔬菜种类	光补偿点/klx	光饱和点/klx	光饱和点时的光合速率/(μmol·s^{-1}·m^{-2})
黄瓜	2.0	55	21.3
南瓜	2.0	55	17.2
番茄	3.0	70.0	24.2
辣椒	1.5	30	19.2
茄子	2.0	40	20.1
甘蓝	2.0	40	23.1
芹菜	2.0	45	17.3
结球莴苣	1.5～2.0	25	
菜豆	1.5	25	16.7
西瓜	4.0	80	

表7.1描述的是单叶的光合作用特性。由于单叶光合作用特性对生产的实际指导意义不是很大,近来更倾向于研究群体光合作用。群体光合速率(CPn)的计算是以单位土地面积表示的。一般蔬菜作物群体光合作用光饱和点要大大高于单叶光合作用的光饱和点。因为作物群体是由许多个体组成的,其叶片分布在不同的层次中,上部叶截获了较多的光辐射,而中下部叶互相遮阳,光辐射截获量少,这种现象在设施栽培中尤为突出。即使上部叶已达到光饱和点,但中下部仍未达饱和,故群体光饱和点要高于单叶光饱和点。

光照强弱除对植物生长有影响外,对花色亦有影响,这对花卉设施栽培尤为重要。如紫红色的花是由于花青素的存在而形成的,而花青素必须在强光下才能产生,散射光下不易产生。因此,开花的观赏植物一般要求较强的光照。

7.1.2.2　园艺作物对光照时数的要求

光周期是指日照长短的周期性变化对植物生长发育的影响。光周期对园艺植物生长发育的影响主要集中在两个方面：一是影响植物花芽分化和生殖生长；二是影响园艺植物产品器官的形成。马铃薯、芋、菊芋及许多水生蔬菜都要求在较短的日照下形成贮藏器官，而洋葱、大蒜等鳞茎类蔬菜则要求较长的日照时数和一定的温度条件形成鳞茎。不同品种对光周期的反应差异很大。一般早熟品种对日照时数要求不严，南方品种要求较短日照，而北方品种要求较长日照。

按对光周期的反应不同，可将园艺植物分为三类：

(1) 长光性植物(长日照植物)　在较长的光照条件(一般为12～14h以上)下才能开花，而在较短的日照下不开花或延迟开花，包括白菜类、甘蓝类、芥菜类、萝卜、胡萝卜、芹菜、菠菜、莴苣、蚕豆、豌豆、大葱、大蒜及唐菖蒲等，都在春季长日照下抽薹开花。

(2) 短光性植物(短日照植物)　在较短的光照条件下(一般为12～14h以下)才能开花结实，而在较长的日照下不开花或延迟开花。如秋豇豆、扁豆、茼蒿、苋菜、蕹菜、草莓、菊花、一品红等，它们大多在秋季短日照下开花结实。

(3) 中光性植物　对日长的选择不严，在长短不同的日照环境中均能正常孕蕾开花。如番茄、甜椒、黄瓜、菜豆、月季、扶桑、天竺葵及美人蕉等只要温度适宜，一年四季均可开花结实。

设施栽培可以利用以上特性，通过调控光照时数达到调节开花期的目的。一些以块茎、鳞茎等贮藏器官进行休眠的花卉，如水仙、仙客来、郁金香、小苍兰等，其贮藏器官的形成受光周期的诱导与调节。果树因生长周期长，对光照时数要求主要是年积累量，如杏要求年光照时数2500～3000 h，樱桃2600～2800 h，葡萄2700 h以上，否则不能正常开花结实，说明光照时数对园艺作物花芽分化，即生殖生长(发育)影响较大。设施栽培光照时数不足往往成为作物生长的限制因子，因为在高寒地区，尽管光照强度能满足要求，但一天内光照时间太短，不能满足作物生长的要求，一些果菜类或观花的花卉若不进行补光就难以栽培成功。

7.1.2.3　光质及光分布

一年四季中，光的组成由于气候的改变而有明显的变化。如紫外光的成分以夏季的阳光中最多，秋季次之，春季较少，冬季则最少。夏季阳光中紫外光的成分是冬季的20倍，而蓝紫光比冬季仅多4倍。因此，这种光质的变化可以影响到同一种植物不同生产季节的产量及品质。

光质还会影响蔬菜的品质。紫外光与维生素C的合成有关，玻璃温室栽培的番茄、黄瓜等维生素C的含量往往没有露地栽培的高，就是因为玻璃阻隔紫外光的透过率。塑料薄膜温室的紫外光透光率就比较高。光质对设施栽培的园艺作物的果实着色有影响，颜色一般较露地栽培色淡，如茄子为淡紫色。日光温室的葡萄、桃、塑料大棚的油桃等都比露地栽培的风味差，这与光质有密切关系。

由于园艺设施内光分布不如露地均匀，使得作物生长发育不能整齐一致。同一种类品种、同一生育阶段的园艺作物长得不整齐，既影响产量，成熟期也不一致。弱光区的产品品质差，商品合格率降低，种种不利影响最终导致经济效益降低，因此设施栽培必须通过各种措施，尽量减轻光分布不均匀的负面效应。

7.1.3 园艺设施光照环境的调节与控制

7.1.3.1 影响园艺设施光照环境的因素

园艺设施内的光照主要利用自然光，且利用率只有外界自然光照的40%～60%。人们通常说的“自然光”即是阳光，它是太阳辐射能中可被眼睛感觉到的部分，是波长范围为390～760 nm的可见光部分。这一波段的能量约占太阳辐射能总量的50%。太阳辐射能还包括紫外线（波长范围290～390 nm，占1%～2%）和红外线（波长范围小于760 nm，占48%～49%）。除了可见光以外，紫外线和红外线对植物的生长发育都有重要的影响。因此用“太阳辐射能”一词来表征植物“光”环境，描述“光”对植物生长发育的影响最恰当。

表示太阳辐射能大小的物理量是辐射能通量密度，单位是 W/m^2 或 $kJ/(m^2 \cdot h)$，$1W/m^2$ 等于 $3.60\,kJ/(m^2 \cdot h)$。人们常把“辐射能通量密度”说成是“辐射强度”，其实两者概念不同。“辐射强度”考虑了辐射能通量的方向，表示物体被照明程度的物理量是光照度或光照强度，单位是lx或klx。

辐射能通量密度与光照强度之间的换算关系比较复杂。根据加阿斯特拉的资料，波长为400～700nm的太阳光换算系数为 $250lx/(W \cdot m^2)$。

光照度或光照强度只表示可见光部分的能量，不包括紫外线和红外线部分的能量。从图7.3中还可看出，绿色植物吸收的波长与人眼所感觉的波长范围并不完全一致。人眼感光灵敏的高峰约在550 nm处（黄绿光）。在此波长处，绿色植物的吸收率却比较低（对红光和蓝紫光最敏感）。所以，用勒克斯表示的光照强度，不如用 W/m^2 或 $kJ/(m^2 \cdot h)$ 表示的辐射能通量密度更能客观地反映“光”对植物的作用。

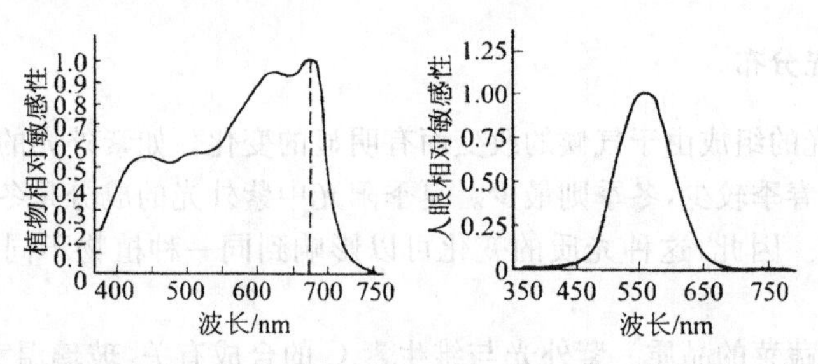

图7.3 植物、人眼对不同光谱的相对敏感性

影响设施内光照的因素主要包括四方面，即室外太阳辐射、设施的构造、覆盖材料的辐射特性和作物群体结构及辐射特性。

(1) 影响室外太阳辐射的因素 室外太阳辐射直接影响设施内的光环境，而室外太阳辐射又受太阳高度角和大气透明度的限制。

① 太阳高度角。太阳高度角是指太阳直射光线与地平面的夹角。这个角度的大小取决于某地的地理纬度、季节（日期）及每天的时刻，即太阳高度角在低纬度地区大于高纬度地区；夏半年的太阳高度角大于冬半年（夏至日最大，冬至日最小）；中午时刻的太阳高度角大于一天内的其他时刻。太阳高度角的大小直接影响室外的太阳辐射和设施内的透光率，从而也就直接影响设施内的光环境。当太阳高度角等于90°时，室外太阳辐射强度最强；太阳高度角越小，室外太阳辐射越弱。同时，在一定范围内太阳高度角越小，设施的透光率越差。由此可见，

太阳高度角是估算设施内的透光率和计算全天太阳辐射强度等的必要参数，这对设施的设计和使用十分重要。但是，太阳高度角的变化是不以人的意志为转移的，人们只能通过它与地理纬度之间的关系，适当调整设施建筑的位置，这也是确定设施生产区划的重要依据之一。

② 大气透明度。大气透明度对太阳直射光影响最大。通常，夏季晴天日太阳直射光占太阳总辐射的比率最高可达 90%左右；阴天则最低，仅有 30%～40%。

大气透明度与大气质量（即大气厚度，它主要与海拔高度有关，海拔越高，大气厚度越小）、云的种类和数量、雾以及煤烟污染等因素有关。大气质量好，云、雾及煤烟污染少的地区，大气透明度好，白天太阳辐射强度大，有利于设施生产栽培；反之不利于生产。

(2) *园艺设施的影响* 园艺设施内的光照除受时时刻刻变化着的太阳位置和气象要素影响外，也受本身结构和管理技术的影响，其中光照时数主要受纬度、季节、天气情况和防寒保温等管理技术的影响；光质主要受透明覆盖材料光学特性的影响，变化比较简单；只有光照度及其分布是随着太阳位置的变化和受设施结构的影响不断的变化，情况比较复杂。对保护设施内光照条件的要求是能够最大限度地透过光线、受光面积大和光线分布均匀。

园艺设施的透光率(τ)是指设施内的太阳辐射能或光照强度(I)与室外的太阳辐射能或自然光强(I_o)之比。

即：

$$\tau = I / I_o$$

太阳光由直射光和散射光两部分组成。保护地的透光率相应地区分为对直射光的透光率(τ_z)和对散射光的透光率(τ_s)，于是园艺设施的透光率又可表示为：

$$\tau = \tau_z M + (1 - M)\tau_s$$

式中：M——自然光中直射光占的百分数。

散射光的透光率(τ_s)在通常情况下，取决于透明覆盖材料种类、保护设施的结构、形式及覆盖物的污染状况。

对某种类型的设施，园艺设施散射光透过率基本上是一个常数，可用下式表示：

$$\tau_s = \tau_{s0}(1 - r_1)(1 - r_2)(1 - r_3)$$

式中：τ_{s0}——干洁透明覆盖材料对散射光的透光率；

r_1——设施构架、设备等不透光材料的遮光损失率。一般大型温室 r_1 在 5%以内，小型温室在 10%以内；

r_2——为覆盖材料因老化的透光损失；

r_3——水滴和尘染的透光损失。一般水滴透光损失可达 20%～30%，尘染的透光损失为 15%～20%。

太阳辐射中，散射辐射的比重与太阳高度和天空云量有关。太阳高度为 0°时，散射辐射占 100%，20°时占 90%，50°时占 18%。散射辐射还随云量增多而增大。散射辐射是太阳辐射的重要组成成分，因此在设计园艺设施的结构时，要考虑如何充分利用散射光的问题。

直射光的透光率(τ_z)主要与投射光的入射角有关，即与设施方位、屋面坡度和太阳高度有密切关系。直射光的透过率由下式决定：

$$\tau_z = \tau_\alpha(1 - r_1)(1 - r_2)(1 - r_3)$$

式中：τ_α——干洁透明覆盖材料在入射角为 α 时的透光率。α 由太阳高度、温室方位和屋面坡度决定。

① 园艺设施结构与透光率的关系。园艺设施结构包括建筑方位、结构形状（如屋面坡度、

单栋或连栋等)、宽度(跨度)、高度和长度等。

(a) 温室屋面角。温室屋面角对太阳直射光透过率的影响最为突出。当温室屋面与太阳直射光线的夹角(光线投射角)成 90°时,即太阳直射光线的入射角为 0°时,温室的透光率最高,此时的温室屋面角称为理想屋面角。中午时刻温室理想屋面角与地理纬度和太阳赤纬有关,即地理纬度越高(越是北方地区),太阳赤纬越小(越接近冬至),温室的理想屋面角就越大。

(b) 建筑方位。设施的建造方位对设施内的直射光透过率和光分布影响较大,而对散射光的影响不大。据测定,在高纬度地区的冬季,双屋面单栋温室或大棚、单屋面温室或大棚的透光率,东西栋(东西延长)优于南北栋(南北延长);而在夏季,双屋面温室或大棚却是南北栋优于东西栋。从光的分布看,双屋面单栋温室或大棚以南北延长的光分布优于东西延长者。因此,这类温室或大棚多取南北延长方位。而单屋面日光温室则以东西栋温室的光分布优于南北栋,故日光温室多取东西栋。在生产实际中,往往有许多日光温室的透明屋面并不是朝向正南,而是偏西或偏东,这是根据当地的气候条件所决定的。原则上,我国黄淮流域气候温暖的中低纬度地区以南偏东 5°~10°为宜。这是因为作物上午的光合作用强,充分利用上午的光照对作物生长发育有利。但在气候寒冷的高纬度地区则应以南偏西 5°~10°为宜,这是因为高纬度地区冬季清晨气温低,光照弱,有些地方还有雾,揭帘晚,而充分利用午后的光照对作物生长发育更为有利的缘故。

设施的建造方位对设施内直射光透过率和光分布的影响主要来自两个方面:一是由于方位不同,使设施透明覆盖面的光线入射角发生变化,从而影响透光率和光的分布;二是由于方位不同,使建筑材料的遮荫面积发生变化,从而改变了透光率和光分布。然而,设施的建造方位对不同纬度地区或不同季节的设施内透光率和光分布的影响不同。在低纬度地区或者夏季,太阳高度角较高,由设施建造方位不同所造成的透光率和光分布的差异较小,故设施方位的问题就不大突出;但在高纬度地区,尤其是冬季,太阳高度角较小,由设施建造方位不同所造成的透光率和光分布的差异较大,故在高纬度地区,尤其是修建冬季生产用的设施时要十分注意方位问题。

(c) 温室结构。温室结构主要是指温室连栋数目、温室骨架材料的情况及其排列方式,以及温室的型式等。

据测定,东西连栋温室的连栋数目越多,其透光率越低,但超过 5 连栋后,透光率变化较小。南北栋温室透光率与连栋数关系不大。

设施骨架材料的大小、多少和形状,既影响设施的透光率,又影响设施内光的分布。通常,骨架材料越多、越大、越厚,其遮光面积就越大。而且太阳高度角对骨架材料的遮光面积也有影响,即太阳高度角越小,骨架遮光面积越大。此外,骨架的使用方向对光的分布也有影响。对于东西延长的日光温室来说,与温室延长方向相同的骨架材料,一天内的遮光部位移动较少,形成所谓的“死影”,结果便造成温室内的光线分布不均匀;而与温室延长方向相垂直的骨架材料,一天内的遮光部位移动较大,温室内的光线分布在一天内是较均匀的。

② 相邻温室或塑料棚的间距。为了保证相邻的单屋面温室内有充分的日照,不致被南面的温室遮光,相邻温室间必须保持一定距离。相邻温室之间的距离大小,主要应考虑温室的脊高加上草帘卷起来的高度,相邻间距应不小于上述两者高度的 2.0~2.5 倍,应保证在太阳高度最低的冬至前后,温室内也有充足的光照。南北延长温室,相邻间距要求为脊高的 1 倍左右。

(3) *覆盖材料的透光特性* 投射到保护设施覆盖物上的太阳辐射能，一部分被覆盖材料吸收，一部分被反射，另一部分透过覆盖材料射入设施内。这三部分的关系如下：

吸收率＋反射率＋透射率＝1

干净玻璃或塑料薄膜的吸收率为10%左右，剩余的就是反射率和透射率。反射率越小，透射率就越大。覆盖材料对直射光的透光率与光线的入射角有关。入射角越小，透光率越大。入射角为0时，光线垂直投射于覆盖物上，此时反射率为0，透光率最大。

园艺设施覆盖材料的内外表面经常被灰尘、烟粒污染，玻璃和塑料薄膜内表面经常附着一层水滴或水膜，使设施内光强度大为减弱，光质也有所改变。灰尘主要削弱900～1 000 nm和1 100 nm的红外线部分。两者共同影响，使塑料棚内的光照强度仅为露地的50%左右。

此外，水膜的消光作用与水膜的厚度有关。当水膜厚度不超过0.1～1.0 mm时，水膜对薄膜的透光性影响很小。

覆盖材料老化也会使透光率减小。覆盖材料不同，老化的程度也不同。老化的消光作用主要在紫外线部分。

(4) *作物群体结构的影响* 作物群体结构主要是指作物在田间自然生长状态下，群体各器官的立体分布。这种立体分布与作物体内部的透光率和光的分布关系密切。

作物群体各器官的立体分布与种植密度、植株大小和高度、植株个体形态以及作物栽培畦向等因素有关，见图7.4。据测定，作物群体结构对其内部光的分布影响很大，如茄子植株(高60 cm)自群体顶部向下20 cm处的光照较其顶部下降了50%～60%。此外，在行距较小的情况下，南北向畦较东西向畦其作物群体内部的光分布均匀，作物生育好，产量高。

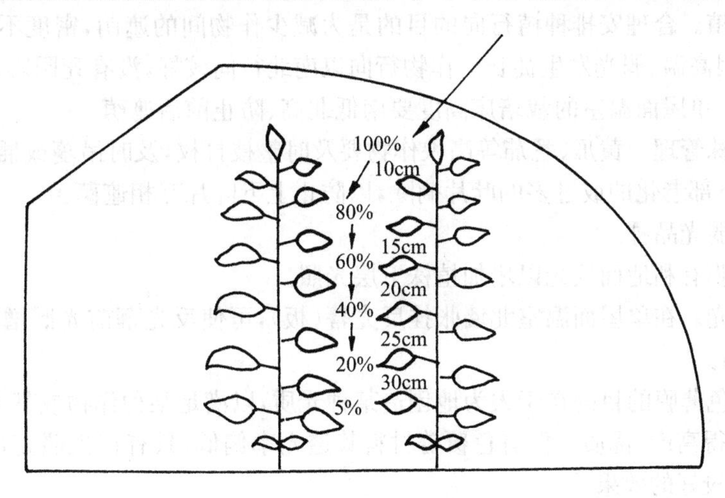

图7.4 作物群体内的透光状况

7.1.3.2 园艺设施光照环境的调节与控制

园艺设施内对光照条件的要求一是光照充足；二是光照分布均匀。

设施内光环境的调节措施主要包括三个方面：一是增加设施内的自然光照；二是在光照强的夏季或进行软化等特殊栽培时实施遮光；三是在冬季弱光期或光照时数少的季节和地区进行人工补光。从我国目前的国情出发，主要还依靠增强或减弱园艺设施内的自然光照，适当进行补光；而发达国家补光已成为重要手段。

(1) 改进园艺设施结构提高透光率

① 选择好适宜的建筑场地及合理建筑方位。确定建筑场地的原则是根据设施生产的季节、当地的自然环境,如地理纬度、海拔高度、主要风向、周边环境(有否建筑物、有否水面、地面平整与否等)。

② 设计合理的屋面坡度。单屋面温室主要设计好后屋面仰角、前屋面与地面交角、后坡长度,既保证透光率高,也兼顾保温好。连接屋面温室屋面角要保证尽量多进光,还要防风、防雨(雪)使排雨(雪)水顺畅。

③ 合理的透明屋面形状。从生产实践证明,拱圆形屋面采光效果好。

④ 骨架材料。在保证温室结构强度的前提下尽量用细材,以减少骨架遮荫,梁柱等材料也应尽可能少用。如果是钢材骨架,可取消立柱,对改善光环境很有利。

⑤ 选用透光率高且透光保持率高的透明覆盖材料。我国以选用塑料薄膜为主,应选用防雾滴且持效期长、耐候性强、耐老化性强的优质多功能薄膜,以及漫反射节能膜、防尘膜、光转换膜等。大型连栋温室,有条件的可选用 PC 板材。

(2) 改进管理措施

① 保持透明屋面干洁。使塑料薄膜屋面的外表面少染尘,经常清扫以增加透光率;内表面应通过放风等措施减少结露(水珠凝结),防止光的折射,提高透光率。

② 在保温前提下,尽可能早揭晚盖外保温和内保温覆盖物,增加光照时间。在阴天或雪天,也应揭开不透明的覆盖物,时间越长越好(同样也要在防寒保温的前提下),以增加散射光的透光率。双层膜温室可将内层改为白天能拉开的活动膜,以利光照。

③ 合理密植。合理安排种植行向的目的是为减少作物间的遮荫,密度不可过大,否则作物在设施内会因高温、弱光发生徒长。作物行向以南北行向较好,没有死阴影;若是东西行向,则行距要加大。单屋面温室的栽培床高度要南低北高、防止前后遮荫。

④ 加强植株管理。黄瓜、番茄等高秧作物要及时整枝打杈,及时吊蔓或插架,进入盛产期时还应及时将下部老化的或过多的叶片摘除,以防止上下叶片互相遮荫。

⑤ 选用耐弱光品种。

⑥ 覆盖地膜有利地面反光以增加植株下层光照。

⑦ 利用反光。在单屋面温室北墙张挂反光幕(板),可使反光幕前光照增加 40%~44%,有效范围达 3m。

⑧ 采用有色薄膜的目的在于人为地创造某种光质,以满足某种作物或某个发育时期对该光质的需要,获得高产、优质。但有色覆盖材料其透光率偏低,只有在光照充足的前提下改变光质,才能收到较好的效果。

(3) 遮光　设施园艺内遮光主要有两个目的:一是缩短光照时间和减弱设施内的光照强度;二是降低设施园艺内的温度。

设施园艺内遮光 20%~40%能使室内温度下降 2℃~4℃。初夏中午前后,光照过强,温度过高,超过作物光饱和点,对生育有影响时应进行遮光。在育苗过程中,移栽后为了促进缓苗,通常也需要进行遮光。遮光材料要求有一定的透光率、较高的反射率和较低的吸收率。遮光方法有以下几种:

① 采取在设施外部覆盖黑色塑料薄膜或外黑里红布帐的方法缩短光照时间。根据作物对光照时间的要求,在下午日落前几个小时,放下黑色薄膜或布帐,使温室内保持预定时间的

日照环境，以满足某些短日照作物对光照时间的生理要求。

② 减弱光照强度。一般采用设施外覆盖各种遮荫物，如遮阳网、无纺布、竹帘等，屋面外部喷水或者玻璃面涂白，以及室内用塑料窗纱、无纺布等遮光，一般可遮光 50%～55%，降低室温 3.5℃～5.0℃；玻璃流水可遮光 25%，降低室温 4.0℃。遮光对夏季炎热地区的蔬菜、花卉栽培尤为重要。

(4) 人工补光　采用人工补光主要是为了满足某些作物对光质、光照强度及光周期的生物学要求，其作用有两方面：一是人工补充光照，用以满足作物光周期的需要。当黑夜过长而影响作物生育时，应进行补充光照。另外，为了抑制或促进花芽分化、调节开花期，也需要补充光照。这种补充光照要求的光照强度较低，一般为 20～50 lx，称为低强度补光。另一目的是作为光合作用的能源，补充自然光的不足。据研究，当温室内床面上光照日总量小于 100 W/m^{2}时，或光照时数不足 4.5 h/d时，就应进行人工补光，因此，在北方冬季很需要这种补光。但这种补光要求光照强度大，为 10～30klx，所以成本较高，国内生产上很少采用，主要用于育种、引种、育苗。

人工补光的光源是电光源。对电光源有三点要求：一是要求有一定的强度(使床面上光强在光补偿点以上和光饱和点以下)；二是要求光照强度具有一定的可调性；三是要求具备作物所需要的光谱成分，也可采用类似作物生理辐射的光谱。

作物的光合作用主要吸收 640～660 nm 的红光区和 430～450 nm 的蓝紫光区，因此光源的光谱不一定非要与太阳光谱接近，而要求光源光谱中有丰富的红光和蓝紫光。此外，在紫外线透过量严重不足的温室，还要求光源光谱中包含一定量的紫外线。紫外线的光谱区段应在 300～400 nm，尽可能不包含小于 300 nm 的灭生性辐射。目前作为人工补光的光源有白炽灯、卤钨灯、高压水银灯、高压钠灯、氙灯及金属卤化物灯等。

由于作物的形态不同，光源的配置也不同。例如，丛叶型作物的叶子是排列在同一平面上的(如甘蓝、萝卜)，故只要光源配置在作物之上的一定高度，作物就可以受到均匀的光照；但具有多层枝叶的作物(如番茄、黄瓜)，光源最好配置在作物的行间，呈垂直面。

7.2 温度环境及其调控

温度是影响园艺植物生长发育的最重要的环境因素，它影响着植物体内一切生理变化，是植物生命活动最基本的要素。与其他环境因素比较，温度是设施栽培中相对容易调节控制的环境因素。可通过调节温度使作物在经营上有利时期采收上市，并可补偿那些不易控制的环境因素，如光照、CO_2、浓度等条件的不足，以达到高产优质。

7.2.1 园艺设施的温度环境对作物生育的影响

7.2.1.1 温度三基点

不同作物都有各自温度要求的“三基点”，即最低温度、最适温度和最高温度。在最适温度条件下，当其他环境条件得到满足时，作物干物质积累速度最快，作物生长发育迅速而良好。在最低和最高温度下，作物停止生长发育，但仍可维持正常生命活动，如温度继续降低或升高，就会发生不同程度的危害直至死亡，这称为受害(致死)温度。园艺植物对“三基点”的要求一般与其原产地关系密切，原产于温带的，生长基点温度较低，一般在10℃左右开始生长；起源于亚热带的，在15℃～16℃时开始生长；起源于热带的，要求温度更高。作物的生长与发育、光合作用与呼吸作用等生理过程的三基点温度均不同。例如光合作用的最低温度为0℃～5℃、最适温度为20℃～25℃、最高温度为40℃～50℃；而呼吸作用分别为－10℃、30℃～40℃、50℃。温度过高光合作用制造的有机物质减少，而呼吸消耗大于制造，对作物的生长发育很不利。

7.2.1.2 园艺作物对温度适应的生态类型

根据对温度的要求不同，园艺作物可分为五类：

(1) 耐寒的多年生宿根作物　生长最适温度12℃～24℃。地上部能够耐高温，冬季地上部枯死，以地下宿根越冬，能耐－10℃以下的低温。如金针菜、芦笋、韭菜、茭白等。

(2) 耐寒的一、二年生作物　生长最适温度为15℃～20℃。能耐－1℃～－2℃的低温，短期能耐－5℃～－10℃的低温。如三色堇、金鱼草、菠菜、葡萄、桃、李、葱、蒜、白菜类中的部分耐寒品种和甘蓝类。

(3) 半耐寒性作物　生长最适温度为17℃～20℃，不能忍耐长期为－1℃～2℃的低温。如根菜类、芹菜、豌豆、蚕豆、白菜类、紫罗兰、金盏菊等。

(4) 喜温性作物　生长最适温度为20℃～30℃，超过40℃几乎停止生长，低于10℃～15℃则由于授粉不良而落花，不耐0℃以下低温。如报春花、瓜叶菊、茶花、番茄、茄子、辣椒、菜豆、黄瓜等。

(5) 耐热性作物　生长最适温度为30℃左右，40℃高温下仍有较强的光合作用。如冬瓜、南瓜、丝瓜、西瓜、豇豆、芋等。

设施栽培应根据不同园艺作物对温度三基点的要求，尽可能使温度环境处在其生育适温内，即适温持续时间越长，作物生长发育越好，越有利于优质、高产。

7.2.1.3 地温

地温即土壤温度，也对园艺作物生育有重大影响。因为地温的高低，直接影响园艺作物根系吸收矿质营养和水分。地温还影响土壤微生物的活动，土壤微生物活跃与否，影响有机肥的分解及肥料的转化，间接影响园艺作物的生长。地温过低时，如蔬菜根系的根毛不能发生，而这是根系吸收水分、养分最活跃的部分。在春季大棚早熟栽培定植过早时，即使气温达到要求，地温不够也影响缓苗。一般最低地温要求10℃～12℃以上，才能保证喜温园艺作物根系正常生长。

7.2.2 园艺设施内的热量平衡

园艺设施是一个包括覆盖物、围护结构及其所包围的空间、作物、土壤等半封闭系统，这个系统不断地以辐射、传导、对流等各种方式，与外界进行热量交换，从而改变设施园艺内的热状况。

园艺设施内热量平衡是一个比较复杂的问题，其自然加热是由太阳辐射产生的。波长在360～2 800 nm之间的太阳辐射通过覆盖物后，投射到设施内土壤表面、作物和其他部位。通过分析设施内各种热量的收支情况，是正确计算园艺设施的耗热量、设计保温及降温设施不可缺少的研究方法。

7.2.2.1 白天园艺设施内的热量平衡

白天设施内的热量来自太阳辐射能和人工加热能。热量的支出包括如下几个方面，见图7.5。

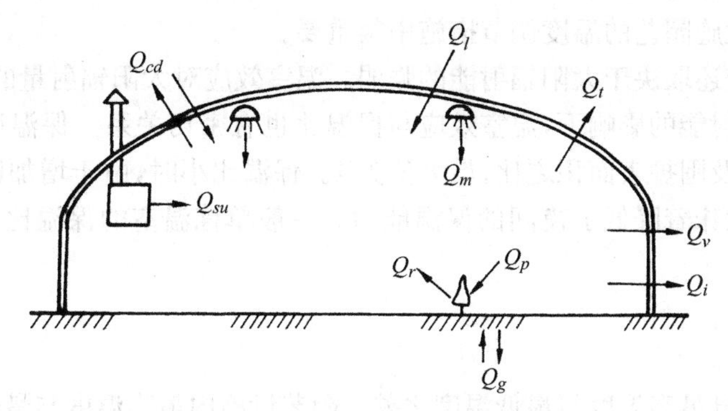

图 7.5 通风温室的得热与失热

Q_l—输入的太阳辐射热；Q_m—设备发热量；Q_{su}—补充供热；Q_r—植物呼吸热；Q_{cd}—传导失热或得热；Q_v—通风的失热

Q_g—地面失热或得热；Q_i—渗漏的失热；Q_t—向天空的热辐射；Q_p—光合作用热

① 太阳辐射能中一部分被土壤、作物及覆盖物等表面反射，并且有一部分透过覆盖材料离开设施园艺而散失。

② 园艺设施内土壤与空气之间、空气与覆盖物之间，以对流方式进行热量交换，并通过覆盖物外表散失。

③ 园艺设施内土壤蒸发、作物蒸腾、覆盖物表面蒸发，以潜热的形式失热。

④ 园艺设施由自然通风和强制通风，建筑材料的裂缝、门窗缝隙等所导致的热量流失。

⑤ 土壤传导失热。

7.2.2.2 夜间园艺设施内的热量平衡

(1) 不加温时　夜间园艺设施内不加温时，唯一的热源就是土壤蓄热，土壤蓄热是白天积蓄的一部分太阳辐射能，夜间释放到设施园艺内空气中。在不加热的温室中，热损失主要有三个部分：一部分热量通过土壤沿横向传到室外土壤；一部分通过缝隙传到室外空气中；一部分是贯流失热，即温室内的空气以对流、辐射和凝结等方式，向覆盖材料的内壁面传导，通过热传导方式再扩散到覆盖材料的外表面，之后再以辐射方式散失到周围。

(2) 加温时　加温时，设施园艺内热量来源是土壤蓄热和采暖设备供给的热量。但其支出的热量比不加温时大得多。其原因是设施园艺内温度高，增加了覆盖材料里面和外面之间的温差，通过对流、辐射和传导传至室外的热量也增大。

7.2.3 园艺设施的热特性

7.2.3.1 温室效应

温室效应是指在没有人工加温的条件下，设施园艺内获得与积累的太阳辐射能，使设施内的气温高于外界环境气温的一种能力。

温室效应出现的原因:一是太阳光线能透过透明的覆盖材料射进设施内,又能阻止设施内长波辐射透过透明的覆盖材料而散失于大气中;二是设施园艺为半封闭空间,设施内外空气交换微弱,从而使蓄积的热量不易散失。根据荷兰的布辛格研究,温室效应主要是因为设施园艺内外空气交换微弱,设施内热量不易被风带走所致。由此可知,温室效应主要与设施的通风透气性有关,此点在设施园艺的温度调节措施中很重要。

此外,温室效应还取决于太阳辐射能的强弱。温室效应对太阳辐射量的依赖关系,晴天比阴天大。在太阳辐射能的影响下,温室效应与保温比也有密切关系。保温比是指园艺设施内的土壤面积与覆盖及围护表面积之比,最大值为1。保温比小时,由于增加同室外空气的热交换和夜间的辐射,意味着降低了夜间的保温能力。一般单栋温室的保温比为0.5~0.6,连栋温室为0.7~0.8。

7.2.3.2 日温差

日温差是指一日最高温度与最低温度之差。园艺设施内最高温度与最低温度出现的时间与露地相近,即最低温度出现在日出前,最高温度出现在午后。由于园艺设施容积小,与外界空气热量交换微弱,所以白天增温快,最高温度比露地高得多。夜间虽有覆盖物保温,室内气温下降缓慢,但由于土壤、作物贮存的热量继续向地面外以长波形式辐射,并可通过设施的覆盖物向设施外散热,因此最低温度仅比露地高2℃~4℃。因此,不加温的园艺设施内的日温差比露地大得多。

保温比较小的园艺设施,因容积小、覆盖面积大,则日温差也较大。例如塑料棚外日温差为10℃时,大棚的日温差为30℃,小棚却高达40℃。此外,覆盖材料不同,其透光率与热传导率不同,设施园艺内日温差也不同。如聚乙烯红外区长波透过率比聚氯乙烯高,前者的热传导率也高,白天易升温,但夜间也易降温,所以聚乙烯增温性强、保温性差,室内日温差大。聚氯乙烯增温性虽不如聚乙烯,但保温性好,室内日温差小。

7.2.3.3 温度逆转现象

园艺设施内还会产生"逆温"现象,一般出现在阴天后、有微风、晴朗的夜间。在有风的晴天夜间,温室大棚表面辐射散热很强,有时棚室内气温反比外界气温还低,这种现象叫做"逆温"。其原因是白天被加热了的地表面和作物体,在夜间通过覆盖物向外辐射放热,而晴朗无云、有微风的夜晚放热更剧烈。另外,在微风作用下,室外空气可以从大气反辐射补充热量,而温室大棚由于覆盖物的阻挡,室内空气却得不到这部分补充热量,造成室温比外温还低。各季都会出现温度逆转现象,但以早春危害最大。此时棚内最低气温虽一般高于棚外或接近棚外,棚内外温差一般为1℃~2℃。但有强冷风入侵后的第一个晴朗微风的夜间,棚内最低气温可比棚外低1℃~2℃,并达到0℃或以下,使刚定植的幼株遭受冻害。秋季虽也有"逆温"现象,但由于此时期相对湿度较大,棚温下降后即有大量水汽凝结,有大量凝结潜热释放出来,因而使棚内外气温接近。由此可知,在园艺设施生产中,早春防寒比较重要。

逆温一般出现在凌晨,日出后棚室迅速升温,逆温消除。有试验研究表明,逆温出现时,设施内的地温仍比外界高,所以作物不会立即发生冻害,但逆温时间长或温度过低就会出问题。

7.2.4 园艺设施内温度的分布

园艺设施内温度的空间分布变化较复杂。在保温条件下，垂直方向和水平方向的园艺设施内的气温分布存在着严重的不均匀现象。通常，大棚内白天上部温度高于下部，中部温度高于四周，日光温室夜间北侧的温度高于南侧。在寒冷季节外面无保温覆盖时，靠近透明覆盖材料内表层处的温度往往较低。一般说来，园艺设施面积越小，不仅边缘低温带比较大，而且温度的水平分布也越不均匀。外界气温越低，或室内热源温度高而维持较大的内外温差时，则室内水平温差也较大。

温室周围的地温低于中部地温。地表的温度变化大于地中温度变化，但随着土层深度的增加，地温的变化越来越小。

园艺设施内温度分布不均匀的原因主要是：

(1) 太阳入射量的影响　设施内接受直射光的部位，随太阳高度角的变化而不同，同时由于屋面结构、倾斜角度、方位等不同，在同一时间内接受的太阳辐射量也有很大差异。

(2) 园艺设施内空气环流的影响　在一个不加温又不通风的园艺设施内，近地面土壤层空气增热而产生上升气流。但靠近透明覆盖材料下部的空气，由于受外界低温的影响而较冷，于是沿透明覆盖物分别向两侧下沉，此下沉气流在地表内部水平移动，形成了两个对流圈，将热空气滞留在上部，形成了垂直温差和水平温差。室内外温差越大，保护设施内温度分布越不均匀。当风吹到保护设施上方时，在迎风面形成正静压，而背风面形成负静压，见图 7.6。

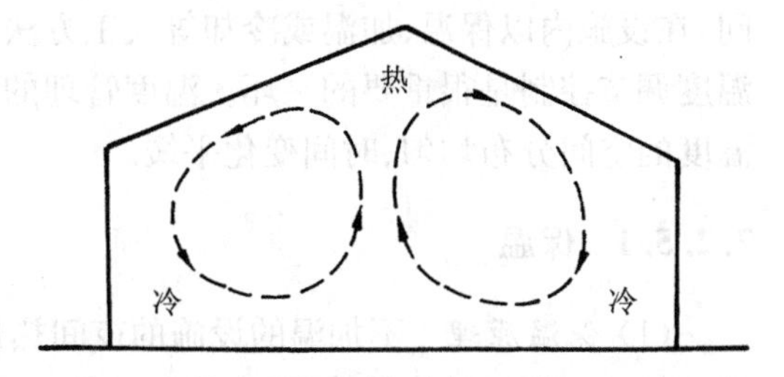

图 7.6　造成室内温度不均匀的室内空气环流

无论温室的方位如何，当风吹到温室上方时，因为在屋顶部分迎风一侧形成负压，向外抽吸空气，背风一侧形成正压，向室内压下空气，使室内近地面形成与风向相反的小环流，被加热的空气沿地面流向迎风一侧，因此在温室内部迎风侧形成高温区，在背风一侧形成低温区，见图 7.7。所以在温室设计时，加温温室在盛行风向的背风一侧应多配置散热管道。

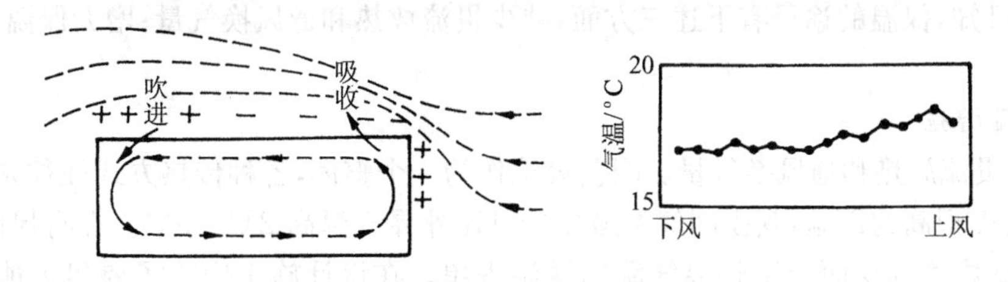

图 7.7　外界风向对室内气温分布的影响

(3) 园艺设施结构的影响　双屋面温室比单屋面温室温度分布均匀，这显然是由于双屋面温室受热面、散热面都比较均匀的缘故。

(4) 管理技术对设施园艺内温度分布的影响

① 加温设备种类及安置地点的影响。加温设备的安置地点，对设施内温度分布的均匀性影响很大。

② 通风设备的种类和安装位置。自然通风的通风量是由窗口的大小和窗口位置决定的。

通风量大能减少温差，特别是能减少垂直温差。若窗口的位置不适合，容易产生无风区而增加温差。

强制通风的通风量比自然通风大，容易使垂直温差减少。强制通风一般是由一侧面吹向另一侧面的过道风，即从外边进来的低温的空气开始向低流逐渐被加热后向高流，在排气口前变高温，并在排气口附近与外气混合，温度边降边出去。由于这种水平气流的影响，上下形成了两个循环气圈。这种气流依风力的大小、进出口的位置以及气流与畦和栋的方向等而产生种种变化，影响了温度分布。

(5) 内外温差　保护设施内热源效果高时，能加大内外温差，结果贯流和辐射放热也加大，促进了对流，增加垂直温差。如果设施内热源能维持较大的内外温差，温度的分布层则继续发展，各部的温差加大。

7.2.5　园艺设施温度环境的调节与控制

温度对作物的生长发育、产量、品质影响极大，尤其设施栽培是在露地不适宜栽培作物期间，在设施内以保温、加温或冷却等人工方法，创造出适宜作物的温度环境进行生产，故设施的温度调节控制是很重要的一环。温度管理的目的是维持作物生长发育过程的动态适温，以及温度的空间分布均匀、时间变化平缓。

7.2.5.1　保温

(1) 保温原理　不加温的设施的夜间热量来源是土壤蓄热，热量失散是贯流放热(指透过覆盖材料或围护结构的热量)和换气放热。夜间设施内土壤蓄热的大小，取决于白天射入设施内的太阳辐射能、土壤吸热量和土壤面积，土壤对太阳辐射能吸收率与射入温室的太阳辐射能有关。

设施园艺内热量的散失有三种途径，即透过覆盖材料的透射传热、通过缝隙的换气传热与土壤热交换的地中传热，其中透射传热量占总散射量的70%～80%，换气传量占10%～20%，地中传热占10%以下，主要热损失是通过设施的结构和覆盖物散失到外界去。

设施内贯流放热和换气放热，则主要取决于热贯流率和通风换气量。

由上述可知，保温的途径有下述三方面：减少贯流放热和通风换气量；增大保温比；增大地表热流量。

(2) 保温措施

① 减少贯流放热和通风换气量。园艺设施作为一个整体，各种传热方式往往是同时发生的，即使气密性很高的设施，其夜间气温最多也只比外界气温高2℃～3℃。在有风的暗夜，有时还会出现室内气温反而低于外界气温的逆温现象。在设计施工中除了要尽可能使门窗闭缝，防止设施内热量流失之外，最重要的措施是采用覆盖减少贯流放热。多层覆盖能有效地抑制各种散热，如不加温的大棚，当外界气温为-3℃时，外加盖草帘的比单层薄膜的提高5℃～7℃，双层薄膜比单层的提高3℃～5℃，三层的提高5℃～6℃。各种散热作用的结果，使单层不加温室和塑料大棚的保温功能较小。

② 增大保温比。由于设施园艺主要的热量损失是通过设施的结构与覆盖物的失热，所以适当减低设施的高度，缩小夜间保护设施的散热面积，增大保温比，有利提高设施内昼夜的气温和地温。

③ 增大设施内土壤蓄热量。首先要设计合理的设施方位和屋面坡度，尽量减少建材的阴影，使用透光率高的覆盖材料，增大保护设施的透光率，提高土壤蓄热量；其次是减少土壤蒸发和作物蒸腾量以降低潜热损失，提高设施内白天土壤蓄热量，设置防寒沟，防止地中热量横向流出。

7.2.5.2 温室的加温

根据地区纬度的不同，温室加温分为完全加温和临时加温。完全加温用于周年生产的大棚。临时加温则看具体条件采取临时增温措施。大棚的加温方法有酿热、火热、电热、水暖、汽暖、暖风加温等，应根据作物的种类、大棚利用时期，以及大棚规模类型选用。选用标准有三条：燃料易得、便宜，不污染塑料、作物，不产生有毒气体；设备价格低廉，安装简单，没有危险；节省劳动力。

7.2.5.3 降温

保护设施内的降温最简单的途径是通风，但在温度过高、依靠自然通风不能满足园艺作物生育要求时，必须进行人工降温。根据保护设施的热收支，降温措施可从三方面考虑：减少进入温室中的太阳辐射能；增大温室的潜热消耗；增大温室的通风换气量。

(1) *遮光降温法* 遮光20%～30%时，室温相应可降低4℃～6℃。在与温室大棚屋顶部相距40 cm左右处张挂遮光幕，对温室降温很有效。遮光幕的质地以温度辐射率越小越好。考虑塑料制品的耐候性，一般塑料遮阳网都做成黑色或墨绿色，也有的做成银灰色。室内用的白色无纺布保温幕透光率70%左右，也可兼做遮光幕用，可降低棚温2℃～3℃。另外，也可在屋顶表面及立面玻璃上喷涂白色遮光物，但遮光、降温效果略差。在室内挂遮光幕，降温效果比挂在室外差。

(2) *屋面流水降温法* 流水层可吸收投射到屋面8%的太阳辐射左右，并能用水吸热冷却屋面，室温可降低3℃～4℃。采用此方法时需考虑安装费和清除玻璃表面的水垢污染问题。水质硬的地区需对水质作软化处理再用。

(3) *蒸发冷却法* 使空气先经过水的蒸发冷却降温后再送入室内，达到降温目的。

① 湿垫排风法。在温室进风口内设10 cm厚的纸垫窗或棕毛垫窗，不断用水将其淋湿，温室另一端用排风扇抽风，使进入室内的空气先通过湿垫窗被冷却后再进入室内。一般可使室内温度降到湿球温度。但冷风通过室内距离过长时，室温分布常常不均匀，而且外界湿度大时降温效果差。

② 细雾降温法。在室内高处喷以直径小于0.05 mm的浮游性细雾，用强制通风气流使细雾蒸发达到全室降温，喷雾适当时室内可均匀降温。

③ 屋顶喷雾法。在整个屋顶外面不断喷雾湿润，使屋面下冷却了的空气向下对流。降温效果不如上述通风换气与蒸发冷却相配合得好。

④ 强制通风。大型连栋温室因其容积大，需强制通风降温。

7.2.5.4 变温管理

(1) *变温管理的依据* 20世纪40年代温特(Went)发现，作物生长发育要求一定的昼夜温差，即所谓温周期，如番茄植株的生长以日温26.5℃和夜温17℃最为适宜，如果在昼夜不变的温度条件下，其生长率比变温情况下低。日本土岐等(1970)研究证明，夜间变温管理比恒夜温管理可提高果菜的产量和品质，并节省燃料，据此提出将昼夜分为白天增进光合作用的时间带、傍晚至前半夜促进光合产物转运时间带，以及后半夜抑制呼吸消耗时间带，分别确定不同时间的适宜温度，实行分段变温管理法。王瑞环等(1977)试验表明，采用适当提高白天温度和降低夜温的“大温差育苗法”，能够提高果菜秧苗素质和促进雌花发育。吴毅明试验(1978、1984)表明，若把温度乘以该温度持续时间(小时数)的日累计值称为当天的日积温，则黄瓜、番茄的逐次采收量与果实形成(尤其是果实迅速膨大期)的平均日积温在一定范围内呈显著正相关，进而把一天分作上午、下午、前半夜和后半夜四个时段，分别统计其积温和黄瓜采收量的关系。从图 7.8 中可以看出，日射量水平不同时，各段时间的适宜温度的范围也相应不同。

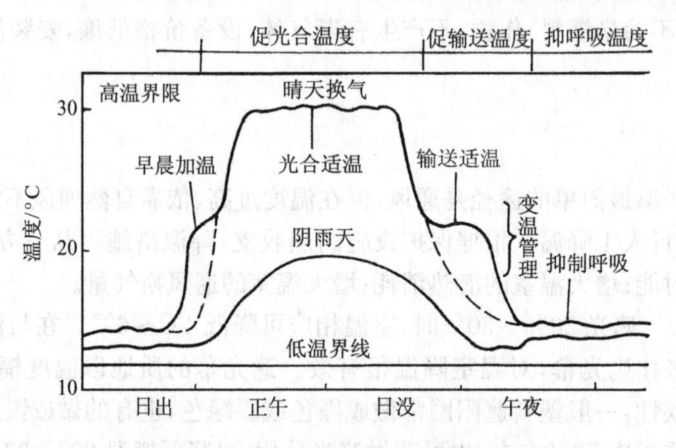

图 7.8　黄瓜变温管理模式

可见，随着昼夜光照时间的变化，作物的生理活动中心将不断地转移。依据作物生理活动中心将一天分成若干时段，并设计出各时段适宜的管理温度，以促进同化产物的制造、运转和合理分配，同时降低呼吸消耗，这样的温度管理方法叫做变温管理。变温管理符合作物本身的生理节奏，可保证各种生理活动在适温下进行，因而比恒温管理增产、节能。把一天分成几个时段进行变温管理，叫做几段变温管理，例如三段变温、四段变温、五段变温管理等，以四段变温居多。如图 7.9 为西瓜的三段变温管理。

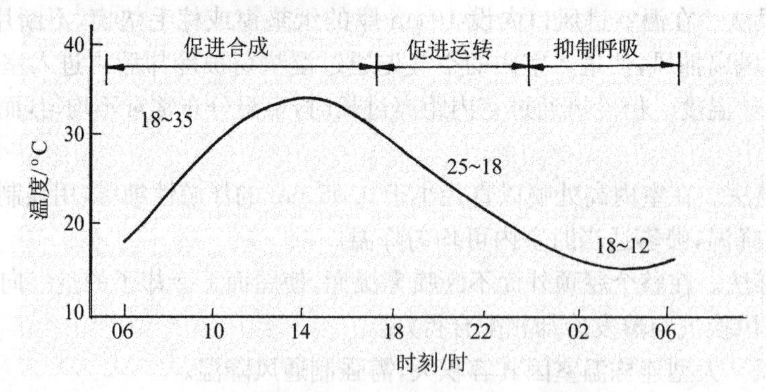

图 7.9　温室西瓜结果期三段变温示意图

(2) **变温管理的方法设计**　变温管理的目标温度一般以白天适温上限作为上午和中午增进光合作用时间带的适宜温度，下限作为下午的目标气温，傍晚 16：00～17：00 比夜间适温上限提高 1℃～2℃以促进转运，其后以下限温度作为通常的夜温，尚能正常生育的最低界限温度作为后半夜抑制呼吸消耗时间带的目标温度。适温的具体指标，应根据作物种类、品种、发育阶段和白天光照强弱等情况确定。由于目前的温室大棚多数都缺乏按照作物需要适时、适度地进行温度调节的能力，所以应当尽可能地使温度接近各时段所要求的适温而不超越最高或界限温度。其次，应当注意地温和气温的配合，在严寒季节进行生产或育苗地温不足时，应适当提高最低空气温度的界限。

7.3 湿度环境及其调控

园艺设施内的湿度环境包含空气湿度和土壤湿度两个方面。水是农业的命脉，也是植物体的主要组成部分，一般园艺作物的含水量高达80%～95%，因此湿度环境的重要性更为突出。

7.3.1 园艺设施内的湿度环境对作物生育的影响

① 园艺作物体内营养物质的运输，要在水溶液中进行，根系吸收矿质营养，也必须在土壤水分充足的环境下才能进行。园艺植物进行光合作用，水分是重要的原料。水分不足导致作物气孔关闭，影响 CO_2 吸收，使光合作用显著下降。缺乏水分，新陈代谢作用也无法进行。夏季高温季节，设施内气温上升得非常快而且高，与露地环境大不相同，会引起设施内园艺作物蒸腾作用加剧，以利降低作物的体温，免受高温危害。

② 园艺作物的产品大多柔嫩多汁，与粮食作物很不相同。如缺水会使产品萎蔫、变形，失去特有的色、香、味，所以湿度环境不仅影响园艺植物设施栽培的产量，还直接影响产品的质量及商品价值。

③ 土壤湿度直接影响根系的生长和肥料的吸收，也间接地影响地上部的生育，如产量、色泽和风味等。蔬菜每生产1 g干物质需要400～800 g的水。土壤水分减少时，因不能补充蒸腾的水分，植物体内水分失掉平衡，根的表皮木质化，生长减退，甚至坏死；相反，土壤水分过多时，生育和果实成熟被推迟，也易诱发病害；另外，能使土壤气体减少，根际缺氧，土壤酸性提高而产生危害。

④ 空气湿度过大，易使作物茎叶生长过旺，造成徒长，影响了作物的开花结实。高湿或结露常是一些病害多发的原因，因为病原菌孢子的形成、传播、发芽、侵染等各阶段，均需要较高的空气湿度。

7.3.2 园艺作物对水分的要求

园艺作物对水分的要求一方面取决于根系的强弱和吸水能力的大小；另一方面取决于作物叶片的组织和结构，后者直接关系到作物的蒸腾效率，蒸腾系数越大，所需水分越多。

7.3.2.1 根据园艺作物对土壤湿度的要求

根据园艺作物对土壤湿度的要求可将其分为：

(1) *要求土壤湿度高，消耗水分多* 这类作物大多起源于多雨而空气湿润的地区，如甘蓝、莴苣、黄瓜等蔬菜，龟背竹、马蹄莲、海芋、竹节万年青等花卉。它们的根群小而密集于浅土层，叶的蒸腾面积大，在干旱时生长停滞，产量低而品质劣。因此，在栽培上应掌握经常灌水，并且需水量大。

(2) 要求土壤湿度较高，但消耗水分很少，并能忍耐较低的空气湿度　这类作物多起源于中亚高山地区，如葱、蒜类蔬菜。它们根群弱小、吸水力弱，管状叶的表面覆有蜡质，蒸腾量不大，在栽培上要求经常保持土壤湿润，但灌水量不宜过大。

(3) 要求土壤湿润，但消耗水分较多　如南瓜、菜豆、番茄、辣椒等，以及绝大部分花卉，如月季、菊花、扶桑、橡皮树等。它们的特点是根群强大而叶面积也大，消耗水分虽多，但根系吸水能力强。在栽培上要求适当灌溉，以满足作物对水分的要求。

(4) 适应较低的土壤湿度，而且水分消耗也少　它们多起源于热带或亚热带干旱地区，如西瓜、甜瓜等，由于具有强大的根群和碎裂的叶片，因而吸水能力强而耗水少。如山茶、苏铁、广玉兰、杜鹃等花卉，叶片多呈革质并覆被较厚的蜡质层或有茸毛，可抵抗 2～3 d 干旱而不凋萎。

(5) 生长在水中，消耗水分极多　起源于沼泽中的蔬菜、花卉，如荷花、荸荠、茭白等，它们多是根群很不发达，叶蒸腾面积大，必须在池沼或水田中栽培，适宜多雨而湿润的气候。

7.3.2.2 根据园艺作物对空气湿度的要求分类

根据园艺作物对空气湿度的要求可分为：

① 适于85%～95%空气相对湿度的蔬菜有黄瓜、水生蔬菜、食用菌及大部分绿叶蔬菜；花卉有兰科、天南星科、蕨类等。

② 适于75%～85%空气相对湿度的蔬菜有白菜类、甘蓝类、芥菜类、根菜类(胡萝卜除外)、马铃薯、豌豆、蚕豆等；花卉中有扶桑、橡皮树、君子兰、鹤望兰等。

③ 适于55%～75%空气相对湿度的蔬菜有茄果类、豆类(除豌豆、蚕豆)等。

④ 适于45%～55%空气相对湿度的蔬菜有西瓜、甜瓜、南瓜等；花卉中有仙人掌科、大戟科、景天科、龙舌兰科等。

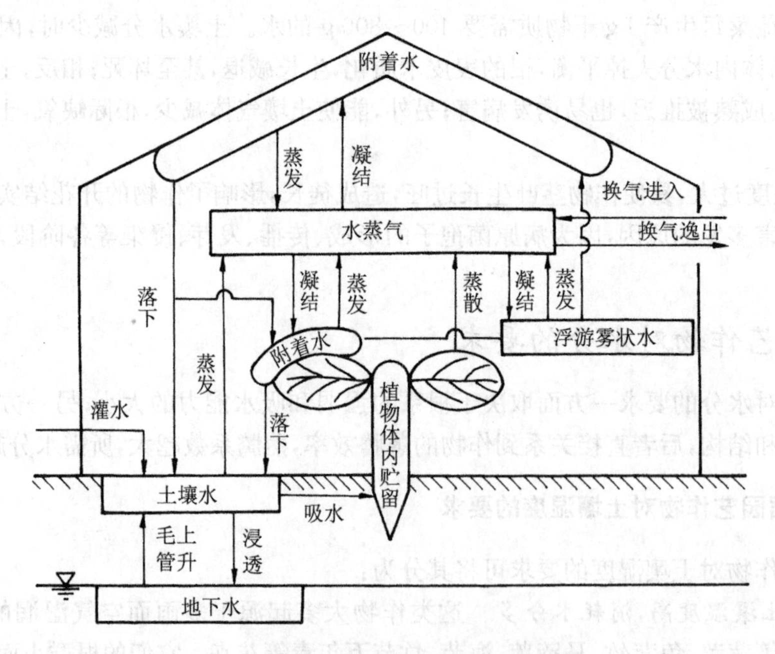

图 7.10　室内水分运移模式图

7.3.3 园艺设施的湿度条件

7.3.3.1 设施内空气湿度的形成与特点

(1) 形成 设施内的空气湿度是由土壤水分的蒸发和植物体内水分的蒸腾，而在设施密闭情况下形成的，见图7.10。表示空气潮湿程度的物理量称为湿度，通常用绝对湿度和相对湿度表示。设施内作物由于生长势强，代谢旺盛，作物叶面积指数高，通过蒸腾作用释放出大量的水蒸气，在密闭情况下会使棚室内水蒸气很快达到饱和，空气相对湿度比露地栽培高得多。高湿是园艺设施环境的突出特点。

(2) 空气湿度的日变化 设施内空气湿度的日变化受气象条件、加温及通风换气的影响，阴天或灌水后，设施内空气湿度昼夜几乎都在90%以上。晴天白天通风换气时，水分移动的主要途径是土壤→作物→设施内空气→设施外空气，设施内空气饱和差可达1 300～2 600 Pa，作物容易发生暂时缺水。晴天傍晚关窗后至次日清晨开窗前维持高湿度，外界气温低，湿空气遇冷凝结成水滴，附着在薄膜或玻璃上，从屋面或保温幕落下的水滴使作物沾湿、床面沾湿。外界气温低也可引起室内空气骤冷而发生“雾”。设施内蓄积植物蒸腾的水蒸气，致使空气饱和差降为130～650 Pa。待到日出后或加温，设施内温度上升，湿度逐渐下降，附着在屋面的水滴也随之消失。设施内相对湿度日变化较大，其变幅可达20%～40%，与气温变化呈相反趋势。因此，室内湿度条件与作物蒸腾、床面和室内壁面的蒸发强度有密切关系。冬季设施内空气的绝对湿度也比外界高。

园艺设施内空气湿度变化还与设施大小有关。一般情况是高大设施的空气湿度小，但局部湿差大；矮小设施的空气湿度大，但局部湿差小；空气湿度的日变化是矮小的设施比高大的设施变化大。空气湿度的急剧变化对园艺作物的生育是不利的，容易引起土壤干燥，导致作物凋萎。

(3) 结露 设施内空间由于受室外气候因子、室内调控方式、植物群体结构等的综合影响，必然存在着垂直温差和水平温差，也影响空气湿度分布的差异。设施内部的绝对湿度（指水汽压或含湿量）是基本相同的，但由于设施内部温度差异的存在，其相对湿度分布差异非常大，因此在冷的地方就会出现冷凝水。冷凝水的出现与积聚，会使设施作物的表面结露。结露现象有以下几种：

① 温室内较冷区域的植株表面结露。当局部区域温度低于露点温度就会发生。因此，设施内温度的均匀性至关重要，通常3℃～4℃的温度差异，就会在较冷区域出现结露。

② 高秆作物植株顶端结露。在晴朗的夜晚，温室的屋顶将会散发出大量的热量，这会导致高秆作物顶端的温度下降。当植株顶端的温度低于露点温度时，作物顶端就会结露。

③ 植物果实和花芽上的结露。植物果实和花芽上的结露常出现在日出前后，这是因为太阳出来后，棚室温度和植株的蒸腾速率均提高，使棚室内的温度和绝对湿度提高。但是植物果实和芽上的温度提高滞后于棚室的温度提高，从而导致温室内空气中的水蒸气在这些温度较低的部位凝结。结露现象在露地极少发生，因为大气经常地流动，会将植物表面的水分吹干，难以形成结露。

(4) 濡湿（沾湿）现象 造成设施内多湿环境主要有两方面：一方面是作物、室壁内面、床面等沾湿；另一方面是空气相对湿度高、水蒸气饱和差小，或绝对湿度高。作物沾湿是从屋面或保温幕落下的水滴、作物表面的结露、由于根压使作物体内的水分从叶片水孔排出“溢液”（吐水现象）、雾等四种原因造成的。

7.3.3.2　空气湿度的调节与控制

从环境调控观点来说，空气湿度调节的目的主要是防止作物沾湿和降低空气湿度。防止作物沾湿是为了抑制病害，实际上作物沾湿如能减少 2～3h 以上，即可抑制大部分病害。

(1) 除湿方法和效果　设施园艺应根据天气情况和植物的需要进行除湿。

① 通风换气。设施内造成高湿原因是密闭。为了防止室温过高或湿度过大，在不加温的设施里进行通风，其降湿效果显著。一般采用自然通风，调节风口大小、时间和位置，达到降低室内湿度的目的，但通风量不易掌握，而且室内降湿不均匀。在有条件时，采用强制通风，由风机功率和通风时间计算出通风量，便于控制。

② 加温除湿。加温除湿是有效措施之一。湿度的控制既要考虑作物的同化作用，又要注意病害发生和消长的临界湿度。保持叶片表面不结露，就可有效控制病害的发生和发展。

③ 覆盖地膜。覆膜前夜间空气湿度高达 95％～100％，而覆膜后则下降到 75％～80％。

④ 适当地控制灌水量。采用滴灌或地中灌溉，可减少蒸发、降低湿度。

⑤ 使用除湿机。利用氯化钾等吸湿材料，通过吸湿机来降低设施内的空气湿度。

⑥ 除湿型热交换通风装置。采用除湿型热交换器，能防止随通风而产生的室温下降。

⑦ 热泵除湿。

(2) 加湿　大型园艺设施在进行周年生产时，到了高温季节还会遇到高温、干燥、空气湿度不够的问题，尤其是大型玻璃温室由于缝隙，多此问题更突出。当栽培要求空气湿度高的作物，如黄瓜和某些花卉时，还必须加湿以提高空气湿度。

① 喷雾加湿。喷雾器种类较多，如 103 型三相电动喷雾加湿器、空气洗涤器、离心式喷雾器、超声波喷雾等，可根据设施面积选择合适的喷雾器。此法效果明显，常与降温（中午高温）结合使用。

② 湿帘加湿。主要是用来降温的，同时也可达到增加室内湿度的目的。

③ 温室内顶部安装喷雾系统，降温的同时可加湿。

7.3.3.3　土壤湿度的形成

因为设施的空间或地面有比较严密的覆盖材料，土壤耕作层不能依靠降雨来补充水分，故土壤湿度只能由灌水量、土壤毛细管上升水量、土壤蒸发量以及作物蒸腾量的大小来决定。土壤湿度随着太阳辐射能的增加而呈直线关系。进入设施内的太阳辐射能约有 55％用于植物的蒸腾所消耗的汽化潜热上。

地面覆盖是最简单的方法。地面盖上透水、透气性较差的覆盖材料之后，直接落到作物根际的降雨量以及土壤蒸发量都较小，所以土壤耕作层的含水量是由土壤毛细管上升水和由覆盖物边缘（或定植穴）流入的水量，与向边缘（或底全）流失的水量之差而决定的。一般情况下，由覆盖边缘流入和流失的水量变化不大，地面覆盖下的土壤耕作层湿度比较稳定。在降雨多的地区，地面覆盖下偏湿，干燥区偏干。

中小棚覆盖下的水量变化与地面覆盖的不同之处在于：前者内部增加了土壤蒸发和作物蒸腾的水分。这些蒸发、蒸腾的水分在塑料薄膜内面上结露，不断地顺着薄膜流向棚的两侧，逐渐使棚内中部的土壤干燥而两侧的土壤湿润，引起土壤局部湿差和温差，所以在中部一带需多灌水。温室大棚的宽度较大，所以中部干燥部分更大一些。设施园艺与露地相比，由于设施内相对湿度高、蒸散量小、灌水多，所以土壤湿度比露地大。此外，因施肥量多，无雨水冲刷，土壤中盐类易在土表集积，使土壤溶液浓度提高，对园艺植物根系吸水不利。

7.3.3.4 土壤水分的调控

从设施园艺小气候的观点看，灌水的实质是满足植物对水、气、热条件的要求，调节三者的矛盾，促进植物生长。因为水的热容量比土壤大两倍，比空气大 3 000 倍左右，所以灌水不仅可以调节土壤湿度，也可以改变土壤的热容量和保热性能。灌水后土壤色泽变暗、温度降低，可增加净辐射收入。又因水蒸气潜热高，因而太阳辐射能用于乱流交换的能量就大大减少，致使白天灌水后地温、气温都有降低，晚上灌水后地温、气温偏高。所以说，在设施园艺环境中，土壤湿度的调控是重要的环节之一。

土壤水分调节的主要依据是作物根系的吸水能力、作物对水分的需求量、土壤的结构及施肥的多少等。在黏重的土壤中，虽然能有较大的持水量，但灌水过多易造成根际缺氧；相反沙土持水能力差，则需增加灌水量和灌水次数来满足作物对水分的需求。理想的土壤结构是既有一定的持水力，又有良好的通气性，合适的灌水量能满足作物对水分的需求，多余的水能迅速渗入土壤深层。

灌水方法主要有滴灌、微喷灌和地中灌溉等。地中灌溉又称“毛管灌溉”。它是用细管的陶瓷为原料做成水管，埋在土表下 15 cm 左右，当水通过时依靠陶瓷的毛管作用，将水源源不断地输入到土壤中，供作物生长利用。或者是用硬质塑料管，打上孔径 1.2～1.4 mm 的小孔，孔距 20 cm，在管外面套上网状聚乙烯管套，埋入土中供水。

7.4 气体环境及其调控

7.4.1 园艺设施的气体环境对作物生育的影响

7.4.1.1 空气成分的影响

在空气成分中，CO_2 浓度对植物生长发育的影响最显著。CO_2 是植物光合作用的基本物质。在光合作用中，CO_2 经叶面气孔进入植物体，被转化成碳水化合物后作为细胞生长的主要物质来源。在温室中由于光合作用不断进行，CO_2 浓度随之下降，如不及时补充，植物将生长缓慢。当增加 CO_2 浓度时，能促使植物生长加速。使植物获得最大生长率的 CO_2 浓度，取决于植物生长阶段、光照强度、空气流速及温度等有关因素，其中光照强度是起作用的因素。一般当 CO_2 浓度增加时，光合作用的速率将随之增加，但在光照强度不变的条件下，光合作用速率将受到限制。所以当 CO_2 浓度增加，光照强度也相应增加时，才能获得更高的光合作用速率。

为了促进植物的生长发育，提高产量改善品质，在温室适当地增加 CO_2 的浓度，对所有作物都是有效果的。CO_2 浓度、室温和光照强度恰当地配合，能使一些作物从发芽到收获的整个生长周期缩短。

在空气中还存在着乙烯、臭氧、二氧化硫、氧化物和氨等有害气体，它们对植物都产生不良的影响和伤害。乙烯浓度达到 1 mg/kg 时，能阻止一些植物开花，或使植物叶柄向下偏土生长。当植物处于二氧化硫浓度达到 1 mg/kg 的环境中，经过 1～7 h 后敏感的蔬菜作物表现出受害症状，轻者在叶片上出现白色病斑，重者整个叶片逐渐褪色。臭氧和氨及其他有害气体对植物都有不同程度的危害。

7.4.1.2　空气流速的影响

空气流速的大小对植物的蒸腾作用、光合作用、叶面温度、CO_2 吸收和热量传递等都有影响。一般情况下，叶片表面的空气流速为 0.1～0.25 m/s 时，有利于 CO_2 的吸收；当空气流速提高到 0.5 m/s 时，将会影响叶片对 CO_2 的吸收；当空气流速达到 1 m/s 或更大时，会影响植物的生长；当空气流速达到 4.5 m/s 或更大时，将使植物受到机械损伤。一般情况下随空气流速的提高，光合作用速率降低。实验证明，植物生长发育的最佳空气流速是 0.5～0.7 m/s。在温室中空气流过植物的速度不应超过 1 m/s。

7.4.2　园艺设施内 CO_2 浓度的变化

温室和塑料大棚等园艺设施是相对密闭的栽培场所，室内空气中 CO_2 浓度与室外有明显的差异。大气中 CO_2 的浓度约为 0.03%，而在夜间密闭温室内，由于作物和土壤微生物的呼吸作用，以及有机物分解发酵、煤炭燃烧等，CO_2 浓度往往可提高到 0.05%～0.07%。施有机肥多的苗床，夜间 CO_2 浓度可提高到 0.1%。然而随着日出，只要光照度达 3000～5000 lx，通风窗尚未打开之前，由于作物进行光合作用，CO_2 浓度急剧下降，造成白天设施内的 CO_2 浓度比外界还低。温室内和土壤中 CO_2 收支模式见图 7.11。

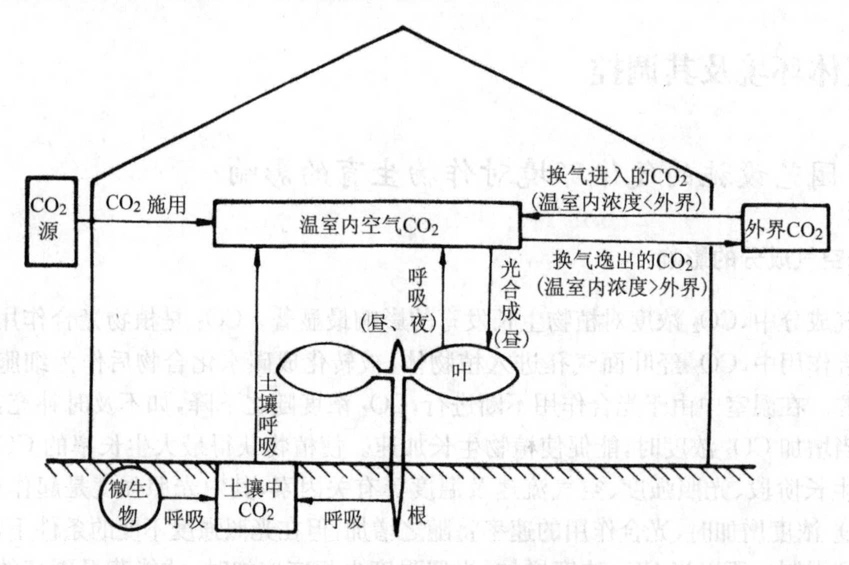

图 7.11　温室内和土壤中 CO_2 收支模式

由于园艺设施的类型、面积空间大小、通风换气窗开关状况，以及所栽培的作物种类、生育阶段和栽培床条件等不同，园艺设施内 CO_2 浓度日变化有很大差异。如黄瓜苗床内的 CO_2 浓度夜间增大，从日出时开始急速下降，特别是在四叶期幼苗的苗床出现 50 μL/L 的低值。开始通风后，CO_2 浓度上升，几乎可以保持在 300 μL/L 的水平。另园艺设施的大小与 CO_2 浓度有关，随着园艺设施平均高度的增加，夜间 CO_2 浓度逐渐下降。

栽培床是否施有机物对设施内 CO_2 浓度变化影响较大。如稻草床的土壤微生物活动使稻草分解发酵放出大量的 CO_2，最高浓度可达 5000μL/L，随着稻草分解到第 40d 后，CO_2 浓度下降到 2000μL/L，而水培床内 CO_2 浓度很低。

园艺设施内各部位的 CO_2 浓度分布也不均匀。

7.4.3 园艺设施中 CO_2 的应用

7.4.3.1 人工增施 CO_2 的适宜浓度

人工增施 CO_2 的最适浓度与作物种类、品种和光照度有关，也因天气、季节、作物生育时期不同而异。一般蔬菜 CO_2 饱和点在 1000μL/L 以上，在弱光下 CO_2 饱和点下降，强光下 CO_2 饱和点提高。在实践中，即使在光照强时，CO_2 浓度也不宜提高到饱和点以上，一是不经济；二是因为 CO_2 浓度过高，会使气孔开张度减少，降低叶片蒸腾强度，叶片温度升高，导致萎蔫、黄化落叶。一般说来，晴天 CO_2 浓度在 1 300 μL/L 以下，阴天在 500～800 μL/L，雨天不施为宜。CO_2 施用量是根据设施园艺的大小、CO_2 浓度、设施园艺换气率、作物的 CO_2 吸收量、床面发生量等因素而定。

7.4.3.2 人工增施 CO_2 的时期

选择适宜的施肥时期是节约肥源、增加产量的关键之一。各种作物在不同生长发育阶段需要 CO_2 的量是不同的，一般在作物生育初期施用效果好。例如蔬菜育苗时增施 CO_2，对于培育壮苗、缩短育苗期有良好的效果。如在比较肥沃土壤上栽培果菜类作物时，为避免茎叶过于繁茂，应在植株进入开花结果期、CO_2 吸收量增加时开始施用，一直到产品收获终了前几天停止施用。叶菜类作物在幼苗定植后开始施用为宜。

每天开始施用 CO_2 的时间取决于作物光合作用强度和当时设施内 CO_2 浓度状况。根据 ^{14}C 同位素跟踪试验，在一天中不同时间施用 CO_2 后，黄瓜各器官中 ^{14}C 的分配比率是：上午施用的 CO_2 在果实、根中的分配比率较高；下午施用的 CO_2 在叶内积累较多。一般作物上午的光合产物约占全天的 3/4，下午约占 1/4。所以施 CO_2 的开始时间，晴天大约在日出后 30 min。如果温室或塑料大棚内施入大量有机肥，由于土壤中释放 CO_2 较多，可在日出后 1 h 施 CO_2。停止施用时间一般在换气前 30 min。每天施用 2～3 h，植株就不会有 CO_2 饥饿状态。但在严寒季节或阴天时，设施园艺密闭不通风或通风量很小时，到中午才停止施用 CO_2。

7.4.3.3 CO_2 主要来源

目前，CO_2 来源主要有以下几个方面：酒精酿造业的副产品；气态 CO_2、液态 CO_2 和经加工而成的固态 CO_2（干冰）；化学分解，即用强酸（HCl）与碳酸盐（$CaCO_3$）作用放出 CO_2；空气分离，即将空气在低温时液化分离出 CO_2，再经低温压缩成液态 CO_2；碳素或碳氢化合物，如煤、焦炭、煤油、液化石油气等，通过充分燃烧产生 CO_2；利用有机物（厩肥等）分解发酵放出 CO_2；CO_2 缓释颗粒剂；利用饲养禽畜释放 CO_2。

在国外大中型设施园艺与农业工厂内，已应用火焰燃烧式 CO_2 发生器，燃料为白煤油，每千克白煤油充分燃烧后可产生3kg纯净CO_2。在常温常压下白煤油是液体,便于运输贮藏,不需要特制耐压的钢瓶。发生器构造简单,是增施CO_2经济有效的方法。

7.4.3.4 CO_2施肥栽培管理的特点

在增施CO_2的条件下,叶片气孔数(气孔密度)减少、气孔开张度缩小,叶片气孔水蒸气扩散阻力增大,全株蒸腾率下降,所以叶温上升。此外,增施后,常使作物的叶片肥大,植株生长茂盛,促进了植株老化,所以必须采取相应的栽培技术措施。

(1) 选用适于增施CO_2的品种　除了选用适于设施园艺栽培的具有多抗性、早熟、优质高产特征的品种之外,必须筛选或培育耐弱光、耐低温、植株生长势较弱、坐果率高的新品种。

(2) 培育定植后生长势适中的优质幼苗　由于增施CO_2后,容易引起植株生长势过旺。因此,在果菜促成栽培或早熟栽培中,在定植后要求植株生长势适中,不可过旺,以免引起营养生长与生殖生长失调。

(3) 施肥与灌水　施CO_2后有利于光合产物向根部运输,促进根系伸长扩大,增强根系吸水、吸肥能力。因此,定植时的基肥量应当减少20%~30%,并且在定植初期控制灌水量,以调节生长势。但开始采收时,为了高产应多次追肥灌水。若植株生长势过旺时,仍要控制灌水量。在增施CO_2的过程,不可中途突然停止施用,以免引起植株早衰。为了防止植株早衰,应适量施有机肥、深中耕、滴灌,改善根际环境,使根系分布广,提高CO_2施肥效果,同时在结果期进行叶面喷肥,以解决根系吸磷能力减弱或缺钙、缺锰等问题。

(4) 温度　增施CO_2后,为了提高光合效率,应提高室温3℃~5℃,但温度不可过高,以免引起植株徒长。在增施CO_2期间,白天适温比一般的适温提高2℃~3℃,夜间要比一般适温低2℃左右。

7.4.4 预防有害气体

关于有害气体对设施作物的危害应采取一些预防措施,目前尚无充分地、有效的研究结果,一般只是局部的针对具体问题予以注意,改进栽培和施肥方法,使用抗性强的品种,提高作物的耐受能力。

7.4.4.1 防止农药的残毒污染

限制使用某些残留期较长的农药品种,例1605、多菌灵、杀螟粉等,这些农药的残留期在15~30 d。改进施药方法,如发展低容量和超低容量喷雾法,应用颗粒剂及缓解剂等,既可提高药效,又能减少用药量,缓解剂还可以使某些高毒农药低毒化。

7.4.4.2 防止农药对植物的药害

注意不能将一种农药与另一种农药任意混用,不要在高温下喷药,以免引起药害;切实按面积栽培使用药量,切勿浓度过高、药量过大。

7.4.4.3 防止大气污染

园艺设施应建在远离有污染源的地方,如工厂、矿山及化工厂等地,避免受排放的工业废气的污染。

7.4.4.4 禁止使用产生有害气体的原料

农用塑料化工厂要严格禁止使用正丁酯、邻苯二甲酸二异丁酯、己二酸二辛酯等原料，以免产生有害气体污染设施内的空气。

7.4.4.5 采用指示植物检测、防止气体污染

如荷兰检测二氧化硫用菊、苜蓿、莴苣、三叶草、荞麦等，检测氟化氢用唐菖蒲、洋水仙。

7.4.4.6 防止地热水的污染

地热水的水质随地区不同而有差异，如有的水质中含有氟化氢、硫化氢等气体，常引起设施和器材的腐蚀、磨损和积水垢等，因此，在利用地热水取暖时尽量不用金属管道，采用塑料管道。千万不能用地热水作为灌溉用水，以免造成土壤污染。

7.4.5 通风换气

从调控园艺设施的气体环境考虑，应当经常将通风窗、门等打开，以利排除有害气体和换入新鲜气体，越是在寒冷的季节越需注意通风换气。

7.5 土壤环境及其调控

土壤是园艺作物赖以生存的基础，园艺作物生长发育所需要的养分与水分，都需从土壤中获得，所以园艺设施内的土壤营养状况直接关系作物的产量和品质，是十分重要的环境条件。

设施土壤的肥沃与否主要表现在能充分供应和协调土壤中的水分、养料、空气和热能以支持作物的生长和发育，土壤中含有作物所需要的有效肥力和潜在肥力，采用适宜的耕作措施，能使土壤达到熟化的要求，并使潜在肥力转化为有效肥力。通过耕作措施使土层疏松深厚，有机质含量高，土壤结构和通透性能良好，蓄保水分、养分和吸收能力高，微生物活动旺盛等方面。这些都是促进园艺作物生长发育的有利土壤环境。

7.5.1 园艺作物对土壤环境的要求

7.5.1.1 要求土壤水肥充足

园艺作物的产品多为鲜嫩多汁，个体硕大，喜肥喜水，因此要求土壤水肥充足。有专家进行试验，蔬菜比水稻需要的氮肥浓度高 20 倍，磷肥高 30 倍，钾肥高 10 倍。一些设施栽培发达的国家，十分重视培肥土壤，温室内土壤的有机质含量高达 8%～10%，而我国只有 1%～3%，相差悬殊。说明设施蔬菜栽培要获得高产、优质，有机肥必须要有充足的保证。设施栽培作物复种指数高，单位面积的产量也高，所以必须要有水肥保证。

7.5.1.2 土壤性状与园艺植物的关系

园艺作物要求土层深厚，果树和观赏树木要求 80～120 cm 以上的深厚土层，蔬菜和一年生花卉要求 20～40 cm，而且地下水位不能太高，要求至少在 100 cm 以下为好。因为设施栽培

多在冬、春寒冷季节进行，地下水位高，地温不易上升。园艺作物设施栽培要求土壤质地以壤土最好，通透性适中，保水保肥力好，而且有机质含量和温度状况较稳定。

7.5.1.3 不同园艺作物对土壤的酸碱度的适应性不同

大多数园艺植物喜中性(pH 值 7.0 左右)土壤。

7.5.1.4 蔬菜对设施土壤环境比较敏感，要求更为严格

这是因为蔬菜作物根系的盐基代换量比较高，所以吸收能力强。例如，黄瓜、茄子、甘蓝、莴苣、菜豆、大白菜等根系的盐基代换量都高于 40～60 mmol/(L·100 g 干根)；葱、蒜类蔬菜低一些，小于 40 mmol/(L·100 g 干根)；而水稻只有 23.7 mmol/(L·100 g 干根)；小麦、玉米则更低。蔬菜作物喜硝态氮肥，而对氨态氮肥比较敏感，施用量过多时，会抑制钙和镁的吸收，从而导致生育不良、产量下降。我国日光温室冬季生产基本不加温，地温比较低，在土壤低温条件下，硝化细菌的活动性较弱，土壤中有机质矿化释放出的铵态氮和施入土壤的铵态氮化肥不能被及时地氧化成硝态氮。铵态氮在土壤中积累，容易导致蔬菜铵中毒，其毒害作用，低温下比常温更明显。

低地温还影响钙的吸收，导致一些生理病害。如番茄脐腐病，甜椒、黄瓜叶子的斑点病都与缺钙有关。

7.5.1.5 蔬菜和一些花卉的根系需氧量高

当土壤透气性差而缺氧时，作物易发生烂根、沤根，导致死亡。如兰科、仙人掌科的花卉、观叶植物，蔬菜中的黄瓜、菜豆、甜椒等都对土壤缺氧敏感。

7.5.1.6 土壤盐分浓度(EC)

土壤盐分浓度过高，影响园艺作物的生育，会使植株矮小，叶缘干枯，生长不良，根系变褐乃至枯死。蔬菜对土壤盐分浓度比较敏感。

7.5.2 园艺设施土壤环境特点及对作物生育的影响

园艺设施如温室和塑料拱棚内温度高、空气湿度大、气体流动性差、光照较弱，而作物种植茬次多、生长期长，故施肥量大，根系残留量也较多，因而使得土壤环境与露地土壤很不相同，影响设施内作物的生育。

7.5.2.1 园艺设施土壤环境特点

(1) 土壤有机质含量高　设施内的土壤温度几乎全年都高于露地，加之土壤湿度较高，使得土壤微生物活动旺盛，加快了土壤养分转化和有机质的分解速度，见图 7.12。

(2) 肥料利用率较高　设施内土壤不受或较少受雨淋，土壤养分流失少，肥料的利用率较高，见图 7.13。

(3) 产生土壤盐害　由于温室是一个封闭(不通风)的或半封闭(通风时)的空间，自然降水受到阻隔，土壤受自然降水自上而下的淋溶作用几乎没有，使土壤中积累的盐分不能被淋洗到地下水中。由于设施内温度高，作物生长旺盛，土壤水分自下而上的蒸发和作物蒸腾作用比露地

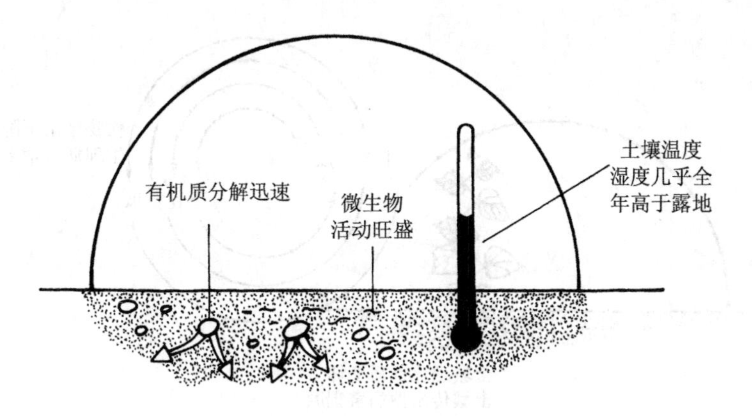

图 7.12 园艺设施土壤特点之一

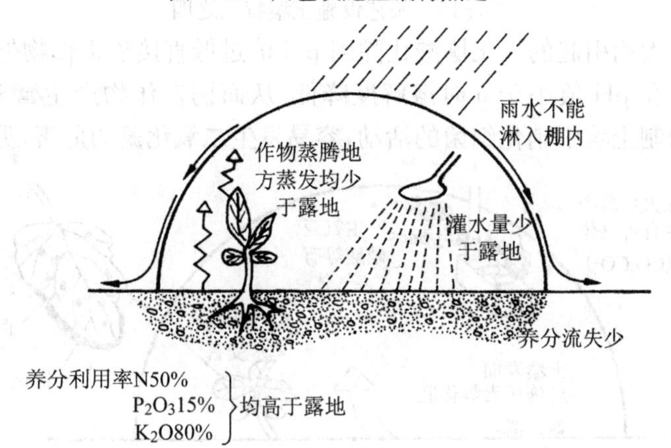

图 7.13 园艺设施土壤特点之二

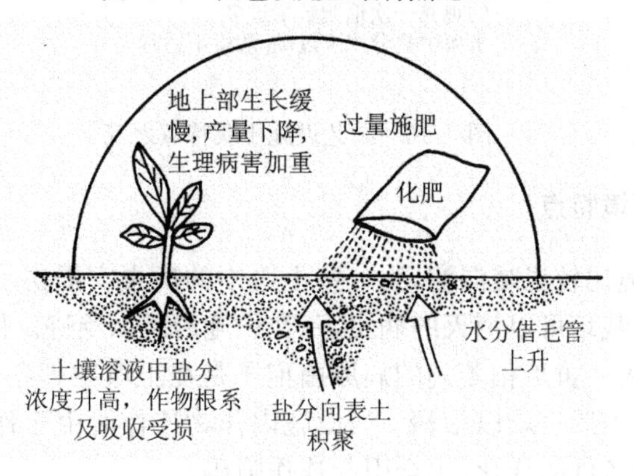

图 7.14 园艺设施土壤特点之三

强,根据“盐随水走”的规律,也加速了土壤表层积聚了较多的盐分,见图 7.14。

(4) 连作障碍　设施内作物栽培的种类比较单一,为了获得较高的经济效益,往往连续种植产值高的作物,而不注意轮作换茬,久而久之,使土壤中的养分失去平衡,某些营养元素严重亏缺,而某些营养元素却因过剩而大量残留于土壤中,产生连作障碍,见图 7.15。露地栽培轮作与休闲的机会多,上述问题不易出现。

(5) 土壤酸化　造成园艺设施土壤酸化原因是多方面的,但最主要的原因还是由于氮肥

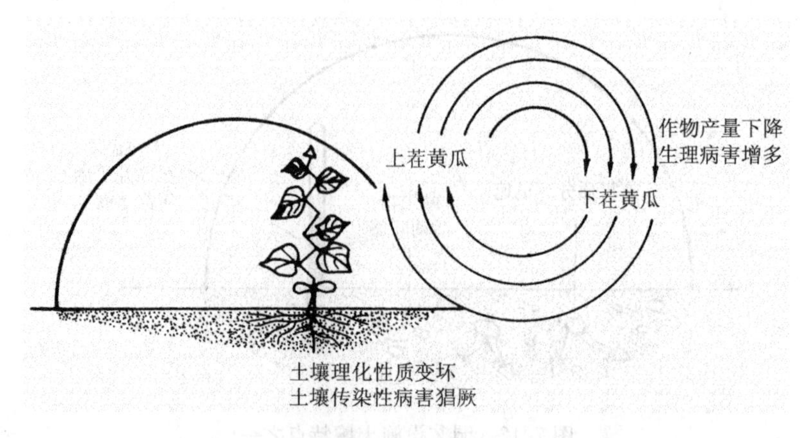

图 7.15 园艺设施土壤特点之四

施用量过多、残留量大而引起的。土壤酸化除因 pH 值过低直接危害作物外,还抑制了铁、钙、镁等元素的吸收,铁在 pH 值小于 6 时溶解度降低,从而诱发作物产生营养元素缺乏症。另外,土壤酸化还会抑制土壤中硝化细菌的活动,容易发生二氧化氮的危害,见图 7.16。

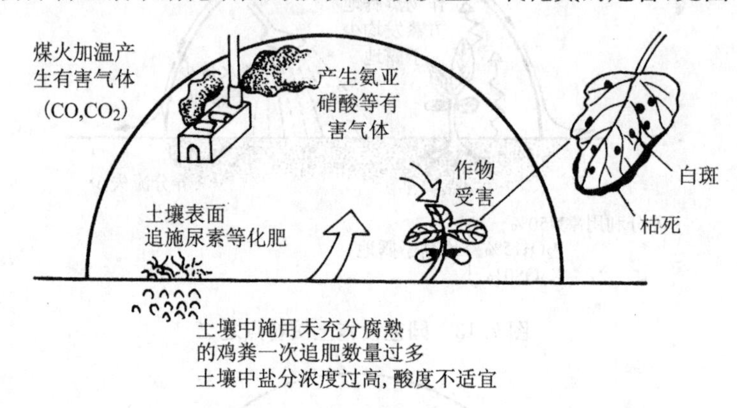

图 7.16 园艺设施土壤特点之五

7.5.2.2 土壤生物环境特点

由于设施内的环境比较温暖湿润,为一些土壤中的病虫害提供了越冬场所,土传病、虫害严重,使得一些在露地栽培可以消灭的病虫害,在设施内难以绝迹。例如根结线虫在温室土壤内一旦发生就很难消灭。黄瓜枯萎病的病原菌孢子是在土壤中越冬的,设施土壤环境为其繁衍提供了理想条件,发生后也难以根治。当设施内作物连作时由于作物根系分泌物或病株的残留,引起土壤中生物条件的变化,也会引起连作障碍。

7.5.3 园艺设施土壤环境的调节与控制

7.5.3.1 平衡施肥,减少土壤中的盐分积累,是防止设施土壤次生盐渍化的有效途径

过量施肥是蔬菜设施土壤盐分的主要来源。目前我国在设施栽培尤其是蔬菜栽培上盲目施肥现象非常严重,化肥的施用量一般都超过蔬菜需要量的 1 倍以上,大量的剩余养分和副成分积累在土壤中,使土壤溶液的盐分浓度逐年升高,土壤发生次生盐渍化,引起生理病害加重。

要解决此问题，必须根据土壤的供肥能力和作物的需肥规律进行平衡施肥。

7.5.3.2 合理灌溉，降低土壤水分蒸发量，有利于防止土壤表层盐分积聚

设施栽培土壤出现次生盐渍化并不是整个土体的盐分含量高，而是土壤表层的盐分含量超出了作物生长的适宜范围。土壤水分的上升运动和通过表层蒸发是使土壤盐分积聚在土壤表层的主要原因。灌溉的方式和质量是影响土壤水分蒸发的主要因素，漫灌和沟灌都将加速土壤水分的蒸发，易使土壤盐分向表层积聚。滴灌和渗灌是最经济的灌溉方式，同时又可防止土壤下层盐分向表层积聚，是较好的灌溉措施。

7.5.3.3 增施有机肥、施用秸秆，降低土壤盐分

设施内宜施用有机肥，因为其肥效缓慢，腐熟的有机肥不易引起盐类浓度上升，还可改进土壤的理化性状，疏松透气，提高含氧量，对作物根系有利。设施内土壤的次生盐渍化与一般土壤盐渍化的主要区别在于盐分的组成，设施内土壤次生盐渍化的盐分是以硝态氮为主，硝态氮占到阴离子总量的50%以上。因此，降低设施土壤硝态氮含量是改良次生盐渍化土壤的关键。

施用作物秸秆是改良土壤次生盐渍化的有效措施。除豆科作物的秸秆外，其他禾本科作物秸秆的碳氮比都较宽，施入土壤以后，在被微生物分解过程中，能够同化土壤中的氮素。据研究，1 g 没有腐熟的稻草可以固定 12～22 mg 无机氮。在土壤次生盐渍化不太重的土壤上，按每 667 m^2 施用 300～500 kg 稻草较为适宜。在施用以前，先把稻草切碎，一般应小于 3cm，施用时要均匀地翻入土壤耕层。也可以施用玉米秸秆，施用方法与稻草相同。施用秸秆不仅可以防止土壤次生盐渍化，而且还能平衡土壤养分，增加土壤有机质含量，促进土壤微生物活动，降低病原菌的数量，减少病害。

7.5.3.4 换土、轮作和无土栽培

换土是解决土壤次生盐渍化的有效措施之一，但是劳动强度大不易被接受，只适合小面积应用。轮作或休闲也可以减轻土壤的次生盐渍化程度，达到改良土壤的目的。如蔬菜栽培设施连续使用几年以后，种一季露地蔬菜或一茬水稻，对恢复地力、减少生理病害和病菌引起的病害都有显著作用。

当园艺设施内的土壤发生严重障碍，或者土传病害泛滥成灾，常规方法难以解决时，可采用无土栽培技术，使得土壤栽培存在的问题得到解决。

7.5.3.5 土壤消毒

土壤中有病原菌、害虫等有害生物，也有微生物、硝酸细菌、亚硝酸细菌、固氮菌等有益生物。正常情况下这些微生物在土壤中保持一定的平衡，但连作时由于作物根系分泌物质的不同或病株的残留，引起土壤中生物条件的变化打破了平衡状况，造成连作的危害。由于设施栽培有一定空间范围，为了消灭病原菌和害虫等有害生物，可以进行土壤消毒。土壤消毒可采用石灰氮日光消毒技术，即每667m^2 施用石灰氮 50～80kg、碎稻草 300～500kg，深翻，旋耕均匀后灌水、覆膜，闭棚升温，保持高温闷棚 15d。

7.6 不利环境及抗御技术体系

不利的气候条件及灾害性天气等是造成设施蔬菜生产困难、减产以至绝收的因素，应从防御灾害的设施、栽培技术等方面加强其抗灾能力。如建立旱能浇、涝能排的旱涝保收的蔬菜设施生产基地；采用合理坚固的设施结构；应用遮阳网、防风雹网、不织布等新型覆盖材料；注意灾害性天气的预报等，建立灾害性天气的防御体系，及时而有效地抵御自然灾害的危害。现就生产中主要的自然危害做一介绍。

7.6.1 低温危害

7.6.1.1 低温危害的类型和主要表现

按照作物受低温危害的程度，可将低温危害分为冻害和冷害两种。冻害是低温使植株体内达到冰冻，细胞内含物、原生质失去水分，引起原生质理化性质改变而使植株受害。冷害是指温度下降并不激烈，但喜温植物已不能适应，发生不正常症状，一般温度在冰点以上。

农业生产上的冻害，主要是霜冻，其危害程度主要取决于降温幅度、持续时间及霜冻的来临与解冻是否突然。一般降温的幅度越大，霜冻持续时间越长，危害也就越重。当气温缓慢下降到冰点以下时，作物组织的细胞间隙溶液因其浓度低于细胞液，就先形成冰晶体。这种变化使细胞间隙的渗透势加大，使原生质和液泡的水分向外渗透，并在液泡外的细胞间隙结冰，使冰晶逐渐扩大。随着冰晶的增大，细胞内的水分也被逐渐夺去，发生脱水作用，细胞失水，体积收缩。如果外界温度下降迅速，在这种速冻情况下就易引起细胞内部结冰，即原生质结冻。耐寒性强的品种，一般在细胞外部即细胞间隙结冰。耐寒力弱的品种，就在细胞内部结冰，这必然使原生质凝固而引起冻害。不论细胞内或细胞外结冰，均可引起原生质理化性质改变而发生冻害。但一些受冻害的蔬菜，若解冻时气温缓慢回升，结冰脱水的组织细胞还能重新吸收失去的水分，使原生质不致破坏。这对减轻霜冻的危害是行之有效的，生产上要注意利用这一点。

冷害是作物在0℃以上的低温危害，也叫寒害，主要是低温对喜温作物的危害。耐寒力差的蔬菜在0℃～10℃的范围内就会受害。若气温并不很低，但持续时间长，也会使作物受害。低温来临时，蔬菜作物的生理发生变化。首先是吸收机能衰退，在低温下根系伸长缓慢，活细胞原生质的黏度增大；其次是呼吸强度、原生质流动等生理机能衰退，从而阻碍水分和养分的吸收。番茄和黄瓜的根毛原生质在10℃～12℃就停止流动，养料的吸收受阻，随着温度的降低，一些缺素症也随之发生。

冷害使作物叶绿素形成受阻，光合作用降低，幼嫩叶片发生缺绿或白化，或是绿色组织贮藏的淀粉水解为可溶性糖，转化成花青素苷，由绿色变为紫色。春季的低温若伴随长时间阴雨天气，就更不利于作物进行光合作用，作物对不良环境的抵抗力，因体内积累的有机物减少而更弱。

蔬菜作物的低温危害因冷冻程度而表现出不同的症状。叶缘受冻是轻度受冻害的表现。秧苗或植株遇到短期低温，植株部分叶子边缘受冻，是由于霜冻或冷风侵袭所致，除了叶缘部位逐渐干枯外，不会影响其他部位的正常生长。当采取保温措施或气温转暖后，能继续生长发育，无不良现象发生。若生长点受冻，则冻害较重，往往是顶芽受冻或者大部分叶子受冻，起初表现为失水萎蔫，后变成枯叶，以致死亡。一般在天气转暖后难以恢复，若是田间定植不久的秧苗，应拔除更换。根系生长受阻是由于地温长时间较低，特别是秧苗定植后连续阴天，气温低，同时地温低于根系正常生长发育的温度。对于瓜果类喜温蔬菜，则不能增生新根，且部分老根发黄以至死亡，植株地上部表现生长缓慢。若地温低，土壤湿度又大，则可能发生“锈根”死亡。例如黄瓜的“花打顶”现象是由地温低、土壤干燥引起的，轻时采取补救措施还能恢复，但严重时，虽根部不致死亡，但这种植株以后的生长速度远不如重新定植的健壮黄瓜苗生长快，严重影响产量，不如提早更换。

设施栽培中，对于喜温的瓜果类蔬菜，除了特别要注意苗期防低温冻害外，其开花期气温过低，往往是造成落花、化瓜的重要原因。因低温不能使之很好授粉或受精而造成落花落果。如番茄开花时夜温低于 15℃，就可能造成落花。

畸形果是由于气温和土温低。一些喜温蔬菜虽能结果，但因低温的刺激，使茄果类往往形成多心皮的畸形果，大大降低商品价值。这在番茄早期结果中常常出现，发现后应提早摘除畸形果，以免消耗养分。

7.6.1.2 抗低温危害的主要措施

① 利用各种设施和多层覆盖等综合增温保温技术进行冷季蔬菜生产。目前大型塑料温室利用双层充气膜，保温效果明显提高。

② 选用耐低温的优良品种。目前一些国家如荷兰等育出的蔬菜品种较耐低温弱光，我国一些科研单位也研究选育出不少抗寒耐低温蔬菜品种，在寒冷季节栽培取得了优质高产的效果。

③ 采用嫁接技术，可使一些瓜果类蔬菜耐低温性增强。

④ 对喜温蔬菜进行低温锻炼，能增强其对低温的忍耐能力。喜温蔬菜在种子萌发后就可进行低温锻炼。如黄瓜的胚芽锻炼，即把胚根未露出种皮而破嘴的种子，放在－2℃左右条件下冷冻 2～5 h，用冷水徐徐缓冻后再重新催芽，可提高幼苗的抗逆性。幼苗通过锻炼后，可发生叶表皮增厚，叶革质化，变坚硬、多蜡状，干物质、糖含量增高等一系列形态和生理变化，从而增强抗寒性。

⑤ 为防止低温或寒流的影响，可采用生火炉或暖气加温等临时措施。

⑥ 用生长素处理，防止低温造成的落花落果。

7.6.2 高温危害

高温危害是由于强光和急剧的蒸腾作用相结合引起的。当气温上升到蔬菜作物生长的最适温度以上时，作物的生长速度减弱。高温持续的时间越长或温度越高时，引起的伤害也越严重。

高温危害最先发生的是作物呼吸作用加强。当呼吸强度大于光合作用，植物就没有净光合的积累物质，而且要消耗原有的贮备物质。若气温高而光照不足时，受破坏就更严重。高温也引起植株体内失水，因而造成原生质脱水和原生质中蛋白质凝固。

7.6.2.1 高温危害的主要表现

(1) 影响花芽分化　高温及长日照往往使黄瓜雄花增多，雌花分化晚。番茄等茄果类蔬菜花芽分化时，高温条件下发育不良。

(2) 瓜果类作物的日烧现象　日烧现象表现在叶子上的症状为初期叶绿素褪色，然后叶的一部分变成漂白状，最后变黄而枯死。番茄或甜椒直接受阳光暴晒的果实，果肩部分组织烫伤、枯死，产生日烧病。

(3) 落花落果与畸形果出现　番茄在白天35℃以上、夜间25℃以上的温度下会大量落花落果。在同样条件下，辣椒几乎完全不结实，植株徒长。一些黄瓜品种在高温下易形成果实畸形而失去商品性。

(4) 影响果实着色　如番茄果实成熟期是由于茄红素的作用而使番茄转红。茄红素发育适温为20℃～30℃，超过30℃时茄红素形成和发育缓慢，超过35℃茄红素则难以正常发育，因而出现黄、红、白相间的杂色，大大降低了商品性。

7.6.2.2 抗高温危害的主要措施

① 选用耐热或抗热品种。

② 进行间作套种，把喜光高秆作物和耐阴矮秆作物套作。

③ 采用遮光栽培，可用遮阳网、不织布、苇帘等遮阳降温。

④ 棚室内温度过高，可采用冷水喷雾和通风相结合的方法降温，也可进行强制通风降温。

⑤ 地面覆盖稻草等降低地温。

7.6.3 设施内有害气体的危害及防止对策

7.6.3.1 有害气体种类及其危害症状

(1) 氨(NH_3)　设施内NH_3的浓度达到5×10^{-6}时，多数作物叶片上就可出现受害症状。氨从叶片的气孔和叶缘的水孔侵入后，使叶出现水渍状斑，叶肉组织白化，变褐，最终枯死。不同作物对NH_3的敏感程度不同，番茄、草莓最易受害，辣椒、茄子也容易受害。

(2) 二氧化氮(NO_2)　设施内NO_2达到一定的浓度时就可使叶片受害。该气体从叶片的气孔和水孔侵入细胞后，在叶片上出现白色斑点，严重时除叶脉外，叶肉全部变白致死。在蔬菜作物中，黄瓜、辣椒，尤其是茄子容易受害。

(3) 二氧化硫(SO_2)和三氧化硫(SO_3)　SO_2和SO_3主要由工厂等处燃料燃烧所产生。当空气中SO_2的浓度达到0.2×10^{-6}时会对作物造成危害。当SO_2气体通过气孔进入叶片后，便溶化浸润于细胞壁的水分中，使叶肉组织失去膨压而萎蔫，产生水渍状斑，最后变成白色(黄瓜、番茄、辣椒等)或深色(茄子、南瓜等)，在叶片上出现界限分明的点状或块状的坏死斑。严重时，斑点可连接成片。受害较轻时，斑点主要发生在气孔较多的叶背面。SO_3浓度达5×10^{-6}时，几小时后植株即出现病斑。

(4) 甲酸二异丁酯　甲酸二异丁酯为塑料制品的增塑剂。PVC农膜中加入此增塑剂后会产生有害气体，对植物有害。20世纪70年代，我国曾发生过甲酸二异丁酯对蔬菜危害的事例。蔬菜开始受害后叶片颜色变淡，叶缘、叶脉间逐渐变白，叶面呈斑点状。

(5) 乙烯(C_2H_4) 低浓度的 C_2H_4 是植物的激素,但浓度高时就会抑制作物生长,并毒害作物。一些天然气体、煤、木材及植物体在不完全燃烧时都有可能产生 C_2H_4,某些塑料制品也能释放出 C_2H_4。黄瓜、番茄对 C_2H_4 十分敏感。芹菜、韭菜对 C_2H_4 的抗性较强。当 C_2H_4 的浓度在 0.05×10^{-6} 以上时便会使叶片下垂弯曲,黄化褪绿,几天后变白枯死。

7.6.3.2 有害气体发生的原因及防止对策

有害气体主要是通过气孔,也可通过根部进入植物体内。它的危害程度,一方面取决于其浓度,另一方面取决于植物本身的表面保护组织及气孔开张的程度、细胞的中和气体的能力及原生质的抵抗能力。一般是光照强、温度高、湿度大时危害较严重。

NH_3 和 NO_2 发生的主要原因是一次施用大量的有机肥、铵态氮肥或尿素,尤其是在土壤表面施用有机肥料或尿素。防止这两种气体危害的措施主要是应避免一次施用过量的肥料,在土表施肥后应当盖土或灌水。SO_2 气体的发生主要是由于燃烧的煤中含有硫化物,防止措施主要是要选择优质燃煤并防止炉火及烟道漏烟。对于塑料制品中有毒增塑剂和 C_2H_4、Cl 等的危害主要应选用优质农膜,遇到危害时应及时通风换气或更换薄膜。

7.7 园艺设施的综合环境管理

设施园艺的光、温、湿、气、土五个环境因子是同时存在的,在实际生产中各因子是同时起作用的,它们具有同等重要性和不可代替性,缺一不可又相辅相成,当其中某一个因子起变化时,其他因子也会受到影响随之变化。

设施内环境要素与作物体、外界气象条件以及人为的环境调节措施之间,相互发生着密切的作用,环境要素的时间、空间变化都很复杂。有时为了使室内气温维持在适温范围,人们或是采取通风,或是采取保温或加温等环境调节措施时,常常会连带着把其他环境要素(如湿度、CO_2 浓度等要素)变到一个不适宜的水平,结果从作物的生长来看,这种环境调节措施未必是有效的。总之设施环境与作物间的关系是复杂的,可见图 7.17。

因此,为了创造作物生长发育的良好环境,应将几个环境要素综合起来考虑,根据它们之间的相互关系进行调节。所谓综合环境调节,就是以实现作物的增产、稳产为目标,把关系作物生长的多种环境要素都维持在适于作物生长的水平,而且要求使用最少量的环境调节装置(通风、保温、加温、灌水、施用 CO_2、遮光、利用太阳能等各种装置),既省工又节能,便于生产人员管理的一种环境控制方法。这种环境控制方法的前提条件是,对于各种环境要素的控制目标值(设定值),必须依据作物的生育状态、外界的气象条件以及环境调节措施的成本等情况综合考虑。

如对温室进行综合环境调节时,不仅考虑室内、外各种环境因素和作物的生长、产量状况,而且要从温室经营的总体出发,考虑各种生产资料的投入成本、产出产品的市场价格变化、劳力和栽培管理作业、资金等的相互关系,根据效益分析进行环境控制,并对各种装置的运行状况进行监测、记录和分析,以及对异常情况进行检查处理等,这些管理称为综合环境管理。从设施园艺经营角度看,要实现正确的综合环境管理,必须考虑上述各种因素之间的复杂关系。

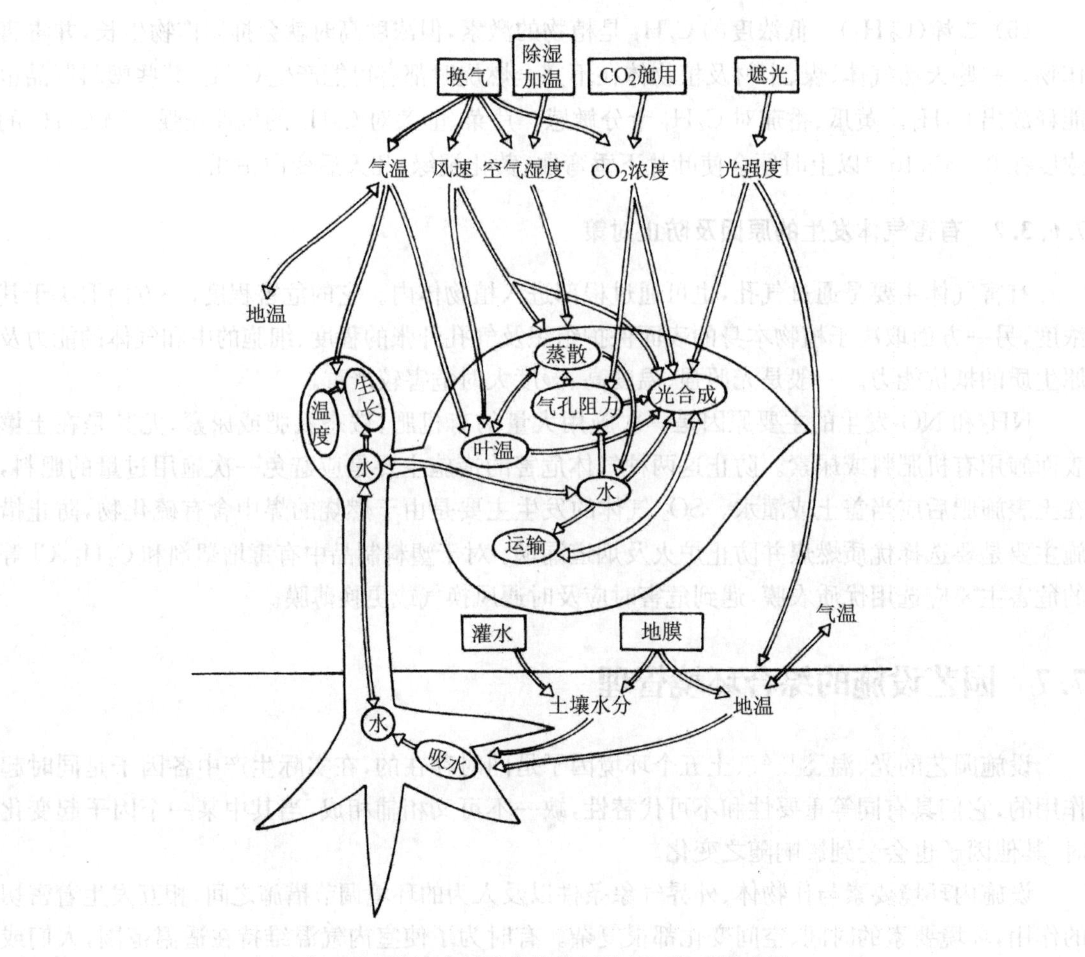

图 7.17 设施内环境和作物间的相互关系模式图

思考题

1. 园艺设施的光环境有何特点?
2. 根据光照强度要求不同,园艺作物可分为哪几类?
3. 如何调节园艺设施内的光照?
4. 园艺设施内温度有何变化? 如何调节?
5. 园艺设施内湿度如何变化? 如何调节?
6. 园艺设施内 CO_2 如何变化? 如何进行 CO_2 施肥?
7. 园艺设施内土壤有何特点? 如何进行园艺设施内土壤环境的调节与控制?
8. 如何防止设施内有害气体的危害?
9. 如何防止设施内的低温危害和高温危害?

8 园艺设施的规划设计

学习目标

了解园艺设施建筑特点，能根据生产需要进行园艺设施场地的选择与布局，掌握园艺设施基地建设的投资估算。

8.1 园艺设施规划设计的重要性

我国近年来设施园艺发展很快，特别是温室和大棚正在由小型发展到大型，由单栋发展到连栋，由竹木结构向钢结构、钢筋混凝土结构，由半永久式向永久式发展；内部设施也正在由简单向复杂，由原始向先进，由手动操作向机械化及自动化方向发展。如果我们不掌握这方面的新知识而去设计施工，就要在物质上造成浪费，给生产造成不应有的损失。例如，近年来很多地方新建的钢筋温室、大棚，在大雪或暴风的侵袭下而大量倒塌，就是由于不懂得结构力学、材料力学等方面的基本知识，施工不当所造成的。如果把园艺设施的设计与施工完全交给建筑部门，往往由于不懂得园艺设施栽培的特点和要求，造成采光不合理、建材使用过多、采暖设备设计超量或不足等，都会造成很大的浪费，在施工方面也会因施工、安装不合理，而影响栽培技术和栽培管理。结构设计和各种管理设备本身都是一门科学，需要理论力学、材料力学、结构力学、机械学等知识，不可能完全掌握。为了便于研究、改进园艺设施的结构性能、内部环境条件、简单设备的设计，以及对复杂工程设计施工的检查、监督和验收，以便合理有效地建设园艺设施，所以有必要学习一些基本知识。

8.2 园艺设施的建筑特点与要求

园艺设施与一般工业及民用建筑不同，它有以下特点与要求：

8.2.1 必须适于作物的生长和发育

园艺设施是栽培蔬菜、花卉、果树等作物的场所，为了适于作物的生育，要求结构上保证白天能充分利用太阳光能，获得大量光和热，高温时应有通风换气等降温设备；夜间应有密闭度高、保温性能好的结构和设备，现代化温室或条件好的日光温室还应有采暖设备。园艺作物对水肥需求量大，所以要求土壤肥沃，理化性状好，为调节土壤水分，应有性能良好的排灌设备。为使园艺设施能发挥更好的效果，建筑时首先要选择好场地，并对建筑物进行合理布局，做好总体规划与设计。场地选择有时不尽完全理想，对一些不良的条件可以进行改造，如设防风林或防风障、排水沟等。

8.2.2 严格调控环境

为取得高产、优质的产品，要随着作物的生育和天气的变化，不断地调控设施内小气候。特别是春、夏季的高温高湿和秋、冬季的低温弱光，不仅影响作物的生育，还容易诱发病虫害，所以要求具有灵敏度高、容易调控的结构和设备。

8.2.3 良好的生产条件

设施环境不仅要适于作物生育，也应适于劳动作业和保护劳动者的身体健康。如采暖、灌水等管道配置不合理或立柱过多时，会影响耕地等作业；结构过于高大时，会影响放风扣膜作业，而且也不安全；设施内高温高湿，不仅容易使劳动者疲劳，降低劳动效率，而且因病虫害多，经常施农药，直接影响作业者的健康，农药的残毒会影响消费者的健康。此外，还要考虑废旧薄膜和营养液栽培时废液的处理问题，否则易造成公害。

8.2.4 坚固的结构

为了使设施屋面能充分透过太阳光，减少遮光，要求结构要简单、轻质、建材截面积小，以减少阴影遮光面积。但从强度上又要求坚固，能抗积雪、暴风、降雹等自然灾害。设施屋面要求有一定坡度，合理的屋面角度一是为保证充分采光，二是使薄膜棚面的水滴能顺畅流下不积水。

8.2.5 透明的覆盖材料

覆盖材料要求透光率高，如使用塑料薄膜要选用不易污染、抗老化耐用，且不易附着水滴的薄膜。玻璃和聚碳酸酯板材是理想的覆盖材料，保温透光性能良好，但比较昂贵。

8.2.6 建造成本不宜太高

园艺设施生产的产品是农产品，价格低，所以要求尽量降低建筑费和管理费，这与坚固的结构、灵敏度高的环境调控设备等要求，引起费用增加的事实是互相矛盾的。因此，要根据经济情况考虑建筑规模和设计标准，一般应根据当地的气候条件选择适用的园艺设施类型。另外，园艺设施是轻体结构，使用年限一般为 10～20 a，在结构设计的设计参数取值和建筑规模上，应与一般建筑物有所不同。

8.3 场地的选择与布局

8.3.1 场地的选择

园艺设施建筑场地的好坏与结构性能、环境调控、经营管理等方面关系很大，因此在建造前要慎重选择场地。

为了充分采光，要选择南面开阔、干燥向阳、无遮荫的平坦矩形地块。因园艺设施大型化，平整坡地时不仅费工增加费用，而且整地时挖方处的土层遭到破坏，使填方处上层不实，容易被雨水冲刷、下沉。向南或东南有小于 10°的缓坡地较好，利于设置排灌系统，坡降走向北高南低。

为了减少放热和风压对结构的影响，要选择避风向阳地带。冬季有季候风的地方，最好选在迎风面有丘陵、山地、防风林或高大建筑物等挡风的地方，但这些地方又往往形成风口或积雪过大，必须事先进行调查研究。另外，要求场地四周不要有障碍物，高温季节不窝风，以利通风换气和促进作物的光合作用，所以要调查风向、风速的季节变化，结合布局选择地势。在农村宜将温室建在村南或村东，不宜与住宅区混建。为了有利于保温和减少风沙的袭击而确保生产安全，还要注意避开河谷、山川等造成风道、雷区、雹线等灾害地段。

为适于作物的生长发育，应选择土壤肥沃疏松、有机质含量高、无盐渍化和其他污染源的地块。一般要求壤土或砂壤土，最好3～5a种瓜果、茄果类蔬菜以减少病虫害发生。用于无土栽培的园艺设施，在建筑场地选择时可不考虑土壤选择。为使基础牢固，要选择地基土质坚实的地方。否则修建在土质松软的地基上，如新填上的地方或沙丘地带，基础容易下沉，要避免因加大基础或加固地基而增加造价。

园艺设施主要是利用人工灌水，要选择靠近水源、水源丰富、水质好、pH值中性或微酸性、无有害元素污染、冬季水温高（最好是深井水）的地方。为保证地温，有利于地温回升，要求地下水位低，排水良好。地下水位高不仅影响作物的生育，还易造成高湿条件引起病害，也不利于建造锅炉房等附属设施。

为了便于运输和建筑，应选离公路、水源、电源等较近交通运输便利的地方，这样不仅便于管理、运输，而且方便组织人员实施对各种灾害性天气采取的措施。为了使物料和产品运输方便，要保证通向温室区的主干道宽度。因温室用电设备主要为灌溉和照明设备，灌溉和照明常用220 V电压。但是，现代温室中的机械卷膜机构和自动控制系统的电机也有380 V的。此外，大型温室加温锅炉、强制通风系统、喷淋系统等都需要电力供应，与生产区配套的附属用房电力供应也需保证。所以，温室规划中要充分考虑电力总负荷，以确保温室用电的可靠性和安全性。大型温室基地一般要求有双路供电系统，一旦出现电力故障，基地要启动独立发电设备，保证不中断供电。

温室区位置要避免建在有污染源的下风向，以减少对薄膜的污染和积尘。因为设施生产需要大量的有机肥（一般每公顷黄瓜或番茄年需有机肥10～15 t），温室群位置最好能靠近有大量有机肥供应的场所，如工厂化养鸡场、养猪场、养牛场和养羊场等。

8.3.2 场地调查与地质勘探情况

8.3.2.1 场地调查

对场地的地形、大小和有无障碍物等进行调查，特别要注意与邻地和道路的关系。先看场地是否能满足需要，其次要看场地需要平整的程度，以及有无地下管道等障碍。此外，还要调查供水、送电和交通等情况。

8.3.2.2 地基调查

地基的情况与建筑物基础有密切的关系。地基的调查要在施工前进行。一般在场地的某点，挖进基础宽的2倍深，用场地挖出的土壤样本，分析地基土壤构成和下沉情况以及承载力等。一般园艺设施地基的承载力在50 t/m^{2}以上；黏质土地基较软，约为20 t/m^2，但园艺设施是轻体结构,对勘测精度要求不像工业及民用建筑那么严格。

8.3.3 园艺设施园区布局

园艺设施生产一般采取集中管理、各种类型相结合的经营方式。最小规模的也要考虑设施之间及其外部联系的布局,规模大的还要考虑锅炉房、堆煤场(包括煤渣堆放)、变电所、作业场地、水源、仓库、车库、农机具库等附属建筑物和办公室、休息室等非生产用房的布局。

人和物之间的联系活动在建筑计划中叫做动线计划。从动线计划中可以看出布局的好坏。计划时动作多、频率高的支线及搬运重物的动线应该短,且尽量不要交错。因此,应该把和每个园艺设施都发生联系的作业室、锅炉房、变电所等共用附属建筑物放在中心部位,将园艺设施生产场地分布在周围,还应靠近道路,便于运输。

园艺设施群的布局首先要考虑方向问题,其次考虑道路的设置、设施入门的位置和每栋间隔距离等。场内道路应该便于产品的运输和机械通行,主干道路宽 6 m,允许两辆汽车并行或对开;设施间的支路宽最好能在 3 m 左右。主路面根据具体条件选用水泥路面,保证雨雪季节畅通。

大型连栋温室或日光温室群应规划为若干个小区,每个小区成一个独立体系,安排生产不同的园艺作物种类或品种。所有公共设施,如管理服务部门的办公室、仓库、料场、机井、水塔等应集中设置、集中管理。每个小区之间的交通道路要有机地结合,雨水较多的地区应设置排水渠。在实际规划中应在保证合理的交通路线的前提下,最大限度地提高土地利用率。为了管理方便,公共设施区一般规划在南面为好。

8.4 园艺设施建筑计划的制定

园艺设施一次性投资较大,使用年限较长,为取得较高的经济效益,除了考虑地理、气象等自然条件外,还要考虑劳动力、资金等经济条件。所以在工程设计前还要做投资计划,进行成本核算,做好建造规划。园艺设施的建筑计划可分为生产性建筑计划和非生产性建筑计划。

8.4.1 生产性建筑计划的制定

生产性建筑计划应根据园艺设施的建造设计来制定。建造设计一般要考虑类型和规模(长、宽、高、屋面角度)、门窗的形式、数量和造价等问题。我国园艺设施的类型很多,规格也不尽相同。随着我国农村经济体制改革,承包责任制、公司加农户等形式的落实,出现了极小型(几十平方米)、简易型(土木)、巨大型(几万平方米)计算机自控的现代化园艺设施。如此多种多样的类型和规格,是由于栽培作物、栽培方式、气候条件、建筑材料、经济条件、历史习惯和引进新技术的不同而形成的。园艺设施看来很简单,实际上不然,设计的好坏与园艺设施的性能、管理的难易、经济效益高低等关系很大,应慎重做好设计工作。

8.4.1.1 设施方位

为了保证设施的采光,一般单屋面温室布局均为坐北朝南,但对高纬度(北纬 40°以北)地区和晨雾大、气温低的地区,方位可适当偏西,以便更多地利用下午的阳光;相反,对于冬季不太寒冷且大雾不多的地区,方位应适当偏东,以充分利用上午的阳光,提高光合效率。无论方位南偏西还是南偏东，偏离角应根据当地的地理纬度和揭帘时间来确定，一般为 5°～10°，不宜太大。连栋温室或塑料棚方位多为屋脊南北延长，屋面东西朝向，防止骨架产生死阴影。

8.4.1.2 设施(温室)间距

设施间距以每栋不互相遮光和不影响通风为宜。从采光考虑，东西长温室或大棚的前后栋距离(X)应在脊高或后墙高(h)的投影处，即 $X=h\text{ctg}\theta$，这里 θ 是冬至时中午的太阳高度角。后墙高在脊高的投影线内时，X 由中柱算起，不然则由后墙算起。高纬度地区大致为脊高加草帘卷高的 2.0～2.5 倍，或墙高的 3 倍以上；南北长的温室和大棚大致在檐高的 0.8～1.5 倍，纬度越高，倍数越大。在风大的地方，为避免道路变成风口，温室或大棚要错开排列。

8.4.1.3 长度

园艺设施的长度，单屋面日光温室或塑料大棚一般以 30～50 m 为宜。过长易造成通风困难。现代化温室一般强制通风有效距离在 30～40 m，也不宜过长。灌水水道过长浇水不均匀，管道灌水一般在 50m 以内。长度过长使采收或某些作业的跑空的距离增加，给管理上带来不便。设施过长，风雪天在结构上振动大，影响结构强度和稳定性。如果某一地方被破坏时，那个部分所负担的荷载要加到邻近构架的同一部位，由于荷载增加可能引起该部位变形且破坏，依次连锁作用会加大破坏范围，所以长度应适当。塑料大棚和连栋温室的屋顶走向多为南北延长，因此主要靠东西侧墙透光，长度(L)越短，即长、宽(B)比越小，透光率越大，如 10 m 与 50 m 长的大棚相比，透光率相差 5%左右。东西延长的日光温室则相反，因东西两侧山墙不透明，长宽比越小，山墙阴影占的比率越大，光照越差。

8.4.1.4 宽度

园艺设施的宽度又称“跨度”，它涉及一系列问题。单屋面温室如跨度加大，高度也相应增加，屋架就要变大，必然增加建材。若高度不变，则屋面角度必相对变小，特别是大棚几乎接近平顶，棚顶外面容易积水，里面增加屋内湿度；若改为连栋式，则要增加柱子，给管理带来不便。宽度对光线分布也有影响。宽度过大内部光线减少，光线分布不均匀程度也随之增加，特别是连栋温室的天沟下更明显。日光温室或塑料大棚跨度过宽会影响通风效果，夏天不易降温，但保暖性能好。塑料大棚的宽度一般为高度的 2～4 倍。

大型连栋温室的跨度是指每一单栋的宽度，多为 3.2 m 的倍数，国外现代化温室跨度最大可达 12.8 m。随跨度的增加，温室高度也必须增加，否则屋面坡度变小，不利采光且易积雨(雪)水。近年来，荷兰现代化温室有跨度减小而高度增加的趋势，跨度 6.4 m、脊高达 6 m 以上，成为“瘦高形”，目的是为了产生“烟囱”效应。夏季高温时，只利用窗自然通风，排除顶部热空气，而 4 m 以下作物生育层温度并不太高，可不安装湿帘风机强制通风设备，降低造价且节约能源。

8.4.1.5 高度

园艺设施的高度一是指脊部(最高点)到地面的垂直高度，又称脊高；另一是侧高，即侧墙顶部到地面的垂直高度，也称“檐高”。侧墙光线主要从侧面照射进去。高的温室或大棚，屋内光线好，作物的遮荫也少。东西延长的园艺设施的地窗角度大时光线好。冬季东西延长比南北延长的光照强。檐高的屋内空气流通好，温度分布较均匀，有利栽培。空间过大保温比变小，保温效果差，使采暖费用增加，所以高度也是有一定限度的。

根据风压高度变化系数，园艺设施的高度由 2 m 增到 4 m，每增高 1 m，风压约增加 10%，影响不十分明显。所以目前钢架塑料大棚侧高多在 1.5 m 以上，脊高 3 m 左右；大型现代化温室侧高多在 3 m 以上，甚至大于 4 m，脊高多在 4.5 m 以上。

8.4.1.6 屋面坡度

塑料大棚或温室的屋面坡度越大，光照、温度、湿度条件越好，对栽培有利，但建筑费、采暖费用增加。从结构力学来看，屋面坡度(即三角形角度)大的比角度小的骨架更稳定，雨雪容易滑落；坡度小的虽然保温比大，但增温差，结露时容易滴水。屋面形状有平面和拱圆形两种，一般玻璃、塑料板材屋面多为平面屋脊形，塑料薄膜多为拱圆屋面。从太阳光线射入情况比较来看，拱圆屋面更有利。阳光照射到透光屋面上以后，一部分被透光材料吸收，一部分被反射掉，一部分透入室内。根据物理学定律，三者之间有如下关系：

$$吸收率+反射率+透过率=100\%$$

吸收率、反射率和透过率的大小是与光线和被照面所组成的入射角有关，此入射角除了与透光面的倾角(坡度)有关外，还与太阳位置有关。太阳位置又随着地理纬度、季节和时间而变化，所以想获得最大的透光率，必须要有最佳的入射角。但最佳入射角每时、每分、每地都不同，也就是温室透光屋面的最佳坡度每时、每分、每地都不同。如温室一旦建成，屋面坡度也就定局了，但阳光的入射角在不断地变化，所以最佳屋面坡度有一定的局限性。

设计者只需以在温室生产的季节中使室内透入的阳光最多为目的，计算出优化屋面坡度，使温室透入阳光最多的屋面坡度成为优化屋面坡度。优化屋面坡度主要取决于太阳位置(包括地理纬度和温室生产季节)和透光材料的光学特性。计算优化屋面坡度是比较繁杂的，根据屋面采光特点应将温室透光屋面的方位朝向正南，再根据太阳辐射能中太阳直接辐射占绝大部分，所以只计算不同屋面坡度下温室内的太阳直接辐射，来确定优化屋面坡度。

8.4.1.7 总体规模

建设规模较大的设施园艺生产基地，总体规模也应因地制宜加以考虑。总体规模的确定，一方面与生产用地的面积有关，也和经济实力、技术力量和经营管理能力有关。更重要的是要做充分的市场调查，以合理确定产品的定位(内销、外销、出口)。如果市场需求好、产品定位较高、回报率也高，能在短期内获得较高的经济效益，而自身经济实力强，能保证一次性投资费用和后续资金，人才、技术也有保证，可规划设计较大规模的设施。如果不具备以上条件，则以逐步运作、滚动发展为宜，不要贪多贪大，最忌建设规模很大，建成之后没有流动资金保证，也缺乏管理、生产技术及营销人才，规模越大，损失也越大。

8.4.2 非生产性建筑物计划的制定

生产性建筑规模较大时，必需的附属建筑物，如锅炉房、水井(水泵室)、变电所、作业室、仓库、煤场、集中控制室等的建筑面积，应根据园艺设施的栽培面积及各种机械设备的容量而定。在制定计划时，安装机械的房屋面积要宽松些以便操作和维修保养。

非生产性建筑可根据生产经营规模，设办公室、田间实验室、接待室、会议室、休息室、更衣室、值班室、浴室、厨房、厕所等。这些房子可以单独修建，也可以一室多用。园艺设施内易形成高温、高湿环境，与外部温、湿度差异很大，多在门口处修缓冲室，可缓冲温、湿差的剧烈变动对作物和人体健康的不良影响，还能兼做休息室。

8.5 园艺设施基地建设的投资估算与经济分析

园艺设施基地建设一次性投资大，因此必须在建设前进行投资估算和经济分析。投资估算包括固定资产投入、固定资产投入的不可预见费、勘察设计费和银行流动资金贷款。然后计算生产运行成本，包括直接生产成本、间接生产成本和生产不可预见费等。再根据投资估算和生产运行成本进行经济分析，经济分析的关键是产值利润率、投资回收期。若产值利润率小于15%、投资回收期大于5 a，经济效益就比较差。对于这种情况，应该扩大或缩小经营规模，降低设施结构标准和设备标准或调整种植结构。

投资估算和生产运行成本的估算应根据当地建筑材料、取费标准、生产资料价格标准和劳力市场、销售市场而定。

下面以建立高效蔬菜生产基地为例，说明投资估算与经济分析：

生产规模：(包括温室大棚等园艺设施、露地蔬菜生产田、工厂化育苗中心等)

资金来源：申请银行贷款

(一) 投资估算

1. 固定资产投入

(1) 种子包衣车间、播种车间、催芽车间、仓库、车库、办公室、会议室、实验室等土建费

(2) 自动化播种、催芽设备等设备费

A. 自动化播种机

B. 催芽穴盘

(3) 温室和塑料大棚的造价

(4) 供水管道

(5) 水泵房及水泵

(6) 购运输车一辆

2. 不可预见费(10%)(以上6项之和的10%)

3. 勘察设计费(1%)

4. 年流动资金

(二) 生产运行成本

1. 直接生产运行成本

(1) 无滴膜

(2) 种苗、农药、肥料、微肥、水费等

(3) 架材费

(4) 采暖费(温室)

(5) 基质

(6) 种子

(7) 包衣剂

2. 间接生产成本

(1) 固定资产折旧费使用年限10年

(2) 人工及福利费

(3) 土地租赁费

(4) 流动资金贷款还息(占用1年)

(5) 固定资产投资贷款还息

(6) 年办公费

3. 生产不可预见费

(三) 经济效益分析

1. 年产值

(1) 温室大棚蔬菜年产值

(2) 露地蔬菜年产值

(3) 育苗中心菜苗年产值(包括自用)

2. 年利润=年产值－年成本

3. 投资回收期=固定资产投入/年利润+折旧

4. 产值利润率=年利润/年总产值

5. 全员劳动生产率=年产值/从业人员数

6. 人均利润=年利润/从业人员数

思考题

1. 园艺设施的建筑有何特点?

2. 如何进行场地的选择与布局?

3. 如何进行园艺设施基地建设的投资估算?

9 设施园艺机械化技术

学习目标

了解设施园艺机械种类及工作过程，会使用常见的设施园艺机械。

9.1 概述

设施园艺机械化技术是集机械工程学、生物科学和经济学为一体的一门边缘科学，是用机械作业逐步代替畜力和劳动者手工作业进行农业生产的技术。随着生产的发展与科技进步，采用先进的设施园艺机械，取代落后的农具和手工作业，实现设施园艺机械化，是园艺技术发展的必然规律。

进行设施园艺机械化技术的研究开发，必须考虑设施园艺技术的特殊性、生产过程及工作环境，机械化技术要适应和满足设施园艺的技术要求。

9.1.1 设施园艺对机械化技术的要求

① 设施园艺栽培作物种类多、茬口复杂，所需机械种类多且利用率不高，为了降低作业成本，园艺机械要小型、重量轻、用材少、多功能、成本低，要采用通用化、标准化、系列化部件，综合利用性强，以适于设施园艺中应用，降低成本。

② 设施园艺中的机械要完成多项作业，工作对象有土壤、作物、肥料、植物保护等方面，设施内的专用机械要同作物的种植技术相适应，要按栽培技术要求和工作程序设计出性能良好的机具。

③ 园艺作业机械在较窄小的空间、在行走状态下，完成复杂的作业，要求机械机动性强、工作效率高、操作简单、维修方便、有安全保护措施。

④ 为了使设施园艺机械化作业效率的充分发挥，设施园艺栽培技术规范方面也须进行必要的改进和完善，以适应大面积作业机械化对农业技术的要求。所以，设施园艺机械设计是以园艺技术为基础，园艺技术的多项作业又靠机械作业完成，就要改革完善园艺栽培制度，以适应机械化作业，促进设施园艺机械化的发展。

设施园艺机械化技术是实现农业现代化、发展工厂化农业不可缺少的重要环节，也是农业现代化水平的重要标志。

9.1.2 设施园艺机械化的重要作用和意义

9.1.2.1 提高劳动生产率

设施园艺机械作业能显著提高劳动生产率，不误农时，其效率较手工作业高数倍至数十倍,有效地克服农事季节性强与工作量大的矛盾。

9.1.2.2 有利于大规模产业化生产

采用机械化作业,技术规范,便于大规模产业化生产,降低生产成本,确保作物高产稳产,提高抗御自然灾害的能力,确保农民的收入。

9.1.2.3 提高作业精度

采用机械化作业,能提高作业精度,使播种、定植、畦侧深施肥、病虫害防治及灌水等先进技术得到应用推广,充分发挥机械化技术优势,取得较高的经济效益。

9.1.2.4 促进相关产业的发展

设施园艺机械化技术的大面积推广,促使农业机械制造业、农机服务业等相关产业的发展。

9.1.2.5 减轻劳动强度

利用农业机械化技术,工作效率高,可减轻农民的劳动作业强度,改善作业条件,使农民从繁重的体力劳动中解放出来,改变设施园艺生产传统的落后局面,推进设施园艺向现代工厂化农业方向发展。

我国是设施栽培面积最大的国家,但也是一个人多地少、耕作技术与方式还不发达的国家,要实现设施园艺机械化,就要从基本国情出发,因地制宜,有选择地积极发展设施园艺机械化技术,坚持机械化、半机械化、手工工具并举,人力、畜力、机电力并用,以小型农机具为主,重点解决用工多、劳动强度大、季节性强、作业环境差、增产增效效果显著的项目率先实现机械化作业,走由有选择地发展设施园艺机械化到全面实现设施园艺机械化的道路。设施园艺机械化技术的发展和普及必将加速我国设施园艺的科技进步,提高生产率,增加产量,提高经济效益,对发展农村经济,加速农业现代化建设产生深远的影响。

9.1.3 设施园艺机械化技术的研究与开发

我国设施园艺机械化工程技术与装备同国外先进国家相比尚有很大差距,设施多为传统式的温室、大棚,多以手工作业为主,机械化程度和水平较低,有些还属空白,机械与设备种类少,作业功能单一,适应性差,质量和耐用程度不高,有些作业还需要人工辅助完成。设施内栽培用的配套农机具、装置、设备、工具等在数量上、质量上还远远满足不了设施园艺发展对机械化的需求。当前研究开发的重点应以当前的需要为主,同时积极引进国外先进的机械装置与设备,根据我国的需求特点,进行消化吸收、创新发展,研制适于我国应用、具有中国特色的设施园艺系列化的机械化装备和技术。

9.2 设施园艺机械种类及工作过程

9.2.1 耕耘机

旋耕机能一次完成耕耙作业，碎土功能强，耕后土松地平，在温室、大棚中较为适用。IGL-40旋耕机，是旋耕机与松土犁组合的复式作业机具，耕深18～25 cm，耕幅宽40 cm，工作效率467～800 m^2/h。为解决柴油机在棚室内排烟污染问题，研究开发了以电为动力的电动拖拉机，配相应的农具完成设施内各项作业，如一种电动旋耕机，电机功率2.8 kW，生产效率600 m^2/h。作畦机由旋耕机和整形板组成，小型拖拉机做动力，驱动旋耕机耕翻、碎土，由整形板压挤成形作畦、作垄。

9.2.2 单粒精量播种机

在温室中进行营养钵育苗使用单粒精量播种机。精量播种的种子必须经过精选(有的还要包衣整形)，使其大小、形状均匀一致，且具有可靠的发芽力。因为蔬菜种子颗粒小，不易精选，包衣整形要增加播种成本，发芽力又难以预测，所以在工厂化育苗中精量播种技术发展缓慢。

温室用单粒精量播种机见图9.1，由侧架、空心横梁、吸放嘴、种子存放槽和板盘平台等组成。吸放嘴装在空心横梁上，由富有弹性的柔软材料(塑料、橡胶)制成。空心横梁与真空管道相连，以便将负压传至吸放嘴，两端装在支柱上并可在侧架的导槽中移动。套管支柱内有弹簧，可以伸缩，其上端铰接于侧架，可前后摆动。

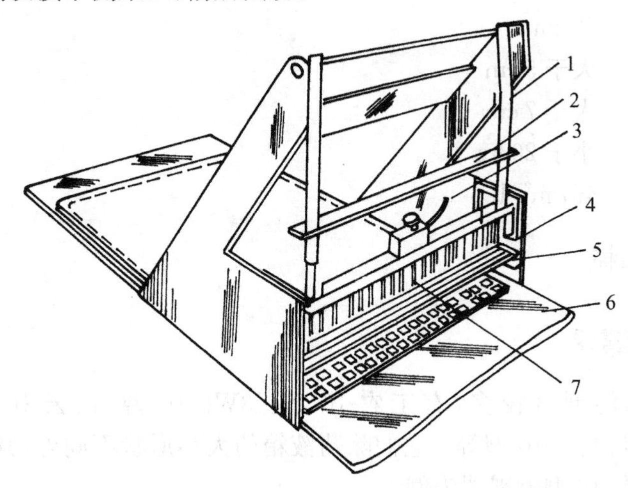

图9.1 温室用单粒精量播种机

1. 支柱；2. 操纵杆；3. 真空架管道；4. 侧架；5. 种子存放槽；6. 板盘平台；7. 吸放嘴

工作时，手持操纵杆先使吸放嘴与装有单层种子的存放槽接触，吸取其中的种子，然后使吸放嘴接近育苗钵，并切断负压，种子即由吸放嘴分别落于各个育苗钵中。

9.2.3 地膜覆盖机

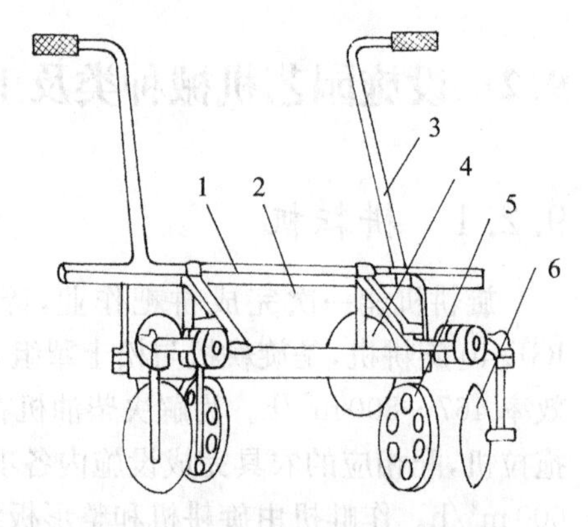

图 9.2 3DF－1.4 型手动地膜覆盖机
1. 机架；2. 挂膜架；3. 拉杆；4. 开沟圆盘；5. 压膜轮；6. 覆土圆盘

地膜覆盖机我国约计有 60 多个型号。其中适于设施园艺应用的地膜覆盖机种类很多，主要有人力简易覆膜机、单一覆膜机、作畦覆膜机和旋耕作畦覆膜机等。

例如 3DF-1.4 型手动地膜覆盖机，如图 9.2 所示。

研制单位：江苏省南通市农业机械化科学研究所

类型：单一覆膜型

牵引动力：人力

适应范围：该机主要用于成型后的畦覆盖地膜，栽培各种蔬菜瓜豆，播种后或移栽前盖地膜。两人作业一次完成覆膜、覆土压膜等作业，适宜土壤湿度为 10%～20%，土质为沙土或沙壤土地区，要求一定的整地质量，适宜畦面宽 70～100 cm、畦高 10～20 cm，沟底宽大于 25 cm；地膜宽 120 cm～140 cm，厚 0.015～0.02 mm，芯管内径 4.5 cm，膜卷外径小于 20 cm。该机在 4 级风以下可获良好的作业效果。

主要技术参数：

外形尺寸：141.5 cm×192.4 cm×81.4 cm

整机结构重：35 kg

开沟器偏角：25°

覆土器偏角：35°～40°

压膜轮直径：25 cm

覆土厚度：大于 5 cm

覆土宽度：大于 7 cm

单边平均拉力：小于 20 kg

生产效率：467 m^2/h

9.2.4 植保机械

9.2.4.1 背负式喷雾器

背负式喷雾器的型号较多，有工农-16 型、3WB-16 型、白云-16 型、丰产-16 型、联合-14 型、长江-10 型、湘江-10 型等。它们除药液箱的大小形状不同外，其他构造与工作原理基本相同。现以工农-16 型喷雾器为例：

(1) 药液箱　药液箱用聚乙烯吹塑成型，外形呈腰子形，适于背负。桶壁上标有水位线，加药液时药液面不得超过水位线，额定容量为 16 L。桶的加药液口处设有滤网，网孔的直径小于喷孔的半径，为 0.8 mm，以防止杂物进入桶内和保证喷头的正常工作。

(2) 压力泵　该泵是皮碗活塞液泵。工作时，摆动手压杆带动活塞上下移动，将药液压送到空气室。

(3) 空气室　空气室位于药液箱的外侧，是一个中空的全封闭外壳。空气室底与出液接头相连,在空气室上部标有安全水位线。人力式喷雾器的工作压力不高,一般为 294～392 kPa,所以空气室多用尼龙、塑料制成。

(4) 喷射部分　喷射部分主要由套管、喷头、开头和胶管等机件组成。为了进一步过滤药液,在套管中设有滤网。该机配用单头切向离心式喷头,并配有直径分别为 1 mm 和 1.6 mm 两种喷孔板,可以根据需要选用。

9.2.4.2　喷粉机

以丰收-5 型胸挂喷粉机为例说明喷粉机的构造及工作过程。

喷粉机由药粉桶、风机、齿轮箱和喷撒部件等组成。在药粉桶内有搅拌器和松粉盘。搅拌器起松粉和喂粉的作用,松粉盘起疏松和推送药粉的作用。在松粉盘和风机之间有一开关盘,盘中心有 6 个孔,供吸粉用,孔的大小可以调节。在盘的边缘有一小孔,使风机的小股气流通向药粉桶,保证在药粉桶中有一定气压。所以每次装药粉时,不能全部装满,以免堵塞小孔。

药粉桶的容量为 5 L,当摇柄转速为 36 r/min,射程为 2 m,最大喷粉量为 0.25 L/min。当使用直管单喷头时喷撒幅度为 0.5 m,使用叉管双喷头时为 2.6 m。药粉桶内残余粉量为 0.5 L,在麦田中使用生产率约为 2 hm^2/d。

9.2.4.3　超低量喷雾机

超低量喷雾是近些年来发展的一项新技术,它是以极少的施药量、极细小的雾滴进行喷雾作业。

超低量喷雾机有手持式和背负式两种。现以手持式超低量喷雾机为例进行说明,见图 9.3。

微型直流电动机传动的手持式超低量喷雾机由把手、微型电机、流量器、药液瓶和喷头等组成。把手用于控制喷雾方向,内装电池和导线。流量器的作用是输送和控制药量,由流量体和流量嘴组成。流量体与瓶座制成一体,流量嘴钻有不同孔径的孔,可供不同喷量需要选择。喷头由喷头座、喷嘴和雾化齿盘组成。前后齿盘的齿数各为 360 个。

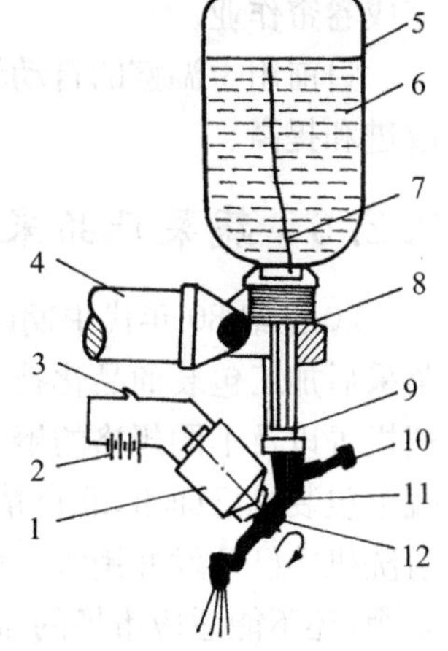

图 9.3　手持式电动超低量喷雾机

1. 微电机;2. 电源;3. 开关;4. 把手;5. 药瓶;6. 药液;7. 空气泡;8. 进气管;9. 流量器;10. 雾滴;11. 雾膜;12. 雾化齿盘

工作时,接通电源,雾化齿盘由微型直流电机驱动高速旋转(7 000～8 000 r/min),药液在重力作用下,通过流量器喷嘴流入高速旋转的雾化齿盘上,药液在离心力作用下形成一层薄膜,沿齿盘向四周甩出,被齿盘细尖的撕拉和高速撞击而破碎成微小雾滴,随自然风力飘移、沉降到作物上。

电动手持式超低量喷雾机的喷雾性能完全取决于外界自然条件,在棚(室)自然通风条件下可用。使用干电池做电源,但使用寿命短,成本高。目前已有采用锌空气电池组做电源。使用时不用充电,只要更换锌极(每换 1 次可使用 50 h),一般可更换 5～10 次,使用成本低。

9.2.5　通风装置与机械

我国温室、塑料大棚传统的通风换气方法是扒缝放风,或设置天窗、放风口等进行设施内的通风及温湿度调节。随着热镀锌薄壁钢管组装式大棚及节能型日光温室的发展和作业省力化的要求，开发了手动卷膜放风装置及手动、电动日光温室卷帘机，从而有效地提高了作业效率，同时也减轻了劳动强度，使设施栽培管理规范化向前迈进了一步。

9.2.5.1 手动卷膜装置

手动卷膜装置由摇把、齿轮盒及卷膜杆、固定立杆组成。首先将放风口的膜边固定在卷膜杆上，卷膜杆与齿轮盒连接，齿轮盒、摇把由固定立杆固定，但可上下移动。作业时摇动摇把，齿轮盒内齿轮转动，使卷膜杆转动，随薄膜上升，齿轮盒及摇把即沿着固定立杆上升，完成开启通风口作业；反转动摇把，齿轮盒下降，卷膜杆放膜下降，关闭通风口。手动卷膜通风装置可用在大棚肩部，也可用在顶部或用在温室顶部通风。通风口上部的薄膜通常用卡槽固定。

9.2.5.2 手动或电动卷帘装置

在日光温室应用轻型保温被的条件下，可采用手动或电动卷帘机械，完成卷帘和盖帘作业。

电动卷帘机械依电动机装置位置不同可分为：

(1) 倒杆式卷帘机　电动机直接固定在卷帘杆上，通过倒杆上下移动转动，完成卷帘和盖帘作业。

(2) 提拉式卷帘机　电动机及卷帘杆都固定在温室后屋面或后墙上，卷帘时，电动机带动卷帘杆转动，通过搅在杆上的绳索卷起保温被，完成卷帘作业。

(3) 轨道式卷帘机　在温室一侧(或两侧)设电动机可以上下移动的固定轨道，电动机与卷帘杆连接并固定在轨道内，电动机带动卷帘杆转动，卷紧保温被并沿轨道上行至温室顶部，完成卷帘作业。

目前用于温室的自动卷帘设备，特别是保温被的保温性能不强，机械传动部件等有待不断改进和提高。

9.2.6 蔬菜产品采后加工包装机具

20 世纪 80 年代中期以后，随着蔬菜品种的增加、“名特优”蔬菜的开发和市场的需求，蔬菜采后加工包装商品化技术有很大的发展，如蔬菜果品清洗机、叶菜捆扎机、果菜类包装机、热塑机等以及不同规格的聚苯乙烯发泡盘都已开发出来。如上海市农业机械研究所研究开发的蔬菜包装机已面市，北京精创商业机械厂生产的 PQ 清洗机、前期分选机、热收缩包装机、蔬菜清洗机等已开发并销售。但是，我国蔬菜采后加工包装机具的研究开发与国外相比还有很大差距，还不能适应市场的需求和蔬菜产品商品化的发展。

思考题

1. 发展设施园艺机械化技术的意义和作用是什么？
2. 简述设施园艺机械种类及工作过程。
3. 设施园艺机械化技术研究与开发的现状如何？

10 无土栽培

学习目标

了解无土栽培的类型，掌握有机生态型无土栽培技术。

根据国际无土栽培学会的规定，凡是不用天然土壤，而用基质或仅育苗期用基质，在定植后不用基质而用营养液进行灌溉的栽培方法，统称为无土栽培。简而言之，无土栽培就是不用天然土壤栽培作物的方法。

10.1 无土栽培分类及特点

10.1.1 无土栽培的分类

无土栽培的类型和具体操作方法很多，如荷兰人斯泰纳根据无土栽培所选用基质的不同，将无土栽培分为水培、气培、沙培、砾培、蛭石培、岩棉培等。中国农科院蔬菜花卉研究所按照是否使用基质将无土栽培分为有基质无土栽培和无基质栽培；按照是否消耗能源及其对生态环境的影响又分为有机生态型无土栽培和无机耗能型无土栽培等。

10.1.1.1 无基质栽培

此种栽培方式，一般除在育苗期间要使用基质外，定植后不再用基质。主要类型有：

(1) 水培　定植后浇灌营养液，作物根系与营养液直接接触。主要方式有营养液膜法(NFT)、深液流法(DFT)、浮板毛管法(FCH)等。

(2) 喷雾栽培　又称“雾培”或“气培”，是无土栽培技术的新发展，利用喷雾装置将营养液雾化，直接喷施于植物根系的一种无土栽培形式。气(雾)培不需要将作物根系浸入营养液中，而是将营养液雾化，每间隔 3 min 向根喷雾 3 s，使根系能够获得所需要的水分、营养和氧气，植物在非常适宜的环境下生长发育良好，营养液可以循环使用。这种方法及设施结构、装备较为复杂，造价较昂贵，技术水平高，目前尚难以在生产上推广。

沈阳农业大学与声学研究人员合作，创造了超气雾培新技术。其主要特点是将营养液在超声换能器的作用下形成极小的颗粒，为植株的生长提供养分，而且营养液经过超声处理后，实现了超声灭菌，控制了部分叶部病害的发生、传播条件。其装置为木制栽培床，内铺塑料薄膜，一端放超声气雾机，但因设备投资大，生产上很少应用。

10.1.1.2 基质栽培

基质栽培法是植物通过基质固定根系，根系自基质中吸收水分、营养及氧气。此种方法又可分有机基质栽培和无机基质栽培。

(1) 有机基质栽培　将草炭、树皮、锯末、稻壳、食用菌废渣、甘蔗渣、秸秆、椰子壳及其他农产品废弃物等经腐熟成为有机质作为无土栽培的基质，称为有机基质栽培。

(2) 无机基质栽培　将岩棉、沙砾、蛭石、珍珠岩、炉渣等无机物作为培养基质，称为无机基质栽培。

用于基质栽培的有机或无机基质可单独使用，也可以混合使用，或者有机基质与无机基质混合使用，使其优势互补，提高使用效果。

10.1.2　我国无土栽培的主要类型

10.1.2.1　营养液膜系统(NFT)

作物根系浸于营养液中，与营养液直接接触，营养液膜深 1 cm，营养液可循环使用。

10.1.2.2　深液流法(DFT)

营养液深达 5～10 cm，根系浸在营养液中，营养液液温相对稳定。

10.1.2.3　浮板毛管法(FCH)

此法与深液流法基本相同。在栽培槽内加盖聚苯乙烯发泡浮板，根系可在浮板上下生长，有利于营养、水分和氧气的吸收。

10.1.2.4　袋培法

利用厚度为 0.15～0.2 mm 的聚乙烯农膜制成塑料袋，内部填充基质，滴灌营养液栽培作物。

10.1.2.5　鲁 SC 无土栽培法

由山东农业大学研制开发，即在“V”字形开放式的金属槽内，距底部 5 cm 处用金属网隔开，上部置基质栽培作物，下部流动营养液，根系伸入到营养液中。

10.1.2.6　有机生态型无土栽植

这是用有机基质或一定量有机与无机基质混合加入一定量的固态肥料。栽培过程中不使用营养液，耗能少、无污染，是能生产安全食品的有机栽培法，目前栽培面积迅速扩大。

10.1.3　无土栽培技术特点

无土栽培有以下特点：

① 无土栽培能有效避免土传病害和土壤连作障碍。

② 无土栽培能充分而合理地利用设施内土地及空间，使栽培实现立体化，节水、节肥，提高工作效率，增加作物的产量，改进作物的品质。

③ 能减轻生产者的劳动强度，便于实现自动化、规范化生产。

④ 无土栽培应用地域广泛，它不仅可以在肥沃的菜田内或一般的农作区内大面积推广，而且不受土壤条件限制与制约，在干旱沙漠、海岛荒山、盐碱地、高寒山区、边防哨所以及南极

等自然环境相当严酷、土地条件差、不能正常生产蔬菜、鲜花、果品的地方都能正常生产。

⑤ 适于无土栽培的作物很多,目前已有60余种,单位面积收获量较有土栽培可提高几倍至十几倍。无土栽培还能大幅度提高单位面积上优质农产品的产出量,这是其他栽培方法难以比拟的。

10.2 无土栽培的营养液与肥料

营养液是无土栽培的核心,只有掌握了营养液配制的原理、配制技术和变化规律,才能使无土栽培获得成功。营养液是将含有园艺作物生长发育所需要的各种营养元素的化合物,溶解于水中配制而成。

10.2.1 营养液浓度及酸碱度(pH)表示法

营养液是水培的重要物质基础,营养液浓度的表示法很多,最常用的方法有以下几种:

10.2.1.1 用百万分率(mg/kg)表示浓度

即营养液中每种元素含量为百万分之若干份,称为有若干百万分之几。可用重量或重量体积表示,如 10^{-6}、1g/t(每吨水中含1克),或者 10^{-6}=1mg/L(即每升水中含1mg)等表示。

10.2.1.2 用每升毫摩尔(mmol/L)表示浓度

1L水中所含的溶质的摩尔数,称溶液的摩尔浓度。因营养液的浓度较低,所以一般采用毫摩尔浓度(mmol),如每升溶液中含有164 g的 $Ca(NO_3)_2$ 为1mol/L浓度,而含有164 mg $Ca(NO_3)_2$ 的溶液浓度称为1毫摩尔浓度(1 mmol/L)。

10.2.1.3 营养液的电导度(EC)

电导度是溶液含盐的导电能力,即溶液的总盐度或称营养液总浓度,符号为EC,单位西门子/厘米(S/cm)。由于营养液的浓度很低,因而电导度常用千分之一表示,单位为毫西门子/厘米(mS/cm)。测量电导度的仪器为电导仪(电导度计),测定方法简便,结果准确,在无土栽培中应用很广。

无土栽培营养液电导度一般控制在2.0～3.0 mS/cm之间。当电导度低于2.0mS/cm时,就要及时补给营养成分。可直接用适宜的固体肥料,也可加入先期配好的营养液母液,以提高营养液浓度。

10.2.1.4 营养液浓度渗透压表示法

渗透压表示在溶液中溶解的物质分子运动而产生的压力,符号为Pa。据斯泰纳试验:营养液渗透压为50.7～162.1 kPa时,对水耕栽培无影响。渗透压Pa值只表示营养液的总浓度。

10.2.1.5 营养液的氢离子浓度(pH)

营养液中氢离子浓度通常用pH表示。当溶液呈中性时,pH值为7.0。大多数作物在pH值5.5～6.5的弱酸性范围内生长发育良好,因而,营养液浓度保持在pH值5.8～6.2为宜。如果氢离子浓度过低，pH 值大于 7.0 时，会导致铁、锰、铜、锌等微量元素沉淀，使作物不能吸收；如氢离子浓度过高，pH 值小于 5 时，酸度过大不仅会腐蚀营养液栽培系统中的金属配件，而且会使作物吸收某些元素过多而发生中毒。

用来调整溶液氢离子浓度的酸为硫酸、硝酸或磷酸，碱为氢氧化钠、氢氧化钾，如果将 pH 值由 7.0 降至 6.0，每吨溶液中加入 95%浓硫酸 25～50 ml；如 1 t 水溶液中加入 40%饱和氢氧化钠 50～100 ml，可使 pH 值由 7.0 升至 8.0。

10.2.2 营养液组成的原则

① 营养液必须含有植物生长所必需的全部营养元素。现已确定高等植物必需的营养元素有 16 种，其中碳主要由空气供给，氢、氧由水与空气供给，其余 13 种由根部从土壤溶液中吸收，所以营养液均是由含有这 13 种营养元素的各种化合物组成，其中大量元素有 N，P，K，Ca，Mg，微量元素有 Fe，Cu，Mn，Zn，B，Cl，S，Mo。

② 含各种营养元素的化合物必须是根部可以吸收的状态，也就是可以溶于水的呈离子状态的化合物，通常都是无机盐类，也有一些是有机螯合物。

③ 营养液中各营养元素的数量比例应符合植物生长发育的要求，而且是均衡的。

④ 营养液中各营养元素的无机盐类构成的总盐分浓度及其酸碱反应，应是适合植物生长要求的。

⑤ 组成营养液的各种化合物在栽培植物的过程中，应在较长时间内保持其有效状态。

⑥ 组成营养液的各种化合物的总体，在被根吸收过程中造成的生理酸碱反应中应是比较平衡的。

10.2.3 营养液组成的依据

营养液配方应在作物能正常生长发育，且有较高产量的情况下，先对植物和土壤进行营养分析，了解各种大量元素和微量元素的吸收量，再据此利用不同元素的总离子浓度及离子间的不同比率而配制的，同时又通过作物栽培的结果，再对营养液的组成进行修正和完善。由于科学家使用方法的不同，因而提出的营养液组成的理论也不同。目前，世界上主要有三种配方理论，即园试标准配方、山崎配方和斯泰纳配方。

园试标准配方是日本兴津园艺试验场经过多年的研究而提出的，是根据植株对不同元素的吸收量来决定营养液配方的组成。

山崎配方是日本植物生理学家山崎肯哉以园试标准配方为基础，以果菜类为材料研究提出的。他根据作物吸收元素量与吸水量之比，即吸收浓度（n/w 值），来决定营养液配方的组成。

斯泰钠配方是荷兰科学家斯泰纳依据作物对离子的吸收具有选择性而提出的。斯泰纳营养液是以阳离子（Ca^{2+}，Mg^{2+}，K^{+}）的摩尔和与相近的阴离子（NO_3^-、PO_4^{3-}、SO_4^{2-}）的摩尔和相等为前提，而各阳、阴离子之间的比值，则是根据植株分析得出的结果而制定的。根据斯泰纳试验结果，阳离子比值为 $K^+ : Ca^{2+} : Mg^{2+} = 45 : 35 : 20$，阴离子比值为 $NO_3^- : PO_4^{3-} : SO_4^{2-} = 60 : 5 : 35$ 时为最恰当。

10.2.4 营养液的配制

10.2.4.1 营养液配制的原则

一般，容易与其他化合物起作用而产生沉淀的盐类，在浓溶液时不能混合在一起，但经过稀释后就不会产生沉淀，此时可以混合在一起。在制备营养液的许多盐类中，以硝酸钙最易和其他化合物起化合作用，如硝酸钙和硫酸盐混在一起易产生硫酸钙沉淀，硝酸钙的浓溶液与磷酸盐混在一起易产生磷酸钙沉淀。

在大面积生产时为了配制方便，一般都是先配制浓液（母液），然后再进行稀释。因此这里就需要两个溶液罐，一个盛硝酸钙溶液，另一个盛其他盐类的溶液。此外，为了调整营养液的氢离子浓度（pH）的范围。还要有一个专门盛酸的溶液罐，酸液罐一般是稀释到10%的浓度。在自动循环营养液栽培中，这三个罐均用 pH 仪和 EC 仪自动控制。当栽培槽中的营养液浓度下降到标准浓度以下时，母液罐会自动将营养液注入营养液槽。此外，当营养液中的氢离子浓度（pH）超过标准时，酸液罐也会自动向营养液槽中注入酸。在非循环系统中，也需要这三个罐，从中取出一定数量的母液，按比例进行稀释后灌溉植物。

母液罐里的母液浓度，大量元素一般比植物能直接吸收的稀释营养液浓度高出100倍，即母液与稀释液之比为1∶100，微量元素母液与稀释液之比为1∶1000。

10.2.4.2 营养液对水质的要求

（1）水源　自来水、井水、河水和雨水是配制营养液的主要水源。自来水和井水使用前应对水质进行化验，一般要求水质与饮用水相当。

收集雨水要考虑当地空气的污染程度，污染严重不可使用。一般降雨量达到100 mm以上方可作为水源。河水作为水源必须经处理，达到符合卫生标准的饮用水程度才可使用。

（2）水质　水质有软水和硬水之分。硬水是水中各种钙、镁的总离子浓度较高，达到了一定标准。该标准统一以每升水中 CaO 的重量表示，1°=10 mg CaO/L。硬度划分为1°～4°为极软水，4°～8°为软水，8°～16°为中硬水，16°～30°为硬水，30°以上为极硬水。用做营养液的水，硬度不能太高，一般以不超过10°为宜。

（3）pH 值　pH 值为5.5～7.5。

（4）溶解氧　溶解氧使用前应接近饱和。

（5）NaCl　NaCl 含量小于2 mmol/L。

（6）重金属及有害元素含量　重金属及有害元素含量不超过饮用水标准。

灌溉用水水质标准见表10.1。

表10.1　灌溉水、饮用水和无土栽培的水质标准/($mg \cdot L^{-1}$)

元素	连续对土壤进行灌溉用水	短期对疏松土壤灌溉用水	饮用水	无土栽培用水
Be	0.5	1.0	—	—
B	0.75	2.0	—	—
Cd	0.005	0.05	0.01	0.09
Cr	5.0	20.0	0.005	1.09

（续表）

元素	连续对土壤进行灌溉用水	短期对疏松土壤灌溉用水	饮用水	无土栽培用水
Co	0.2	10.0	—	0.38
Cu	0.2	5.0	1.0	0.47
F	—	—	0.7	—
Fe	—	—	0.3	—
Al	5.0	20.0	0.05	—
Li	5.0	5.0	—	—
Mn	2.0	20.0	0.05	—
Mo	0.005	0.05	—	—
Ni	0.5	2.0	—	0.55
Se	0.05	0.05	0.01	—
V	10.0	10.0	—	0.41
Zn	5.0	10.0	0.5	2.06

10.2.5 营养液配方的计算

一般在进行营养液配方计算时，因为钙的需要量大，并在大多数情况下以硝酸钙为唯一钙源，所以计算时先从钙的量开始。钙的量满足后，再计算其他元素的量。一般依次计算 N、P、K，最后计算 Mg，因为 Mg 与其他元素互不影响。微量元素需要量少，在营养液中的浓度又非常低，所以每个元素均可单独计算，而无需考虑对其他元素的影响。

计算顺序是：

① 计算配方中 1L 营养液中需 Ca 的数量（mg 数），先求出 $Ca(NO_3)_2$ 的用量。

② 计算 $Ca(NO_3)_2$ 中同时提供的 N 的浓度数。

③ 计算所需 NH_4NO_3 的用量。

④ 计算 KNO_3 的用量。

⑤ 计算所需 KH_2PO_4 和 K_2SO_4 的用量。

⑥ 计算所需 $MgSO_4$ 的用量。

⑦ 计算所需微量元素的用量。

10.2.6 营养液所使用的肥料

考虑到无土栽培的成本，配制营养液的大量元素时通常使用价格便宜的农用化肥。微量元素由于用量较少，可用化学试剂配制。配制营养液所用的肥料及其使用浓度见表 10.2。这些肥料的一个共同特点是在水中溶解度高而且价格便宜。Fe，Cu，Zn，B，Mn，Mo 等微量元素，虽然作物的需要量不大，但必不可少。其中 Fe 尤为重要，是微量元素中需要量最大的，无土栽培中常因缺 Fe 而发生生理病害。

表 10.2 营养液用肥及其使用浓度

元　素	使用浓度/$\mu l \cdot L^{-1}$	肥　料
NO_3^--N	70～210	KNO_3，$Ca(NO_3)_2 \cdot 4H_2O$，NH_4NO_3，HNO_3
NH_4^--N	0～40	$NH_4H_2PO_4$，$(NH_4)_2HPO_4$，NH_4NO_3，$(NH_4)_2SO_4$

(续表)

元　　素	使用浓度/μl·L^{-1}	肥　　料
P	15～50	$NH_4H_2PO_4$，$(NH_4)_2HPO_4$，KH_2PO_4，K_2HPO_4，H_3PO_4
K	80～400	KNO_3，K_2HPO_4，KH_2PO_4，K_2SO_4，KCl
Ca	40～160	$Ca(NO_3)_2 \cdot 4H_2O$，$CaCl_2 \cdot 6H_2O$
Mg	10～50	$MgSO_4 \cdot 7H_2O$
Fe	1.0～5.0	FeEDTA
B	0.1～1.0	H_3BO_3
Mn	0.1～1.0	MnEDTA，$MnSO_4 4H_2O$，$MnCl_2 \cdot 4H_2O$
Zn	0.02～0.2	ZnEDTA，$ZnSO_4 7H_2O$
Cu	0.01～0.1	CuEDTA，$CuSO_4 5H_2O$
Mo	0.01～0.1	$(NH_4)_6Mo_7O_{24}$，$Na_2MoO_4 2H_2O$

10.2.7　营养液配制顺序

10.2.7.1　加水

先在营养液槽中加入一定量的水。例如，预配制1t营养液，在营养液槽中先加入900L水。

10.2.7.2　加原液

按预定浓度加入A液和B液。例如，预配制EC值为2.2mS/cm的生菜营养液，则加入10LA液，混匀后再加入10LB液，然后把水量补足到1t。

10.2.7.3　加微肥

加入20g混合后的微肥。

10.2.7.4　调酸

加入223mL磷酸，混匀。

10.2.7.5　测试

用pH计测出pH值，用电导率仪测EC值，看是否与预配的值相符。

10.2.8　营养液管理

营养液管理是蔬菜无土栽培与土培根本不同的管理技术。技术性强是无土栽培，尤其是水培成败的技术关键。营养液配成后到给予作物的流程如图10.1所示，全过程的每一步都要精心管理。

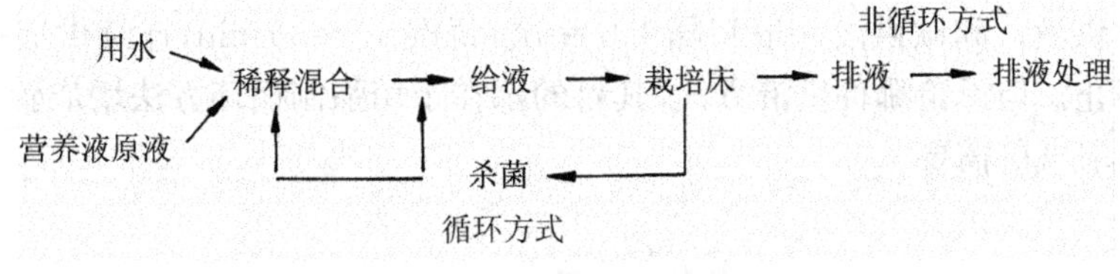

图10.1　营养液供应流程

10.2.8.1 营养液配方的管理

作物的种类不同，营养液配方也不同。即使同一种作物，不同生育期、不同栽培季节，营养液配方也应略有不同。作物对无机元素的吸收量因作物种类和生育阶段不同而不同，应根据作物的种类、品种、生育阶段、栽培季节进行管理。

10.2.8.2 营养液浓度管理

营养液浓度的管理直接影响作物的产量和品质。不同作物营养液管理指标不同，而且同一作物的不同生育期营养液浓度管理也不相同，不同季节营养液浓度管理也略有不同，一般夏季用的营养液浓度比冬季略低些为好，但是也有个别作物浓度管理恰巧相反。例如，日本的三叶芹夏季的EC浓度提高到4.5 mS/cm来管理，目的在于抑制根腐病菌的繁殖。营养液浓度的管理不仅影响作物的产量，还会影响作物的品质。无土栽培网纹甜瓜，收获前提高营养液管理浓度，可以增加果实的糖度；番茄无土栽培时营养液高浓度管理比低浓度管理的果实糖度高。

要经常用电导率仪测量检查营养液浓度的变化，但是电导率仪仅能测量出营养液各种离子总和，无法测出各种元素的各自含量。因此，有条件的地方每隔一定时间要进行一次营养液的全面分析。没有条件的地方，也要经常细心地观察作物的生长情况，看有无生理病害的迹象发生，若出现缺素或过剩的生理病害，要立即采取补救措施。

10.2.8.3 营养液的酸碱度(pH)的管理

营养液的pH一般要维持在最适宜的范围，尤其水培对于pH的要求更为严格。这是因为各种肥料成分均以离子状态溶解于营养液中，pH的高低会直接影响各种肥料的溶解度，从而影响作物的吸收，尤其在碱性情况下，会直接影响金属离子的吸收而发生缺素的生理病害。

10.2.8.4 根际温度的管理

所谓根际温度就是根圈周围的温度(基质或营养液)。根际温度不仅直接影响根的生长、根的生理机能，而且也影响营养液中溶存氧的浓度、病菌繁殖速度等。

10.2.8.5 供液方法与供液次数的管理

无土栽培的供液方法有连续供液和间歇供液两种。基质栽培或岩棉培通常采用间歇供液方式。每天供液1～3次，每次5～10 min，视一定时间的供液量而定。供液次数多少要根据季节、天气、苗龄大小、生育期来决定。例如，甜瓜苗期需要控水蹲苗，防止茎叶长势过旺，加之早春温度又不太高，每天只供1次液即可；授粉期和果实膨大期需水量大，又值夏季高温，每天需供液2～3次。阴雨天温度低，湿度大，蒸发量又小，供液次数也应减少。水培有采用间歇供液，也采用连续供液。间歇供液一般每隔2 h一次，每次15～30 min；连续供液一般是白天连续供液，夜晚停止。但无论哪种供液方式，其目的都在于用强制循环方法增加营养液中的溶氧量，以满足根对氧气的需要。

10.2.8.6 营养液的补充与更新

对于非循环供液的基质栽培或岩棉培，由于所配营养液是一次性使用的，所以不存在营养液的补充与更新；而循环式供液方式就存在营养液的补充与更新问题。因在循环供液过程中，每循环一周，营养液被作物吸收、消耗，液量会不断减少，当回液的量不足一天的用量，就需补充添加。另外，循环供液方式不仅有营养液补充问题，还存在营养液更新问题。所谓营养液更新，就是把使用一段时间后的营养液全部排除，重新配制。因为营养液使用时间长了，其组成浓度会发生变化。为了避免植株生育缓慢或发生生理病害，一般在营养液连续使用 2 个月以后，要进行一次全量或半量的更新。

10.2.8.7 营养液的消毒

虽然无土栽培根际病害比土培少，但是地上部一些病菌会通过空气、水以及使用的装置、器具等进行传染，尤其是营养液循环使用的情况下。如果栽培床上有一棵病株，就会有通过营养液传染整个栽培床的危险，所以需要对使用过的营养液进行消毒。在国外，营养液消毒最常用的方法是高温热处理，处理温度为 90 ℃，但需要消毒设备；也有用紫外线照射消毒的，用臭氧、超声波处理的方法也有报道。

10.2.9 有机肥

用于基质栽培和有机生态型无土栽培的有机肥料种类很多，有厩肥、人粪尿、堆肥、绿肥、杂肥及城市生活垃圾堆肥等。有机肥营养成分丰富，含量高，其中因为有机质阳离子代换量大，所以很多有效肥分不易流失，肥料所含的各种养分易被分解并被植物吸收利用；有机肥中还含有各种微量元素，肥料成分齐全，为基质栽培或有机生态型无土栽培提供了有利条件。同时也应指出，无土栽培只有全部用有机肥取代传统的用化肥营养液灌溉才能真正地生产“有机食品”，才能真正实现无污染、无公害，有利于健康的、绿色食品的安全生产。

10.3 水培

水培是无土栽培中最早的栽培方式，目前在欧美及日本被广泛用于生产，是无基质栽培方法的一种。它的特点是植物根系无基质固定，直接营养液接触并生长在营养液中。根据水培的装置系统、营养液供氧方式不同有多种水培方法。

10.3.1 营养液膜法(NFT)

10.3.1.1 营养液膜栽培设施

营养液膜栽培设施主要由栽培床、营养液池、供液泵、管道系统和定时器组成。冬季使用时还可增加营养液加温设备和控温仪。营养液膜栽培设施见图 10.2。

(1) 栽培床　栽培床由床架、栽培槽和定植板构成。栽培床应保证营养液的流动畅通，倾斜度一般为(90～100)：1。床可用木板或角铁钉成槽状，内铺泡沫板，也可使用特制的泡沫板槽，上面再铺一层塑料薄膜，以防漏水。定植板厚为 2.0～2.5 cm 的聚苯板，根据栽培作物的

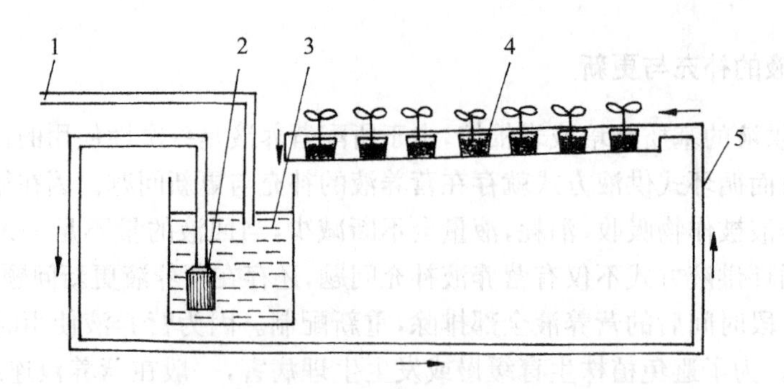

图 10.2 营养液膜栽培设施的基本结构

1. 水源;2. 水泵;3. 贮液池;4. 栽培床;5. 循环管道

种植密度打定植孔。一般栽培床的长度为 15～20 m,种植果菜类的床的宽度为 20～30 cm,叶菜类为 75 cm 左右。

(2) 贮液池 贮液池由砖石水泥等材料制成,池口略高于地面,池面要用坚实的木板加盖。

(3) 供液泵和管道系统 由于营养液具有腐蚀性,要选用耐腐蚀性强、低扬程的潜水泵。管道系统由供液管和回液管两部分组成。供液泵将营养液通过供液管道送到栽培床的进液口,使营养液流过栽培床,然后再回到回液管送回贮液池,如此周而复始,循环使用。

(4) 定时器 定时器是用来掌握供液泵的供液间隔时间,一般每隔 15 min 供液 5 min。

(5) 加温设备及控温仪 在营养液膜栽培中,可采用卷绕在特制筐架上的电加温线来加温,控温设备可用育苗用的控温仪。

10.3.1.2 营养液供给

营养液通过水泵由贮液槽流向栽培槽(床),营养液在栽培槽内的深度为 0.5～1.0 cm,与根系直接接触,然后沿着栽培槽的自然坡度流回贮液池。供液方式有连续供液和间断性供液两种。间断性供液即在连续供液装置上加设定时器而实现间断性供液,此法可节电并能有效控制作物生长。

根据营养液膜栽培设施的基本原理,又进一步研究开发了新的水培装置和方法,如固定式的水泥槽培、土槽培、可移动式塑料床、铁架床槽培、发泡聚苯乙烯板槽培、A 型板管道培等。营养液膜法适宜生产多种速生快熟叶菜,作物一年多可多茬次收获,产量高,收获季节长。营养液膜法在我国南方江苏、浙江等地较为普遍。

10.3.2 深液流法(DFT)

深液流法的装置有贮液槽、栽培槽、水泵、营养液自动循环系统及控制系统等,见图 10.3。它与营养液膜栽培装置的不同点是流动的营养液层深度 5～10 cm,植物的根系大部分可浸入营养液中,吸收营养和氧气,同时装置可向营养液中补充氧气。该系统能较好地解决营养液膜栽培装置在停电和水泵出现故障时而造成的被动困难局面,营养液层较深可维持水耕栽培正常进行。

中国农业科学院蔬菜花卉研究所根据 DFT 装置的构造原理,经过改进开发出简易 DFT 水耕系统。该系统由贮液池、栽培槽、液面调节栓、水泵、营养液循环系统以及营养液滤过池等

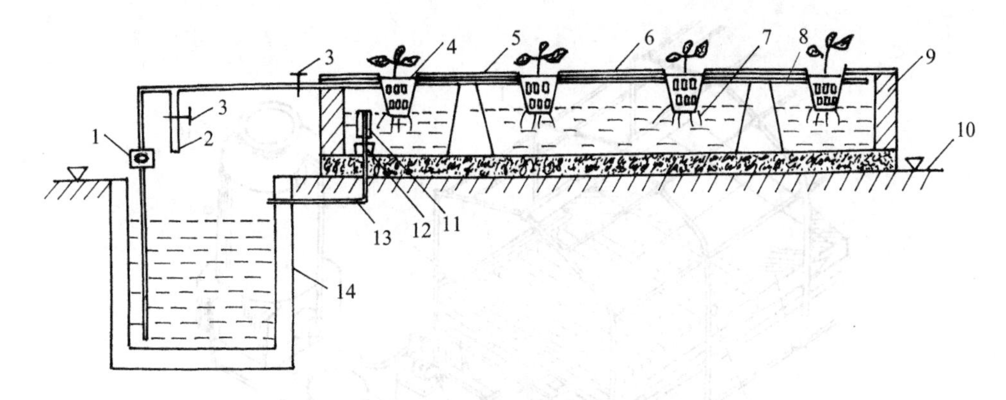

图 10.3　深液流法栽培设施组成示意图(纵切面)

1. 水泵;2. 充氧支管;3. 流量控制阀;4. 定植杯;5. 定植板;6. 供液管;7. 营养液;8. 支承墩;9. 种植槽
10. 地面;11. 液层控制管;12. 橡皮塞;13. 回流管;14. 贮液池

组成。贮液池长、宽、高规格为 5.2 m×1.1 m×1.2 m,栽培槽为 5.3 m×0.6 m ×0.1 m,栽培槽内垫敷防渗膜,上盖 2 cm 厚的发泡板,其上面铺垫一层黑白双面膜。营养液的环流如下:贮液池→输液管→栽培槽→排液管→过滤→贮液池。

如采用此装置生产结球生菜的方法为:在定植前栽培槽内灌注营养液,在黑白双面膜及相对应的发泡板上按 20cm×20cm 的行株距开圆孔,孔径大小应与生菜育苗钵径粗一致,然后将多孔性生菜育苗钵栽插到开好的苗孔中去。生菜生根前应使根部接触培养槽中的营养液。当根系发出后可逐渐降低营养液层深度,增加透气性和氧气供给量,但必须使大部分根系浸在营养液中,以保证充足的营养供给。

10.3.3　动态浮根法(DRF)

动态浮根法是指栽培床内进行营养液灌溉时,作物根系随着营养液的液位变化而上下浮动。营养液达到设定深度后,栽培床内的自动排液器将超过深度的营养液排出去,使水位降至设定深度。此时上部根系暴露在空气中可以吸氧,下部根系浸在营养液中不断吸收水分和养料,不会因夏季高温使营养液温度上升、氧的溶解度降低,可以满足植物的需要。动态浮根法栽培设施由栽培床、营养液池、空气混入器、排液器、水泵与定时器等设备组成,见图 10.4。

利用动态浮根栽培装置进行营养液灌溉时,作物根系可在槽内随营养液的流动波动或摆动。营养液槽内的营养液深度达到 8 cm 时,自动排液器启动,使槽内营养液排出;当营养液层深度降至 4 cm 时,有部分根系外露,可直接自空气中吸收氧气,在夏季高温炎热营养液中缺氧的情况下,也能保证作物对氧气的需求。

10.3.4　浮板毛管法(FCH)

浮板毛管水培法是浙江农业科学院研制成功的一种新型水培设施,属深水培类型,但它克服了深水培作物根际氧气供给不足及营养液膜栽培中营养液供给受停电影响的缺点,营养液的温度不易受温度剧烈变化的影响,成本低,作物生长快,产量高,效益好。此法根际环境条件稳定,液温变化小,根际供氧充分,不怕因临时停电影响营养液的供给,已在番茄、辣椒、芹菜、生菜等作物上应用。

浮板毛管法栽培设施由栽培床、贮液池、循环系统和控制系统 4 部分组成,见图 10.5。栽

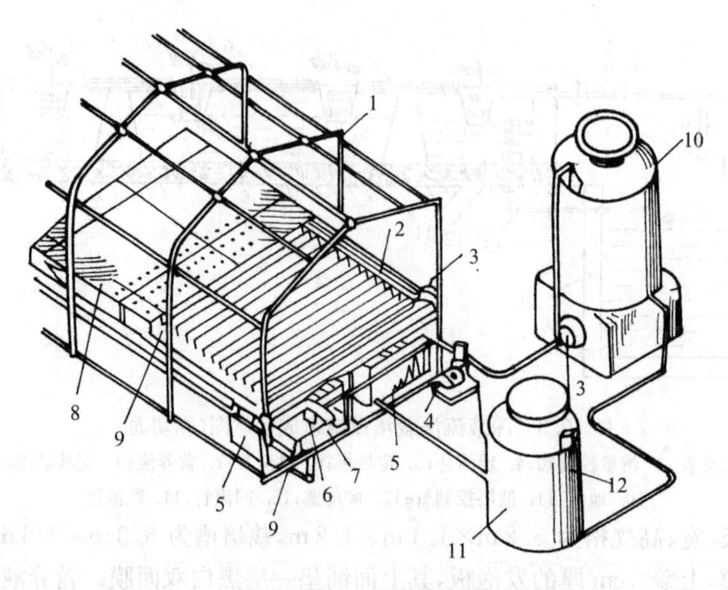

图 10.4　动态浮根法栽培设施的主要组成部分

1. 管结构温室；2. 栽培床；3. 空气混入器；4. 水泵；5. 水池；6. 营养液液面调节器；7. 营养液交换箱；8. 板条；9. 营养液出口堵头；10. 高位营养液罐；11. 低位营养液罐；12. 浮动开关；13. 电源自动控制器

培槽由聚苯板连接成长槽，一般长 15～20 m，宽 40～50 cm，高 10 cm，安装在地面同一水平线上，内铺 0.8 mm 厚的聚乙烯薄膜。营养液深度为 3～6 cm，液面飘浮 1.25 cm 厚的聚苯板，宽度为 12 cm，板上覆盖亲水性无纺布（密度 $50\ g/m^2$），两侧向下垂延至营养液槽中。通过毛细管作用，使浮板始终保持湿润，作物的气生根生长在无纺布的上下两面，在湿气中吸收氧。秧苗栽在有孔的定植钵中，然后悬挂在栽培床上定植板的孔内，正好把行间的浮板夹在中间，根系从育苗孔中伸出时，一部分根就伸到浮板上，产生气生根毛吸收氧。栽培床一端安装进水管，另一端安装排液管，进水管处顶端安装空气混合器，增加营养液的溶氧量，这对刚定植的秧苗很重要。贮液池与排水管相通，营养液的深度通过排液口的垫板来调节。一般在幼苗刚定植时，栽培床营养液深度为 6 cm，育苗钵下半部浸在营养液内，以后随着植株生长，逐渐下降到 3 cm左右。这种设施使吸氧和供液矛盾得到协调，设施造价便宜，相当于营养液膜系统的 1/3。

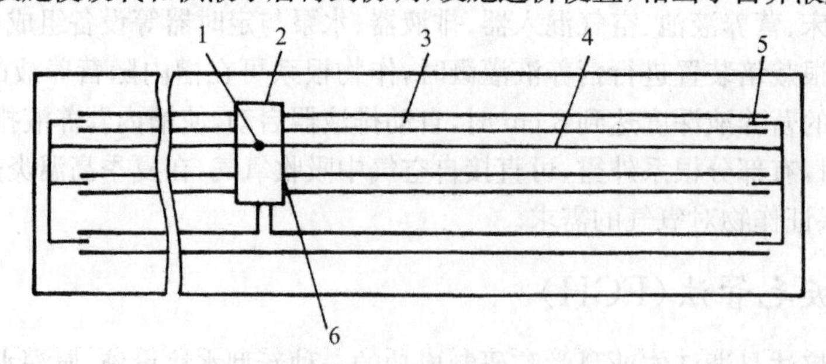

图 10.5　浮板毛管水培平面结构

1. 水泵；2. 水池；3. 栽培槽；4. 管道；5. 空气混合器；6. 排水口

10.3.5　鲁 SC 水培法

鲁 SC 水培法是山东农业大学研究开发的无土栽培系统。由于在栽培槽中填入 10 cm 厚的基质,然后用营养液循环灌溉作物,因此也称为基质水培法。鲁SC水培栽培设施分为栽培槽、贮液池、供排管道系统和供液时间控制器、水泵等,见图10.6。栽培槽可用土或水泥建造,由原来的铁皮连体栽培槽头改为配置槽头,槽体长2~3 m,呈倒三角形,高与上宽各20 cm。土制槽内铺0.1 mm聚乙烯膜,槽中间加一层垫篦,铺寒冷纱等做衬垫,其上再填约10 cm基质,基质以下空间供根生长及营养液流动。槽两端设供液槽头及排液槽头。栽培槽距为1.0~1.2 m,果菜株距为20 cm,每天定时供液3~4次。贮液池用砖与高标号水泥砌成,每平方米容积可供80~100 m^2 栽培面积使用。该系统可用于栽培果菜类及西瓜、甜瓜。

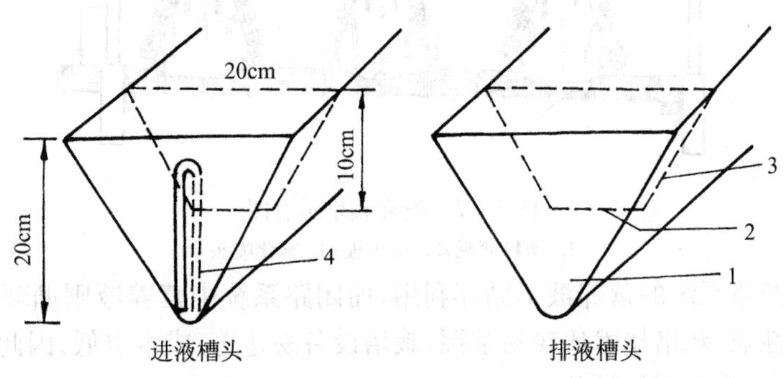

图10.6 鲁SC水培法栽培槽头结构图

1. 槽头挡板;2. 垫篦;3. 槽头隔板;4. 虹吸管

10.3.6 喷雾栽培(雾、气培)及设备

喷雾栽培也叫做雾培或气培,它是利用喷雾装置将营养液雾化,使植物的根系在封闭黑暗的根箱内,悬空于雾化后的营养液环境中,见图10.7。黑暗的条件是根系生长必需的,以免植物根系受到光照滋生绿藻,封闭可保持根系环境的温度。例如用1.2 m×2.4 m的聚苯乙烯泡沫塑料板来栽培莴苣,先在板上按一定距离直径打孔作为定植孔,然后将泡沫板竖立成"A"形状,在整个封闭系统呈三角形。喷雾管设在封闭系统内靠地面的一边,在喷雾管上按一定的距离安装喷头。喷头的工作由定时器控制,如每隔3 min喷30 s,将营养液由空气压缩机雾化成细雾状喷到作物根系,根系各部位都能接触到水分和养分,因此生长良好,地上部也健壮高产。由于采用立体式栽培,空间利用率比一般栽培方式提高两三倍。栽培管理自动化,植物可以同时吸收氧、水分和营养。雾培系统成本很高,国外多作为旅游设施,供游客观赏;研究单位也只用雾培系统做研究根系的设备。

上述几种水培方法研究和应用时间较早,营养液配方与调制技术、自动化及计算机自动控制技术也较为成熟和完善;但成本高,耗能多,营养液配制原料为全无机化学制剂,尚不能生产高标准的绿色食品,在生产实践中推广应用的速度相对较慢。

10.4 基质栽培

10.4.1 基质栽培的特点

在基质无土栽培系统中,固体基质的主要作用是支持作物根系及提供作物一定的水分及营养元素。基质栽培的方式有槽培、袋培、岩棉培等,通过滴灌系统供液。供液系统有开路系

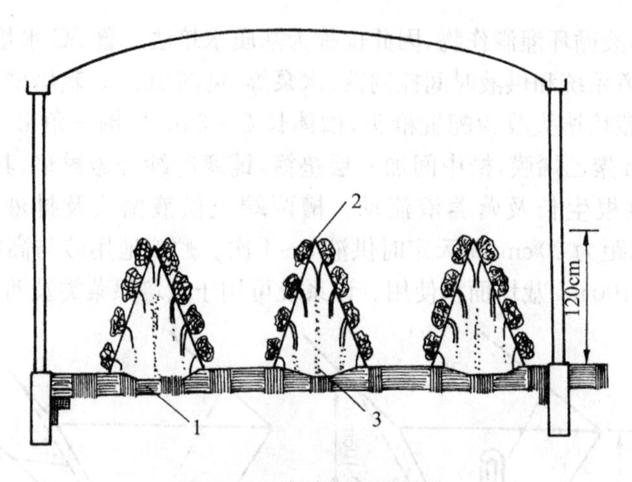

图 10.7　喷雾栽培示意图

1. 塑料薄膜；2. 聚苯板；3. 雾化喷头

统和闭路系统。开路系统的营养液不循环利用，而闭路系统中营养液则循环利用。与水培相比较基质培缓冲性强，栽培技术比较易掌握，栽培设备易建造，成本也低，因此在世界各国的栽培面积均大于水培，我国更是如此。

10.4.2　对基质的要求

用于无土栽培的基质种类很多，主要分为有机物和无机物两大类，可根据当地的基质来源，因地制宜加以选择，尽量选用原料丰富易得、价格低廉、理化性状好的材料作为无土栽培的基质。无土栽培对基质物理化学性状的要求是：

10.4.2.1　具有一定大小的粒径

基质要具有一定大小的粒径，它会影响容重、孔隙度、空气和水的含量。基质按粒径大小可分为：0.5～1 mm、1～5 mm、10～20 mm、20～50 mm，可以根据栽培作物种类、根系生长特点、当地资源状况加以选择。

10.4.2.2　具有良好的物理性状

基质必须疏松、保水、保肥又透气。南京农业大学的研究认为，对蔬菜作物比较理想的基质的粒径最好为 0.5～10 mm，总孔隙度大于 55%，容重为 0.1～0.8 g/cm³，空气容积为 25%～30%，基质的水气比为 1：(2～4)。

10.4.2.3　具有稳定的化学性状，本身不含有害成分，不使营养液发生变化

基质的化学性状主要指以下几方面：

(1) pH　反映基质的酸碱度，它会影响营养液的 pH 值及成分变化，以 pH 值为 6～7 最好。

(2) 电导度(EC)　反映已经电离的盐类溶液浓度，直接影响营养液的成分和作物根系对各种元素的吸收。

(3) 缓冲能力　反映基质对肥料迅速改变 pH 值的缓冲能力，要求缓冲能力越强越好。

(4) 盐基代换量　盐基代换量是指在 pH 值为 7 时测定的可替换的阳离子含量。一般有机基质如树皮、锯末、草炭等可代换的物质多；无机基质中蛭石可代换物质较多，而其他惰性基质可代换物质就很少。

在无土栽培中，可使用单一基质，也可将几种基质混合使用。因为单一基质的理化性状并不能完全符合上述要求。混合基质如搭配得好，理化性状可以互补，更适合作物生育要求，在生产中被广泛采用。

10.4.3　基质的种类和混合

10.4.3.1　基质的种类

(1) 有机基质　有机基质有草炭、树皮、锯末、刨花、炭化稻壳、棉籽皮、甘蔗渣、酒糟、松树针叶、椰子壳及其他农副产品下脚料等。

(2) 无机基质　无机基质有蛭石、岩棉、珍珠岩、沙砾、陶粒、炉渣、各种聚烯烃树脂及发泡材料等。

10.4.3.2　基质的混合

用于无土栽培的基质可以单独使用，也可以 2～3 种按不同比例混合，目的是增加孔隙度、透气性和贮水量。如草炭、蛭石按 1∶1 混合，草炭、锯末按 1∶1 混合，草炭、蛭石、锯末按 1∶1∶1混合，炉渣、草炭按 6∶4 混合等混合后的基质，均能取得较好的实用效果。

中国农科院蔬菜花卉研究所用于无土栽培盆栽的基质配方是：草炭 0.75 m^3、蛭石 0.13 m^3、珍珠岩 0.12 m^3、粉碎石灰石 3 kg、过磷酸钙 1 kg、复合肥 1.5 kg、消毒干鸡粪 10 kg，经充分混合而成。草炭与矿物质的混合基质可选用草炭 0.5 m^3、蛭石 0.5 m^3、硝酸铵 0.7 kg、磷酸钙0.7 kg、磨碎石灰石或白云石 3.5 kg，经混合而成。如果用其他基质取代草炭，可不加入石灰石。

10.4.4　基质栽培设施

基质栽培设施主要由盛放基质和种植作物的栽培床和供液设备两大部分组成。

10.4.4.1　栽培床

栽培床可采用垄式、沟式、槽式和袋式等。垄床栽培床是按作物要求的行距，铺一张90 cm 宽的乳白色薄膜，把配制好的基质铺成厚 10～15 cm 左右的垄，将作物秧苗定植在基质上，铺上供液管，然后用薄膜把基质包好，用夹子定位。沟培是按作物行距要求开一条沟。槽培是用砖头砌成栽培床筐，再铺塑料薄膜和基质，栽培床大小与沟培相同。

10.4.4.2　供液设备

供液设备主要由贮液桶、过滤器、供液管道、滴液管及各种开关龙头组成。营养液流经过滤器、输液管分送到栽培床上的滴灌管道中。输液管一般为硬质不透明的塑料管，连接方式同自来水管道。

10.4.5 基质栽培方式

基质栽培所用基质有固定根系和为作物提供营养与水分的功能，分为槽培、袋培、岩棉培等。供水方式有滴灌、上方灌水、下方灌水等，其中以滴灌为普遍。基质栽培的灌水系统又可分为封闭式和开放式。封闭式即营养液循环使用，此法成本较高，管理烦琐；而开放式的营养液不循环使用，设备造价低，较为适用。

10.4.5.1 槽培

槽培所用的培养槽可分为永久性的水泥槽，半永久性的木板槽、砖槽、竹板槽等，以固定基质栽培作物。为防止营养液向外泄漏，其下方应垫敷1～2层塑料薄膜。栽培槽一般长20～30 m，宽48 cm，深15～20 cm，槽两端保持1/60～1/80的坡度。槽内铺放基质，布设滴灌软管，栽植2行作物。营养液由水泵自贮液池中提出，通过干管、支管及滴灌软管灌滴于作物根际附近；也可利用贮液池与根际部位的落差自动供液。营养液不回收，属开放式供液法。

10.4.5.2 袋培

将基质装入特制的塑料袋中，在其上打孔栽培作物。塑料袋宜选用黑色耐老化不透光筒状薄膜袋，厚度0.15～0.2 mm，直径30～35 cm，剪成35 cm长，制成筒状开口栽培袋，内可装基质10～15 L，可栽植1株番茄或黄瓜；也可剪制成70 cm长的长方形的枕头袋，内装20～30 L基质，平置地面，开2个洞栽培2株作物。营养基质袋顺序排列置于温室后，每株苗设1个营养液滴头，在袋的底部和两侧各开0.5～1 cm的孔洞2～3个，排出积存营养液，防止沤根。

10.4.5.3 岩棉培

岩棉培设施由营养液槽、栽培床及加液、排液、循环系统五部分组成。

岩棉栽培用岩棉块育苗，作物种类不同，育苗采用的岩棉块大小也不同。一般番茄、黄瓜采用7.5～10 cm^3 的岩棉块，除了上下两面外，岩棉块的四周要用黑色塑料薄膜包上，以防止水分蒸发和盐类在岩棉块周围积累，还可提高岩棉块温度。种子可以直播在岩棉块中，也可将种子播在育苗盘或较小的岩棉块中，当幼苗第一片真叶出现时，再移到大岩棉块中。

定植用的岩棉垫一般长70～100 cm，宽15～30 cm，高7～10 cm。岩棉垫应装在塑料袋内，制作方法与枕头式袋培相同。定植前在袋上面开两个8～10 cm见方的定植孔，每个岩棉垫种植2株作物。定植前先将温室内土地整平。为了增加冬季温室的光照，可在地上铺设白色塑料薄膜，以利用反射光及避免土传病害。放置岩棉垫时，要稍向一面倾斜，并在倾斜方向把包岩棉的塑料袋钻两三个排水孔，以便将多余的营养液排除，防止沤根。

在栽培作物之前，用滴灌的方法把营养液滴入岩棉垫中，使之浸透。一切准备工作就绪以后，就可定植作物。岩棉栽培的主要作物是番茄、甜椒和黄瓜，每块岩棉垫上定植2株。定植后即把滴灌管固定到岩棉块上，让营养液从岩棉块上往下滴，保持岩棉块湿润，以促使根系在岩棉块中迅速生长，这个过程需7～10 d。当作物根系扎入岩棉垫以后，可以把滴灌滴头插到岩棉垫上，以保持根茎基部干燥，减少病害。

10.4.5.4 沙培

1969 年,在丹麦人开始采用岩棉栽培的同时,美国人则开发了一种完全使用沙子作为基质的、适于沙漠地区的开放式无土栽培系统。沙子可用于槽培。在沙漠地区,一种更方便、成本又低的做法是:在温室地面上铺设聚乙烯塑料膜,其上安装排水系统(直径 5 cm 的聚氯乙烯管,顺长度方向每隔 45 cm 环切 1/3,切口朝下),然后再在塑料薄膜上填大约 30 cm 厚的沙子。如果沙子较浅,会导致基质中湿度分布不匀,作物根系可能会长入排水管中。用于沙培的温室地面要求水平或稍微有点坡度,同时向作物提供营养液的各种管道也必须相应地安装好。对栽培床排出的溶液必须经常测试,若总盐浓度大于 3 000 mg/L 时,必须用清水洗盐。沙培可用于番茄、黄瓜等果菜类栽培。

10.4.5.5 立体垂直栽培

无土栽培因其基质轻、营养液供系统易实现自动化而最适宜进行立体栽培。近年,应用无土栽培技术进行立体栽培的形式主要有以下四种:

(1) 袋式　将塑料薄膜做成一个桶形,用热合机封严,装入岩棉,吊挂在温室或大棚内,定植果菜幼苗。

(2) 吊槽式　在温室空间顺畦方向挂木栽培槽种植作物。

(3) 三层槽式　将三层木槽按一定距离架于空中,营养液顺槽的方向逆水层流动。

(4) 立柱式盆钵无土栽培　此方法由中国科学院上海植物生理研究所研究开发成功。即将一个个定型的塑料盆填装基质后上下叠放,栽培孔交错排列,保证作物均匀受光。供液管道由顶部自上而下供液。

10.4.5.6 有机生态型无土栽培

有机生态型无土栽培技术是指采用基质代替天然土壤,采用有机固态肥料和直接清水灌溉取代传统营养液灌溉作物的一种无土栽培技术,由中国农业科学院蔬菜花卉研究所研制开发。

(1) 有机生态无土栽培的特点　有机生态型无土栽培对于克服在保护地设施栽培中出现的土壤连作障碍具有最实用、最有效的作用。它所采用的基质轻便、疏松、易得、透肥、透水、透气,通透性强,便于消毒,也易于更换,对枯萎病、根腐病、线虫等土壤病虫害具有很好的防治效果。

有机生态型无土栽培操作管理简单,它在基质中加入固态有机肥,栽培中进行清水灌溉,较一般营养液栽培省去了营养液的配制和管理,一般人员只要通过简单培训即可掌握。栽培系统简单易得,一次性运转成本低。

有机生态型无土栽培从基质到肥料以有机物质为主,其有机质和微量元素含量高,在养分分解过程中不会出现有害的无机盐类,特别是避免了硝酸盐的积累。植株生长健壮,病虫害发生少,减少了化学农药的污染,产品洁净卫生、品质好,达到国家绿色健康食品的标准。

(2) 有机生态型无土栽培的条件和设备

① 保护设施。保护设施包括加温温室、日光温室、塑料大棚等。

② 栽培槽。栽培槽可选用砖块、木板、泡沫板、水泥等建成有边无底的边框。

③ 基质。适于有机生态型无土栽培的基质很多，如草炭、树皮、锯末、刨花、棉籽壳、椰子壳、秸秆、葵花秆、蛭石、炉渣、珍珠岩、陶粒、砂、砾石等，可依情况选择适合当地使用的基质。有机基质均需粉碎并充分腐熟发酵后使用。常用的混合基质的配比有以下几种：草炭：炉渣(4：6)、砂：椰子壳(5：5)、草炭：珍珠岩(7：3)、葵花秆：炉渣：锯末(5：2：3)。不同基质适用种类和配比不同。基质中添加的固态有机肥通常为通过高温消毒的膨化鸡粪，个别地区依当地资源也可使用其他经过消毒的有机肥，如新疆地区采用膨化羊粪。

④ 灌水系统。在有自来水或有一定水压的情况下，应以单个棚室建成独立的灌水系统。栽培槽上铺设塑料薄壁滴灌水带，上覆薄膜防水向四外喷射，一端与棚内管道相连。

(3) *有机生态型无土栽培的方式*　本系统采用槽培的方式，栽培床可用砖块、竹板、木板、木杆等搭砌成无底的槽框。如栽培果菜栽培床长 5～30 m，槽间距 0.8～1.0 m，槽内径宽 48 cm，高 15～20 cm。为防止营养液大量渗漏和土壤病虫传染，槽框下部应铺 0.1 mm 厚的农膜。如种植叶菜类，栽培槽宽可扩大至 0.7～1.0 m，槽间距 60～70 cm，长度 5～30 m。营养液槽应置于高于地面 1 m 处，靠重力和自然落差实现营养液的自动供给。栽培槽宽 50 cm 可设 1～2道滴灌管，宽 100 cm 可设 2～4 道滴灌管。

有机生态型无土栽培管理技术关键在于基质与肥料的选择与配比，以及管理过程中的灌水。在向栽培槽内填入基质前，应先在基质中混入一定量的肥料作为基肥，并调整基质的 pH 值在适宜范围内，可保证作物在定植 20d 内不必追肥，只浇清水。管理过程中依作物的不同生育期，追施定量肥料，保证均衡供给。栽培季节中用滴灌带浇清水，灌溉水量和次数依不同作物、气候变化和植株大小确定，一般少量多次。

栽培基质的营养水平，每立方米基质应含有全氮(N)1.5～2.0 kg，全磷(P_2O_5)0.5～0.8 kg，全钾(K_2O)0.8～2.4 kg，方可满足番茄公顷产量 12×10^4～15×10^4 kg 对各种营养的需求。为确保作物生育期能处在最佳的养分供给状态，可于前作收获后或者后作定植前，向槽内基质施入基础肥料，如每立方米基质可施入消毒膨化鸡粪 10 kg、磷酸二铵 1 kg、硫酸铵 1.5 kg、硫酸钾 1.5 kg 等作基肥，在定植后的 20 d 内可仅灌水而不必追肥，20 d 后，每隔 10～15 d 追肥 1 次，均匀撒布在距根茎 5 cm 处的周围，基肥与追肥的比例可为 25：75 或者 60：40。每立方米每次基质的追肥量为全氮 80～150 g，全磷 30～50 g，全钾 50～180 g，追肥次数根据生育期和作物生育状况而定。

水分管理上要根据作物的种类确定灌水定额，再根据作物的不同生育阶段基质的含水量确定灌水量和灌水次数。定植前一天灌水要充足，湿透基质。定植后根据具体情况每天灌水 1～3 次，使基质含水量保持在 60%～85%为宜。作物达到成株后期，番茄每天每株灌水 0.8～1.2 L，黄瓜每株 1～2 L。

10.5　无土栽培的管理技术

10.5.1　作物种类与栽培季节

各种土壤栽培的作物均能无土栽培，并能获得成功。无土栽培宜选用抗病性强、生长势旺的丰产品种。栽培季节上可参照当地保护地栽培季节来安排。

10.5.2 育苗

无土栽培必须采用无土育苗。

在基质培中,育苗可使用相同的基质。方法是:先在盛有无土基质的育苗盆中播种发芽,当苗长出1～2片真叶时,假植到盛有无土基质的营养钵中,浇施营养液培育成苗。

在水培中,应采用水培育苗。方法是:先在盛有无土基质的育苗盆中播种发芽,待苗长出1～2片真叶时,小心掘起,用一小块海绵包根,插入特制的育苗小钵中。

10.5.3 营养液管理

10.5.3.1 营养液的配制

营养液除了水分外,还含氮、磷、钾、钙、镁、硫、铁及各种微量元素。不同的作物有不同的最适营养液配方。配置营养液时,首先要选用清洁无病菌污染的水,如自来水等。其次,要把含钙的肥料与其他肥料分别溶解成母液,再分别取母液稀释到所需的浓度,防止在高浓度下钙肥与其他肥料发生化学反应,产生沉淀,影响肥效和堵塞管道。

10.5.3.2 供液量

基质培中的营养液管理要依作物种类、生育期及气候条件而定。早春气温低,植株少,只需每隔1～2d供液0.2～0.3L/株。与土壤相比,基质培基质量较少,对水、肥、气的缓冲能力小,而作物根系密度大,吸收肥水能力强,供液时要精心控制,少量多次,勤浇灌,应保持基质湿润而又不渍水或过干。

在水培中,栽培床内的供液量都应事先制订,一般不变动,要求每分钟有5L以上的供液量。

10.5.3.3. 整枝与支架

因为无土栽培的植株生长旺盛,做好植株整形和打除老叶以增加通风透光是很重要的。

10.5.3.4. 病虫害防治

虽然无土栽培可以避免连作障碍和土传病害,但不等于没有病害发生的危险,特别是当病菌侵入营养液的灌溉系统中,就会在设施内很快传播开来。因此,要强调使用无病菌污染的水源、栽培基质和种苗。

思考题

1. 无土栽培有哪几种类型?各有什么特点?
2. 试述营养液膜栽培技术要点。
3. 深液流栽培技术有何特点?适用性如何?
4. 基质栽培有哪几种方法?各有什么优缺点?
5. 有机生态型无土栽培前景如何?
6. 简述无土栽培的管理技术。

11 设施园艺种苗技术

学习目标

了解现代育苗技术，学会嫁接育苗、穴盘育苗，掌握植物组织培养的一般技术。

设施园艺技术是集工程科学、生物学与环境工程学为一体的高度集约化、规范化的栽培方式。种苗技术是设施园艺技术的关键和基础，是作物获取高产高效不可缺少的基本技术环节。为了适应设施农业迅猛发展的形势，必须对设施种苗工程技术进行系统研究和开发。

11.1 设施栽培对品种的基本要求

适宜设施栽培的作物种类很多，蔬菜中有瓜类、茄果类、豆类、叶菜类、甘蓝类、根菜类以及各种名优特蔬菜，除此之外，食用菌、花卉、草莓以及多种超时令水果也可设施栽培，为淡季供应作出了贡献。设施的优化环境效应也被广泛地用于养殖业，有良好的效果。

设施栽培对品种特性的要求与露地栽培种有所不同。

(1) 抗逆性强　要求品种能耐低温，适应寡照和高湿的环境，同时对高温高湿的抗逆性强，在设施栽培的环境下生长健壮、结实性能好。

(2) 抗病　在栽培的区域内能对几种主要病害都有较强的抗性，即为多抗性品种。这样就不会因为品种抗病性而造成大面积感病给生产造成损失。

(3) 光合能力强　要求品种叶片稀疏、不郁闭，弱光下光合作用旺盛，光合生产率高。

(4) 早熟、高产、质优　要求品种具有早熟性、丰产和优质性，产品外观及内在品质质量符合市场需求，适销性好。

11.2 现代育苗技术

现代育苗技术应选用耐低温和寡照、结实性好、抗多种病害、生长健壮、不早衰、高产优质的设施栽培专用种或优良的兼用种。

11.2.1 育苗方法的沿革

育苗的方法很多。过去传统的育苗方法是就地育苗，又称“育地苗”，在设施或露地整地作畦，施入基肥，畦内播种，在畦内分苗而育出供设施栽培的秧苗。这种原始的传统育苗方法，不易有效地控制秧苗，出苗率低、整齐度差，难以育出壮苗。接着发展出营养土块育苗，能育出健壮秧苗，但土块较重，难以远距离运输，只能就地育苗就地应用。以后又发展出纸质育苗钵、塑料育苗钵或塑料育苗袋育苗以及育苗盘或穴盘育苗，可以移动，能有效地对育苗环境进行控制，获得壮苗。随着设施栽培的发展，嫁接育苗技术得到了普及，营养液育苗、电热线快速育苗也得到迅速发展。随着农业工厂化生产技术的进步，工厂化、机械化育苗技术已经在我国兴起，北京、上海、辽宁、浙江、广东、山东等地都有了一批机械化育苗生产线，使传统的农户自育自用的育苗体制发展到工厂化生产商品苗、分散供苗的新体制，将育苗技术和设施栽培社会化水平提高到一个新阶段。

11.2.2 育苗钵(盘)育苗

育苗钵(盘)育苗是目前设施栽培中普遍应用的育苗方法。其优点一是育苗钵(盘)能工厂化生产，一次投资，多年利用，方便规范；二是可进行有土或填充基质进行营养液育苗，在任何场地条件下都可应用，管理、运输、搬运方便，可进行成苗远途运输；三是可避免土传病害，能育出壮苗。

11.2.2.1 育苗钵(盘)的种类与规格

(1) 软质塑料育苗钵　它是用聚乙烯或再生塑料加入黑、绿、蓝色母料经模压成型，底部中间有3～5个渗水孔。蔬菜上一般应用上口直径8～10 cm，底径6～8 cm，钵高8～10 cm；花卉及林木育苗可选用较大口径的育苗钵。

在江苏和浙江，生产上用厚0.02～0.03mm、直径8～10cm的薄膜软质塑料筒，剪割成10～12cm长的段，做成营养土袋用于育苗。

(2) 育苗纸钵　育苗纸钵可直接用废报纸自制，或工厂化生产的纸钵做成蜂巢状连体无底纸钵，可放在育苗盘或木框内，拉开呈多个方格，内置营养土，用于播种或分苗。灌水后每个纸钵可分开，连同纸钵一齐定植，不会残留污染土壤。纸钵有多种规格，主要用于蔬菜育苗，也可用于水稻、玉米、棉花、烟草等作物育苗。

(3) 硬质塑料育苗盘　它是用聚乙烯树脂加入耐老化剂和黑色母料经模压成型，一般长60 cm，宽25～30 cm，高4～6 cm，有多种规格。底部有细孔可透水透气，装入培养土后可育子苗。这种育苗盘也被广泛应用于芽苗菜生产。另外，有孔穴盘是用聚乙烯和黑色母料经吸塑成型，是进行机械化育苗的基本用具。它是根据作物植株大小而设计制造的不同孔数的育苗盘，如有50孔、72孔、128孔、288孔等多种规格，内部直接填充基质，用于播种或分苗，可直接培育出楔形的塞子苗。

11.2.2.2 使用育苗钵(盘)的注意事项

① 育苗钵或育苗盘(特别是用过的旧钵盘)在用前要消毒灭菌。用1%漂白粉液浸8～10 h，除去有害微生物。

② 育苗钵(盘)在装培养土或基质时，上口处要预留1～2 cm高的容量，以便灌水湿透营养土和下部基质。

③ 用育苗钵(盘)育苗时，除炼苗期外，要特别注意及时灌水和补水，在晴天、干燥、炎热的天气不可缺水，每天要早或晚喷洒灌水，否则因缺水会造成秧苗萎蔫和根系损伤。

④ 育苗钵、育苗盘用后收回清洗、晒干，存于阴暗干燥处备用。

11.2.3 基质营养液无土育苗

基质营养液无土育苗是电热育苗的一种形式，是以基质作床土，加电热线，浇灌营养液的育苗方法。基质的种类很多,有炉渣、草炭、蛭石、沙子等,可在大棚、加温温室或日光温室中进行育苗。

11.2.3.1 基质营养液无土育苗的特点

基质营养液无土育苗的特点有:

① 基质来源广泛,可就地取材,材质轻、成本低、透水透气性好。

② 幼苗根系发达,秧苗素质好,茎粗叶大,生长健壮。

③ 基质可进行消毒处理,防土传病害。

④ 基质疏松,定植时可直接自基质中拔出秧苗,不带宿土,运至栽培场地定植,节省肥料和用工,缓苗快、成活率高,也便于运输。

⑤ 要根据不同作物选配营养液配方。基质不得重复使用,否则易感染病害。

⑥ 作物根系非常发达,定植后生长迅速,有明显的早熟增产效果。

11.2.3.2. 基质营养液无土育苗的技术要点

(1) 建造育苗畦 在温室或大棚内,宽 1.5～2 m,长度按育苗场的具体情况和育苗量而定,先挖 6～12 cm 深,取出土,如果内部垫敷酿热物需要挖深 12～24 cm,四周用土或砖砌成埂。

(2) 铺农膜,垫敷酿热物 先垫少量粗酿热物,上覆农膜,农膜打孔透气透水,在农膜上盖 5～10 cm 厚的酿热物,整平踩实后再垫 2～3 cm 厚的基质。

(3) 铺电热线 在酿热物上铺电热线。如无酿热物,可在农膜上先铺 1～2 cm 厚的基质(如炉渣),再在其上按每平方米 80～120 W 铺设电热线。注意电热线要布匀。通电后确认无问题后,再铺 8～10 cm 基质,以备播种或分苗。

(4) 基质的配制与消毒 每平方米准备 0.1 m^2 的基质。基质可选用经过充分燃烧后的炉渣,筛出粗大的颗粒,冲去碎末,与草炭按体积 2∶1 混合;或炉渣、锯末、草炭按 5∶3∶2 混合配制。基质的酸度(pH)以 5.5～6.5 为宜。对配制好的基质可用福尔马林消毒灭菌。方法是:每立方米基质用 1 kg 福尔马林加水 40～100 L 喷洒拌入基质,密封堆沤 2 d,摊开2～3 周,散发药味后使用;也可用 800 倍多菌灵喷洒,或每立方米用 7～8 g 混拌,均能达到灭菌目的。

为提高基质肥力,消毒后按 0.5%的比例混入含氮、磷、钾的复合肥或加膨化鸡粪,或在基质中加入腐熟的有机肥,注意掺拌均匀。育苗期喷施 1～2 次 0.3%磷酸二氢钾。

基质配好经消毒加入肥料后,置入育苗畦中,按育苗要求播种育苗或分苗。不加入有机肥或化肥时,要每天浇灌营养液,晴天上午浇喷营养液,下午喷清水。根据作物种类和不同生育阶段选择适宜的营养液配方。

简易营养液配方见表 11.1。

表 11.1 简易营养液配方

原　料	使用量
清水	1000 kg
尿素	300 g

（续表）

原　　料	使用量
过磷酸钙	400 g
磷酸二氢钾	200 g
硫酸钙	300 g
硫酸镁	250 g
硫酸锰	3 g
硫酸锌	1 g
钼酸铜	1 g
钼酸铵	0.5 g
硼酸	3 g
硫酸亚铁	20 g

11.2.3.3　播种期和苗龄

基质营养液无土育苗可直接培育子苗，或者经移栽分苗可获得成苗。苗龄较常规育苗短，如茄子、甜椒需 70～80 d，番茄需 50～60 d，黄瓜需 30～40 d。根据作物定植期，提前做好育苗工作。

11.2.4　嫁接育苗

嫁接育苗是抗御多种土传病害的常规措施。嫁接苗根系发达，抗低温，能从土壤中吸收较多的水分和营养，发育健壮的植株，进行旺盛的光合作用，能有效地抵御多种土传病害，减轻叶部病害，对栽培环境表现较强的抗逆性和适应性，只要适当稀植，加强管理，就能获得明显的增产效果。现以黄瓜嫁接为例，说明嫁接方法。黄瓜嫁接的方法有靠接、顶插接、劈接、套管式及机械化嫁接等。

11.2.4.1　砧木选择及砧木与接穗苗的培育

(1) 砧木的选择　砧木要与接穗的亲和力强，根系发达，嫁接后生长健壮，抗病性强，产量高，品质好。云南产黑籽南瓜根系特别发达，茎蔓分枝力强，单株茎蔓总长度可达100 m，叶肥大，极耐低温，高抗黄瓜枯萎病与疫病，对黄瓜嫁接亲和力强且不会影响黄瓜品质，是进行黄瓜嫁接的主要砧木品种。另外自日本引进的黄瓜砧木新土佐、新土佐 1 号等也都适用于黄瓜嫁接。

(2) 砧木苗培育

① 播种期与播种量：砧木苗的播种期因嫁接方法不同而异。如选用靠接法，先播接穗，砧木较接穗晚播 4～5 d；如选用插接法（顶插接或芽侧接），要求接穗小，要先播砧木，砧木播后 3～4 d 播种接穗。

为了保障有适宜数量的砧木苗，应提前对砧木种子进行发芽率试验，然后确定播种量。播种量按每 667 m^2 面积栽植 3 000 株嫁接苗计算。如黑籽南瓜发芽率为 80%，扣除育苗过程中其他因素所造成的损失约20%的安全系数，实际成苗数按60%计算，每千克种子可成苗2400～3000株。每667 m^2 栽培面积用砧木种子不少于1.2kg，以1.5kg为宜，如果种子质量差要适当加量。

② 种子处理。随后放在25℃～30℃的条件下进行催芽。催芽期间要注意检查，白天5～6h检查1次。晚间催芽温度要降到20℃～25℃。一般可分2～3批播种，以便分批嫁接。催芽期限为5d，5d以后将未出芽的种子一齐播下，将来可作为备用苗。

③ 播种及管理。砧木可选择在日光温室、塑料大棚或塑料中小拱棚等设施内，直接播种在大棚畦内或育苗盘、育苗钵等容器中。

用顶插接法可直接在育苗钵中播种嫁接。常规育苗可在棚室内作播种畦，填入培养土或细沙，灌足底水，撒上一层细土点播。胚根长0.5cm左右时为播种适期。播种行株距3～4cm，根尖向下摆放，先用湿润细土盖成1个高约1.5cm的圆形的小土堆，后覆1cm厚的细土。播种后地温掌握在22℃～28℃，棚室内气温白天28℃～30℃，夜间为20℃左右。50%以上即将出土时，再覆1cm厚的细土，降低棚室内温度，白天为25℃～28℃，夜间18℃左右。子叶展开后，若需移植应及时进行。移植后白天适当遮荫以免作物萎蔫，夜间气温提高2℃～3℃以利缓苗。嫁接前2～3d，洒水冲洗掉幼苗上附着的尘土，补充水分，提高嫁接成活率。嫁接前一天，用50%多菌灵可湿性粉剂600～800倍液喷洒。插接砧木大小以"一叶一心"为宜。10月播种的需10d以上。靠接适期为第一片真叶展开前，苗龄为8～10d，下胚轴高度以5～6cm为宜。

砧木苗培育可选择在日光温室、塑料大棚或中小拱棚等设施内进行。作好播种畦，填入培养土或细沙，灌足底水，上面撒一层细土，按3～4cm的行株距点播。也可用育苗盘、育苗木箱填培养土育苗。如果采用顶插接法，所培育的砧木苗可直接播在育苗钵中，育子母苗直接与接穗嫁接。

(3) 接穗苗的培育　黄瓜每667 m^2 的备种量为100～150g。备种量宜稍大些，以免因嫁接操作不熟练或发生其他事故而影响生产。

黄瓜在播种前也要进行浸种催芽。因黄瓜籽粒小、种皮薄，所以浸种时间比南瓜种稍短，4～6h即可。经过催芽处理，当胚根突破种皮长到0.2～0.3cm时，采用撒播的方法在沙床或木箱中进行播种，种子的间隔要保持1.5～2cm。播种至出土后温度管理与砧木基本相同。为了保证在适宜的时期进行嫁接，可根据具体情况来调节温度。采取靠接时，为了操作方便和避免切口距地面太近，应使下胚轴稍长一些。

出土后10多天黄瓜幼苗的第一枚真叶开始放展时是靠接的适宜时期。如采取插接则在子叶展开、下胚轴长约3cm时最为适宜。如幼苗过小，下胚轴细软不易插入南瓜的子叶节中；如幼苗过大，下胚轴较粗，用粗竹签扎孔时可能会插裂砧木而影响成活。

11.2.4.2　嫁接的准备

(1) 嫁接场所的选择　嫁接场所要求接受散射光、室温20℃左右而且相对湿度较大，因此多利用日光温室北侧或工作间进行嫁接。此外，还要在日光温室或大棚内准备好苗床，即在平畦上架设小棚并覆盖薄膜、草帘或遮阳网，用来摆放或栽植嫁接后的幼苗。平畦宽1.3m，南北延长，如在日光温室内应避开最南端1～1.5m的强光、高温区(畦的长度为4～5m)才便于管理。

(2) 嫁接用具的准备　根据条件可用小桌、凳等作为操作台。使用的工具有刀片、竹签、托盘(或用瓷盘代替)、干净的毛巾或白布方巾、嫁接固定夹(或用裁好的地膜细条)、手持小型喷雾器和酒精(或1.0%高锰酸钾液)。顶插接用的竹签需根据黄瓜下胚轴的粗细范围提前制造几个,粗细要不同,具体形状和大小如图11.1所示。

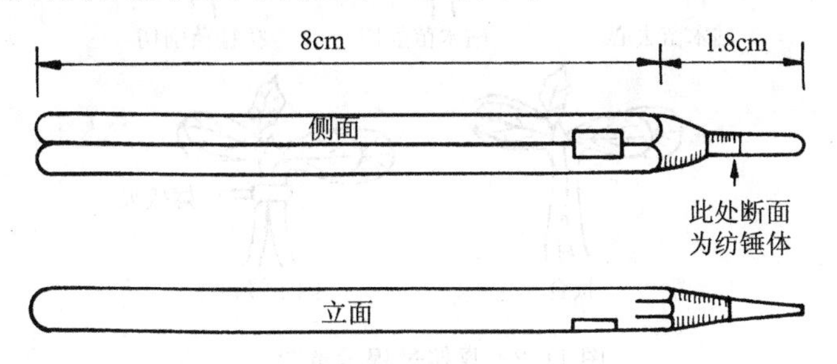

图11.1　嫁接用的竹签

(3) 培养土的配制　实践证明培育壮苗是生产的关键,而培养土是培育壮苗的基础,故对培养土的配制必须重视。

11.2.4.3　嫁接方法

(1) 靠接法　接穗和砧木在嫁接前一天用50%多菌灵可湿性粉剂加水600～800倍进行喷洒,以达到防病、杀菌和冲洗附着尘土的作用。嫁接时将砧木和接穗的幼苗从育苗箱或苗床中起出,起苗时尽量少伤根、少带土。起出后分别摆放在托盘中,用干净的湿毛巾盖好以防幼苗萎蔫。先取出砧木(黑籽南瓜)的幼苗,用刀片将心叶(真叶)去掉,然后在子叶下面0.5～1.0 cm下刀,刀口和子叶平行按30°～35°角向下斜切,刀口长度不宜超过1cm,深度不要超过下胚轴粗度的1/2;如果刀口过深达到髓腔,不仅影响成活,还可能使接穗(黄瓜)发生不定根,而后便在髓腔内向下伸长而起不到防病效果。砧木切好后暂放在事先准备好的干净而湿润的垫布上。然后再取黄瓜苗,在靠第一真叶的一侧,按与子叶平行的方向在子叶下1.3～1.5 cm下刀,以30°～35°向上斜削,深度可达下胚轴粗度的2/3,长度和砧木上的切口相等或稍短些。切口如果距子叶较远(超过1.5 cm)会促使黄瓜发生不定根,这点不容忽视。在切好接口后顺便将切口外侧的表皮用刀片轻刮一下,再将两棵幼苗的舌形切口互相嵌接好,一侧形成层对齐,并用嫁接夹(或事先剪好的干净的地膜条)进行固定,使切口密切接合,并要立即栽在育苗钵中。栽植时砧木的根在中央,黄瓜与它相距2～3 cm。摆好位置后,填土埋根并浇水,浇水时不要触及切口。靠接过程见图11.2。

将嫁接好的幼苗在小棚内排放整齐。如果小棚内湿度不足,可用小型喷雾器喷水,以保证空气湿润。一般经过3～5 d即可成活。所以在嫁接后的第5 d,在黄瓜下胚轴的切口以下用手轻掐,以阻碍黄瓜根系供给的水分和养分,促使幼苗接受砧木根系吸收的养分和水分;同时注意剔除南瓜再次长出的新叶。在嫁接后的第8 d,用刀片在紧靠嫁接夹的下面和贴近盆土处,将黄瓜的下胚轴切断,但不要伤及黑籽南瓜。此后接穗完全依靠砧木的根系吸收营养进行生长。

(2) 插接法

① 顶插接法。顶插接法以黑籽南瓜幼苗第一真叶展开,黄瓜幼苗的子叶刚平伸、第一真叶还未生出时为嫁接的适宜时期。先将黑籽南瓜的真叶和生长点用竹签剔掉,如有萌发的侧

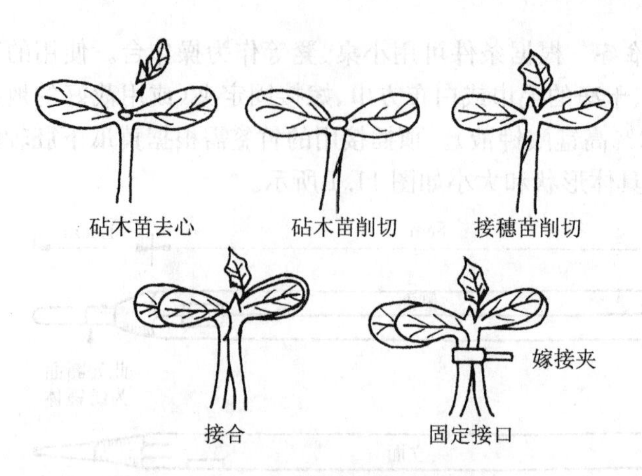

图 11.2　靠接过程示意图

芽也要剔除干净。然后用竹签的细尖从一侧子叶的基部向对侧子叶中脉基部的胚轴(茎)斜下方扎入,深 0.6～0.7 cm,形成"插孔",竹签暂时不要抽出。在扎入时要一次用力完成,而且不要穿透下胚轴的表皮;也不要垂直扎入,避免穿透黑籽南瓜下胚轴的髓腔。再取黄瓜幼苗将两片子叶拢住,在距子叶基部 0.8～1 cm 处斜削一刀,刀口深度为下胚轴粗度的2/3,刀口长约 0.6～0.8 cm,然后翻过来再在刀口的对面斜削一刀,将之削断,在黄瓜的下胚轴上形成一个两面有刀口的楔形。这种切削接穗的方法优越于一刀削断使接穗刀口成一个斜面的方法。削好接穗后再拔出黑籽南瓜上的竹签,立即将接穗插入,以黄瓜接穗插入到不能再深时为准。插接过程见图 11.3。

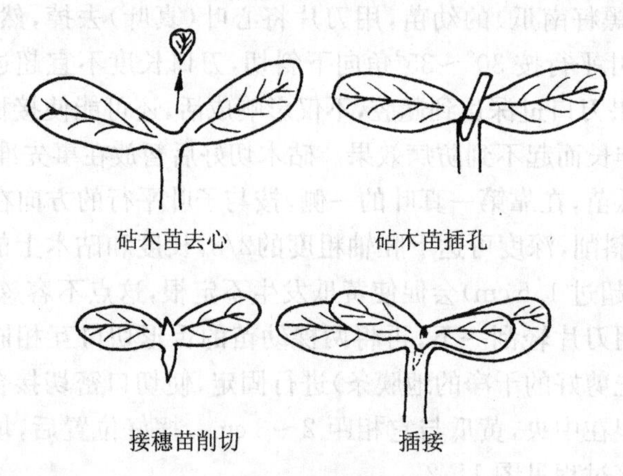

图 11.3　插接过程示意图

采取插接法在用竹签做插孔时若子叶节发生劈裂,可以改变位置在子叶节的裂口以下,以 40°～45°(或 90°)在下胚轴上另做插孔来补接。插孔的方向和接穗两片平伸的子叶相垂直,即所谓的水平插接。

嫁接后的幼苗要随接、随栽、随浇水,并立即放入事先准备好的遮荫小棚中。从开始嫁接到放入小棚这一过程中决不能使接穗发生萎蔫,即是很轻微的萎蔫也会影响接穗成活。因此要在嫁接后用小型手持喷雾器向接穗喷雾。

嫁接后的 1～3 d 是关键时期,在管理上必须使小棚内温度相对稳定,白天保持 22 ℃～23 ℃,不宜达到或超过 27 ℃;夜间 18 ℃～22 ℃,地温保持 20 ℃以上,不能低下 18 ℃,空气相对湿度要在90%～95%之间。小棚内光照控制在1×10^4 lx以下。故此在不同季节需要考虑中午盖席降温遮光和使用电热线提高地温等措施。在这种密闭高湿的条件下，为防止切口感染，每天上午可喷洒稀释800倍的百菌清(75%可湿性粉剂)或多菌灵(50%可湿性粉剂)，以补充湿度和防止病害侵染。到第四天黄瓜子叶颜色变浅而心叶开始生长，说明切口愈合较好，将来成活率高。

嫁接后4～7 d，砧木和接穗双方开始进行营养物质和水分的交流。黄瓜第一真叶开始生长时应适当增加小棚内的光照；小棚内的温度白天可保持22 ℃～24 ℃，夜间14 ℃～17 ℃；如果白天达到25 ℃应采取降温措施，如达到27 ℃则必须采取温室盖席、在小棚外洒水降温等应急措施。

嫁接后的8～12 d要逐步加强锻炼，适当增加通风和光照。当黄瓜第一真叶已完全放展而有光泽，第二真叶相继出现说明已经成活。这些成活的秧苗，经过见光锻炼后待下午移出小棚，温度白天仍保持22 ℃～25 ℃，夜间13 ℃～15 ℃。成活较差的幼苗可继续留在小棚内，未成活的要及时进行补接。

嫁接后15 d要对秧苗进行普遍检查，凡接穗生长缓慢或发生不定根的都要挑出。日光温室冬春茬黄瓜栽培，育苗期处在初冬，温、光条件容易满足；定植后将有较长一段低温弱光时期，有时还会出现灾害性天气，而黄瓜幼苗期抗逆性较强，进入结果期以后适应能力较弱，很难适应环境条件，必须培育出适应能力较强的适龄壮苗，才能适应严寒冬季的环境条件。

培育适龄壮苗的关键是大温差管理。嫁接成活后，白天温度保持25 ℃～30 ℃，不超过35℃不需放风，前半夜温度15 ℃～18℃，后半夜温度11 ℃～13 ℃，早晨揭帘前10 ℃左右，有时短时间降到5 ℃～8 ℃，地温最低保持13 ℃以上，短时间降到11 ℃也无明显影响。水分不需要过分控制，用适宜的水分、充足的光照，加大昼夜温差来防止幼苗徒长。

冬春茬黄瓜因为生育期长，不适宜用大苗龄，以三叶一心、株高10～13 cm的幼苗为宜。从播种，经过嫁接，35 d育成比较适宜。如果因为天气情况或其他原因不能及时定植，也不宜超过40 d。

② 断根插接法。断根插接和插接在操作上基本相同，仅需切除砧木上已生出的根系，使砧木接穗嫁接后栽植可重新生出大量的不定根。在进行嫁接时，为了便于操作，砧木、接穗都不带土。技术熟练一天可嫁接1 000株。

嫁接的注意事项如下：

① 黑籽南瓜下胚轴短，子叶又大，不适于进行断根插接，应选用南瓜或杂种南瓜的砧木品种。

② 如在4、5月气温转暖后进行断根插接，砧木、接穗可同时播种。

③ 嫁接时拔取砧木需分次进行，每次不宜超过200株，以免时间过长发生萎蔫。接穗最好随用随剪。

④ 砧木在子叶下留出5～6 cm的下胚轴，在紧挨已生出根的最上方处剪断。

⑤ 嫁接完毕的幼苗可暂时放到湿润的纸箱内以备栽植。

⑥ 嫁接苗在营养钵中栽植时可用与砧木下胚轴粗度相同的扦子插孔，然后再行扦插，扦插深度1 cm左右，不宜过深。

⑦ 一般在扦插后4 d才开始发根，应从3 d开始在早、晚进行短时间见光，当子叶稍有萎蔫立即停止。7 d后转入常规管理。

⑧ 接穗第一真叶完全展开后应拉大育苗钵之间的距离，以免地上部徒长和根系从钵底扎出。

11.2.4.4　日本全国农业协同组合联合会研究开发的嫁接系统

（1）主要技术特点

① 采用有一开口且孔径与番茄、茄子幼苗茎粗基本相同、一侧开口、长度约为 1.2～1.3 cm的透明塑料细管，厚度约为 1 mm，两端面略呈斜面状，套在接口处进行保护和固定的嫁接方法，能简化作业程序，提高工效和嫁接苗成活率，主要适用于茄子和番茄，目前在日本已开始推广应用。

② 将嫁接后的秧苗放置在促进成活的培养箱中，箱内保持利于嫁接苗成活的光照、温度、湿度及 CO_2 浓度、风速等，使其成活率达到 95%以上，免去了烦琐的管理作业。

③ 用含有 51 孔的穴盘栽植砧木苗，以手工作业进行塑料套管式嫁接，接好后连同穴盘一起推入培养箱（室）中培养至成活，移动及搬运作业方便。

④ 一般向栽培者提供穴盘苗，栽培者购苗后可将穴盘苗移栽至营养钵内，再经培育成大苗，以便定植。

（2）套管式嫁接方法　套管式嫁接法见图 11.4。首先同时播种砧木和接穗。砧木宜播种在大孔径的育穴盘内（如含 51 孔穴盘），待砧木长至 2 片真叶、株高约 5 cm 时为嫁接适期。嫁接时在砧木的子叶上方、真叶下方，按垂直方向偏 30°向斜下方切断砧木苗茎；接穗在相同部位，按同样角度切断。将用作固定的塑料套管自砧木断茎处套上，使套管端部斜面与砧木茎端斜面相一致，再将接穗断面插入塑料管中，其切面应对向塑料管的斜面，即砧木的切面，使砧木断面与接穗断面紧密贴合，因塑料管自身的张力可以固定切口，达到固定保湿作用。在适宜的温、湿、光、CO_2、风的条件下，番茄需 3 d、茄子需 4～5 d，可以成活。根据嫁接苗的生长情况，傍晚可移至一般育苗棚内继续培养，或出售后由农户移栽入钵继续培育至定植。育苗期为 60 天左右。嫁接苗成活后，随生长可自动脱去塑料管。

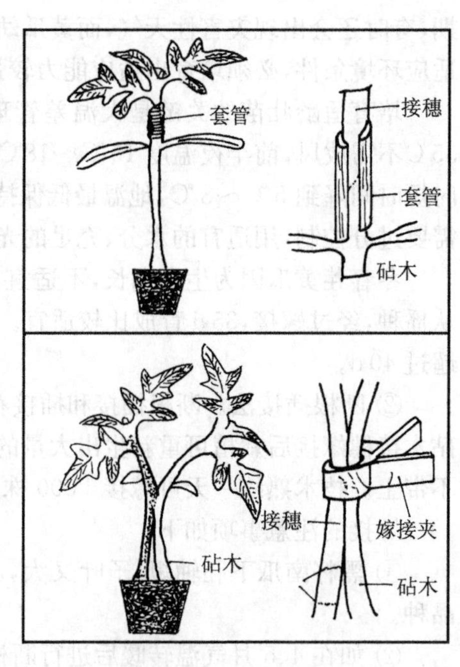

图 11.4　套管嫁接法

目前采用的靠接法或插接法，自砧木、接穗播种育苗、嫁接到嫁接苗管理，技术经验要求较高、难度较大；而日本全农开发的上述嫁接法，简化了嫁接作业，成活率达 95%以上。

11.2.5　穴盘育苗

穴盘育苗也叫机械化育苗，是用草炭、蛭石、珍珠岩等轻基质为育苗基质，利用专用的分格式育苗穴盘，用精量播种生产线机械自动装基质、播种、覆盖、镇压、浇水，然后放在催芽室和温室等设施内进行环境调控和培育，一次成苗的现代化育苗技术体系。成苗的根系与基质紧密缠绕在一起，苗坨呈上大下小的塞子状，国外称为“塞子苗”。穴盘育苗技术广泛用于蔬菜、花卉等园艺作物。

11.2.5.1 穴盘育苗的优点

穴盘育苗较传统育苗具有以下优点：

(1) 节能 穴盘育苗每平方米苗床至少可培育700～1 000株苗，是传统育苗的7～10倍，可节约大棚加温或电热线育苗的能耗2/3以上。

(2) 省工、省力、省场地，提高效率 穴盘育苗的基质混拌、装盘、精量播种、淋水、覆土等系列作业由机械操作一次完成，每小时可播种500～800盘，只需4个人作业，每穴1粒种子成苗率在80%以上，每年生产5茬苗，人均年育苗量可达400～500万株，较传统育苗提高效率数十倍。穴盘苗基质不到50 g，而传统土坨苗重500～700 g，从而实现了省力化、机械化、工厂化和商品化育苗。

(3) 培育优质壮苗 穴盘苗的基质、营养液、生长调节剂等均实行科学配方、标准化管理，一次成苗，且机械化移栽苗不伤根，缓苗块，生长健壮，易达到早熟高产的目的。

(4) 便于远途运输 穴盘苗具有根系与基质紧密缠绕、基质不易散落、护根性好、基质轻等特点，能适应远、近距离运输。

11.2.5.2 穴盘育苗设备

穴盘育苗是一种高度机械化、自动化并配合玻璃温室或塑料大棚进行配套作业的育苗系统，主要设备有自动控制的精量播种机、具有不同孔穴数的规格化穴盘、优质无病菌的基质、基质填装、高发芽势种子播种、覆土、灌水等精量播种系统，能调控环境的发芽室、育苗室及运输、定植机械等。

(1) 精量播种系统 精量播种系统包括基质的前处理，基质的自动混拌、压，种子精量播种及播种后的基质覆盖、喷水等项作业，主要的机器有基质混拌机、基质自动装盘机、旋转加压刷、精量播种机、基质覆盖机、自动洒水机、苗盘存放专用柜等，其中精量播种机是系统的核心部分。根据精量播种的作业原理不同，播种机可分为真空吸附式和齿盘转动式两种。

引进的美国汉密顿(Hamilton)、布莱克默(Blackmore)公司的精量播种机属于真空吸附式播种机；美国文图尔公司(Venture)和我国开发的ZXB-360型及ZXB-400型播种器属于齿盘转动式播种器。真空吸附式播种器对种子大小和形状没有严格要求，但播种速度慢，每小时播种200～400盘；而齿盘转动式播种器工作效率高，每小时可播种800～1000盘，但对种子粒径大小和形状要求比较严格，播种前需对种子进行丸粒化加工。

国产ZXB-360型和ZXB-400型精量播种生产线包括基质筛选、基质混拌、基质提升进装料箱、穴盘装料、基质刷平、基质压穴、精量播种、穴盘覆土、基质刷平、喷水等工艺过程。整套生产线长4.1m、宽0.7m、高1.45m，运输带表面高度0.78m，总重量0.5t，功率消耗0.5kW/h。该播种线可对72孔、128孔、288孔和392孔穴盘进行精量播种，播种准确性高于95%，要求丸粒化种子的粒径为4～4.5mm的大粒种子和2mm左右的小粒种子或圆形自然种子，播种速度为6盘/min。

种子丸粒化即在种子外面包上一层种子包衣剂，包衣后的种子外表大小、形状一致，便于机械化作业。种子包衣剂的主要成分是硅藻土和滑石粉，辅加微肥、生长剂、消毒剂、农药等。

国产WLH-1型种子丸粒化机长800mm、宽600mm、高850mm，料锅直径600mm，调节仰角为0°～60°，每次最大生产能力为0.5kg，生产周期0.5h。

(2) 穴盘(育苗盘)　穴盘(育苗盘)具有能适应工厂化生产，一次投资多年利用，规范育苗，可进行有土或填充基质营养液育苗，不受场地限制，管理、运输、搬运方便，避免土传病害等优点，目前普遍用于设施育苗。

(3) 育苗基质　穴盘育苗单株营养面积小，每个小孔盛装的基质量很少。要育出优质的商品苗，基质必须有透气性好、保水能力强、离子代换能力强、对植株有良好固着性、有适宜的比重和pH值等综合特性。目前公认的基质有草炭、蛭石、珍珠岩等。常用的是草炭和蛭石的复合基质，配以一定量的有机复合肥料。常见盘育苗蔬菜的基质及设施配料比见表11.2。

表11.2　几种主要穴盘育苗蔬菜基质及养分配比

作　物	穴盘规格	基质配比		基质中加入的肥料量/(g/盘)	
		草炭：蛭石	尿素	磷酸二氢钾	脱味鸡粪
番茄	72孔盘	3∶1	5.0	6.0	20.0
茄子	72孔盘	3∶1	6.0	8.0	40.0
辣椒	128孔盘	3∶1	4.0	5.0	30.0
甘蓝	128孔盘	3∶1	5.0	3.0	15.0
芹菜	200孔盘	3∶1	2.0	2.0	10.0

(4) 育苗温室　温室是育苗的主要配套设施。长江流域以南地区，冬季光照条件较差，应选用全光型塑料大棚、连栋大棚或铝合金玻璃温室；黄河以北地区选用节能型日光温室或带有围墙的塑料大棚。设计中，把温室群分为高、中、低三种温度类型，低温温室的室内极限低温不低于5℃；栽培喜温果菜类蔬菜的育苗温室，室内极限低温不低于12℃。温室内应装配有加温设备、喷灌系统、人工补充光照系统、CO_2发生器、控制设备、立体化多层育苗架、机械传动装置等。

(5) 催芽室　穴盘育苗将裸种子或丸粒化种子直接通过精量播种机播种进穴盘，在播种车间浇透水，然后送进催芽室，将盘与盘叠放在床架上。室内温度可控制在20℃～33℃，湿度在95%以上。一个30m²的催芽室叠放5000～6000个穴盘。催芽时间因作物而异。

11.2.5.3　穴盘育苗方法

(1) 播种

① 种子的要求。穴盘育苗多采用机械化、自动化操作。育苗盘是分格室的，播种时一穴一粒，成苗时一室一株。为保证育苗过程中不出现不出苗的孔穴，穴盘育苗的种子要求有极强的发芽势和相当高的发芽率。种子要经过消毒、打破休眠、丸粒化等处理，以提高穴盘使用效率，提高育苗效益。

② 播种过程。以真空吸附式精量播种机为例介绍穴盘育苗的播种过程。

运用真空吸持正向空气释放的原理，将种子自动地播种于育苗盘的每一个孔穴中。操作程序为：操纵导杆使播种机位于育苗盘的上方，将吸放嘴下放到槽内，并与底盘衔接，罩在存放种子的凹沟上。由于进种口处于真空通道的末端，故能吸持住每一粒种子。同时，由于吸放嘴与育苗盘的每个孔穴是相应配置的，每个吸放嘴正好能降到每个孔穴的基质上，由关闭阀控制真空度排放种子,把种子轻轻地播在基质上。以后吸放嘴又上升,这样往返循环地播种。

播种后的苗盘由传送装置传至覆土系统,按照一定的覆土厚度自动在种子上面覆盖基质。

覆土后的苗盘被自动传至浇水系统,完成定量浇水后,即置于苗盘存放车而转入催芽室进行发芽。

(2) 穴盘育苗催芽　催芽在催芽室内进行。催芽室为保温密封的小室,用砖砌成空心墙,在空心墙内填入木屑或砻糠灰等作为隔热层。室内设多层育苗架,一般 10 层,层间距为 15 cm 左右,在每层架上放一层播种好的育苗盘。催芽室内可用电热加温加湿器进行加温、加湿,以促进出苗;或用电炉加温,用控温仪自动控温。温度一般视蔬菜种类而异,控制在 20 ℃～30 ℃。室内配有水盆,使播种后出苗期间保持室内相对湿度在 90%左右。室内还装有 1～2 个小型电风扇,使室内各部分温度保持均匀。用干种子播种的由播种到出苗的时间黄瓜为 2 d,番茄为 4 d,辣椒和茄子为 6 d。当多数幼苗微露芽出土时,将育苗盘移放到育苗棚室。

(3) 穴盘育苗室的管理　穴盘育苗室的管理主要是苗期的温度、光照、肥水和室内气体等的管理。

① 温度。穴盘育苗室的温度管理视作物种类而异。一般茄子、辣椒要求的温度略高,约为 25 ℃～28 ℃;叶菜类的育苗温度可稍低,控制在 20 ℃～25 ℃;刚经催芽进入育苗室的幼苗,室内温度可控制低一点,一般保持 20 ℃～23 ℃,以防徒长。夏天覆盖遮阳网或自然通风以及人工强制通风降温,冬季加温防止冻害。育苗室内温度可通过自动控温仪控制。

② 光照。正常气候条件下自然光照能基本满足幼苗生长。如连续阴雨需要进行人工补光。

③ 肥水。在基质调制时常加入一些有机肥,苗期可视幼苗长势结合浇水浇施营养液。由于穴盘育苗所用基质少,基质持水量亦少,水分管理非常重要,一般每天喷水 2～3 次,若是夏季高温季节应加大喷水量和增加喷水次数,使基质保持湿润,空气相对湿度为 80%～90%。

④ 气体管理。育苗室内每天进行通风换气,保持室内空气新鲜,有条件的可进行 CO_2 施肥,在上午 9 点半至 10 点半进行,浓度达 1 000 mg/kg 为宜。

11.3 组织培养

11.3.1 培养基的成分和配制

培养基是植物组织培养中最主要的部分。在离体培养条件下,不同的植物组织对营养的要求不同,甚至同种植物不同部分的组织对营养的要求也不相同。只有满足了特殊的要求,它们的生长才能尽如人意。

培养基包括植物生长发育所需的矿质元素(N、P、K、Ca、S、Mg、Fe、Cu、B、Mn、Zn、Mo等)、有机物(糖类、维生素类、氨基酸等)和植物生长调节剂。一般将上述各种物质分门别类配制母液。

11.3.2 外植体的准备和消毒

选择健壮、无病、生长发育正常的植株为外植体,并用 0.1%的升汞或 2%的次氯酸钠水溶液消毒。为保证消毒效果,先用 70%的乙醇在植株表面消毒数秒钟,然后把植株浸入消毒液中。消毒时间以药品和材料的性质而定(一般 5～20 min)。消毒后的材料要用无菌水冲洗3～5次,以便彻底清除残留药物。

11.3.3 接种和培养

接种工作在超净工作台上进行。接种前将工作台开动 20 min 以上,镊子、刀、剪、接种针等所有用具要进行火焰灭菌。将外植体分割成一定大小的体积,接种在培养基上。

接种后的外植体置于温度为 25℃～28℃、光照强度 2 000～3 000lx、光照时间 8～12 h、湿度 70%～80%的培养室中培养。

11.3.4 分化

外植体接种后 20～30 d 开始分化,其途径有以下几种,见图 11.5:

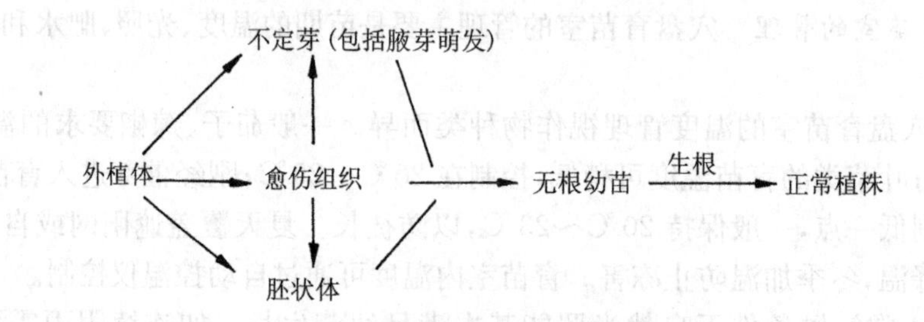

图 11.5 外植体分化途径

多年生蔬菜中应用此法进行繁殖的有石刁柏、草石蚕、姜、百合等。

另外,很多植物都带有病毒,尤其是长期进行无性繁殖的种类。感染病毒病的作物产量降低,品质变劣。由于病毒是通过维管束传导的,植物的生长点不具备维管束,故不带有病毒。利用这一特点,将生长点进行人工培养,获得的再生植株是不带毒的,称"脱毒苗",结合试管快速繁殖,可得到大量的脱毒苗用于生产。

思考题

1. 设施栽培对品种的基本要求有哪些?
2. 育苗钵育苗应注意哪些事项?
3. 简述基质营养液无土育苗技术。
4. 嫁接育苗有哪几种方法?具体操作要求如何?
5. 何谓穴盘育苗?简述穴盘育苗的技术要点。
6. 何谓组织培养?简述组织培养的基本步骤。

12 蔬菜设施栽培技术

学习目标

了解蔬菜设施栽培的特点，会合理安排设施蔬菜种植茬口，会进行蔬菜设施栽培。

12.1 蔬菜设施栽培的特点

蔬菜设施栽培是在不适宜蔬菜生长发育的环境条件下，利用专门的保温防寒或降温防热等设施，人为地创造适宜蔬菜生长发育的小气候条件，从而进行优质高产蔬菜生产的方法。因此，设施蔬菜栽培与露地蔬菜生产相比，有不同的特点。

12.1.1 栽培方式多样

由于设施栽培是用特制的设施等对蔬菜作物进行保护而生产，使用的设施种类不同，其栽培方式也有差异。主要栽培方式可分抗低温栽培和抗热栽培。

在抗低温栽培中，生产中常用温室、大棚、中小棚等进行早熟、延后和反季节栽培。据调查，采用日光温室可比外界最低温度提高7℃～30℃；单层棚比外界最低温度提高2℃～3℃，若进行多层覆盖，保温效果会更好。一般加一层薄膜温度可提高1℃～3℃，加一层草帘可提高3℃～6℃，加一层纸被（4～6层牛皮纸合成）提高温度2℃～3℃；地膜覆盖可提高地温2℃～4℃。目前生产上除大型连栋温室是通过加温设施进行蔬菜等作物生产外，其他设施类型多采用多层覆盖等综合增温保温技术进行寒冷季节的蔬菜生产。

在抗高温栽培中采用遮阳栽培，利用遮阳网、不织布、防虫网等，或在设施中采用冷水喷雾和通风相结合等方法降温，也可采用水帘加排风扇等技术进行降温，或采用涂白等方式减少太阳直射。另外，一些地方还利用设施防风、防雨、防雹、防病虫等，促进了设施栽培的大力发展。

12.1.2 病虫害发生严重

由于设施栽培中，作物在相对密闭的环境下生长，设施内外温差大，设施内水分难以蒸发外逸，使设施内空气湿度较大，即使在晴天，也常常出现90%以上的相对湿度，且高湿持续时间长，致使植株叶片易结露或吐水，为病害的发生、发展创造了条件，往往出现比露地病害发生早、发生重的现象，若管理不当，会造成严重损失。另外，由于一些温室、大棚等一旦建成，不易移动，加上轮作倒茬较困难，导致土传性病害猖獗，严重影响蔬菜的生长。因此，必须采取综合防病技术，进行合理的通风排湿，适时适量浇水，防止大水漫灌。也可采用膜下滴灌等技术降低棚内湿度。另外，通过深翻土壤、增施有机肥、嫁接等栽培措施防病，也可采用无土栽培技术。设施内药剂防治以烟雾剂、粉尘剂等剂型防效较好。

12.1.3 栽培技术要求严格

设施栽培较露地栽培技术要求更严格和更复杂。在充分了解各种蔬菜对环境条件要求的基础上，还必须熟悉不同设施类型的性能，从而合理选择蔬菜种类、茬口等。其次，在管理技术上应根据设施内湿度大、温度高、光照弱、土壤易盐渍化等特点，通过综合配套的管理措施，为蔬菜生长发育创造一个温度、光照、湿度、土壤水分、营养和气体等适宜的条件。如果以上诸环节中的某一环出现问题，均会对蔬菜生长带来不良的影响。

12.1.4 专业化生产性强

近年来，由于我国设施面积发展较快，各地大面积、规模化种植较多，一般均建成固定的温室、大棚等，设施投资大、成本高，若经营不当，会导致经济效益差。因此，建立专业化的蔬菜设施生产基地，有利于提高生产技术，并逐步向蔬菜工厂化生产发展。

12.2 蔬菜设施的栽培制度

蔬菜的栽培制度是指一定时期内，在同一块土地上，蔬菜种类、蔬菜栽培的季节茬口和土地茬口的计划布局与安排。设施蔬菜的栽培制度包括蔬菜种类的选择及茬口安排、轮作和连作、复种、间作和套种等内容。根据当地的自然和经济条件、设施内的环境特点，制定合理的蔬菜栽培制度，可以充分利用自然资源和设施，保持良好的生态环境和土壤肥力，有利于蔬菜的全面持续增产，获得较好的社会效益和经济效益。

12.2.1 适合设施栽培的蔬菜种类

目前我国栽培的蔬菜种类很多，粗略统计在200种以上，但并不是所有的蔬菜都适合在设施内栽培，也并不是所有的蔬菜都值得进行设施栽培。同一种蔬菜在特定的季节可以而且应该在设施内栽培，但在其他季节没有必要进行设施栽培。那么，究竟哪些蔬菜、在什么季节适合采用设施栽培？一般来说，主要应考虑三个因素：一是设施本身的特性，即设施内的环境特点；二是蔬菜的生物学特性，即生长发育对环境条件的要求；三是市场行情。

12.2.1.1 适合设施栽培的蔬菜应具备的条件

在目前的市场经济下，主要应从市场行情来考虑是否应采用设施栽培。但毕竟蔬菜生长发育需要一定的条件，要获得高产优质高效的目的，除了采用栽培设施外，还需要选择适宜的蔬菜种类，并需要严格的管理和灵活的茬口安排。一般来说，适合设施栽培的蔬菜应具备以下条件：

(1) 耐弱光性好　作为设施的覆盖材料塑料薄膜虽具有一定的透光性，但由于这种透光性受塑料薄膜的种类、使用时间等的限制，使其原本不高的透光性又打了折扣。同时，我国南方地区作为设施生产的季节主要在冬春季，而这一时期雨水较多，光照不足，加上多层覆盖物后，作物所能接受的光照更少。所以从光照强度方面考虑，适合设施栽培的蔬菜应比较耐弱光，光饱和点和补偿点较低。否则，蔬菜在弱光下容易出现徒长，落花落果，并会诱发病害。

(2) 对温度适应性强　作物对温度有较强的适应性主要体现在对低温及较大昼夜温差的

不敏感性方面。蔬菜对低温所具有的忍耐性，使得蔬菜在冬季和早春能基本正常生长发育，包括正常的茎叶生长、花芽分化、开花坐果及果实发育。蔬菜种类和品种的不同对低温的适应性也不同，所以在冬春季节设施内适合栽培对低温适应能力强的蔬菜种类和品种。另一方面，根据农膜的特性，设施内的昼夜温差比露地更大，如设施内晴天的中午温度可超过 30 ℃甚至 40 ℃，而在夜间又会低于 10 ℃甚至 0 ℃。若薄膜外没有其他遮光材料，这种情况会更明显。虽然可采取措施来减小昼夜温差，但还是要求设施内栽培的蔬菜对温度变化具有较强的适应性，以免蔬菜受到冻害或高温灼伤而影响正常的生长。

(3) *耐湿抗(耐)病性强*　由于设施内温度较高，水分蒸发量大，加上设施薄膜气密性好，透水透气性差，棚内湿度较高。尤其在低温条件下密闭保温栽培时，棚内湿度较大，空气相对湿度一般在 90%以上。在这样的高湿条件下，多数蔬菜生长不良，而且给多种病害的发生及蔓延提供了有利的条件。因此，栽培于设施内的蔬菜就应该较为耐湿且抗病性强。

(4) *经济效益高*　设施栽培投入的人力、物力比露地栽培高得多，利用设施栽培蔬菜在某种意义上说是为了获得更好的投资回报。所以，在决定种植蔬菜种类时，应考虑投资回报的可能性。如一些名贵、稀有而种植面积不大的蔬菜一般均有较高的经济效益；一些常规的蔬菜，只要选择适合的品种，确定合理的播种(栽培)季节，加上科学的管理同样也能获得较好的效益。

(5) *迎合消费者、市场的要求*　设施蔬菜的栽培目的不仅仅是生产蔬菜产品，而且要使产品顺利地销售。要达到这一目的，栽培的蔬菜种类(品种)必须迎合消费者和市场的要求，这些种类(品种)的采收期也必须迎合市场的需求。因此，除了掌握栽培技术外，还应该懂得一些消费心理、经营管理知识，掌握市场信息，合理安排品种和茬口。

12.2.1.2　适合设施栽培的蔬菜种类

从上面分析可以看出，适合设施栽培蔬菜种类(品种)必须满足一定的条件，这些条件随地区、季节的不同而有所变化。因此，在特定的地区应根据不同季节、不同栽培方式以及蔬菜的生物学特性和品种特点选择适合在设施内栽培的蔬菜种类，合理安排以达到优质高产高效的要求。

现阶段，在我国南方地区设施栽培的蔬菜见表 12.1。

表 12.1　我国南方地区设施栽培的蔬菜

种类	蔬　菜
茄果类	番茄(包括樱桃番茄)、茄子、辣椒(包括甜椒)
瓜类	黄瓜、葫芦、丝瓜、西洋南瓜、西葫芦、苦瓜、西瓜 、甜瓜等
豆类	菜豆、豇豆、毛豆、豌豆、蚕豆、扁豆等
白菜类	大白菜、普通白菜(特别是小白菜)、菜心等
甘蓝类	花椰菜、青花菜、芥蓝等
绿叶蔬菜类	中国芹菜(普通芹菜)、西芹、茎用莴苣 、叶用莴苣、落葵、蕹菜、苋菜、茼蒿、芫荽等
葱蒜类	大蒜、韭菜、葱等
薯芋类	马铃薯、芋等

（续表）

种类	蔬　菜
多年生蔬菜	石刁柏(芦笋)、香椿等
水生蔬菜	菱、茭白、荸荠
食用菌	平菇、草菇、香菇等
其他	萝卜、草莓、马兰、荠菜、蒌蒿等一些野生、半野生蔬菜

需要指出的是，表中的蔬菜可以在设施内栽培，应选择合适的品种，各地还应根据实际情况加以选择。同时，表中没有列出的蔬菜，各地也可根据实际情况确定。

12.2.2　设施蔬菜的栽培形式

随着人们对设施蔬菜栽培的不断探索和实践、适合设施栽培的蔬菜品种的选育和栽培管理技术的提高，以及人们对蔬菜消费要求的提高，不仅设施蔬菜的推广面积、推广地域日益扩大，而且设施在蔬菜生产上的应用范围越来越广，应用类型和形式也出现了多样化倾向。从设施的应用类型上看，主要有蔬菜育苗、生产栽培和制种采种；从设施蔬菜的栽培形式(栽培季节)上看，有春提早栽培(春季早熟栽培)、越夏避雨栽培、秋季延后栽培及越冬栽培(特早熟栽培)。由于栽培季节的不同，适宜的蔬菜种类和配套的栽培技术都有差异。

12.2.2.1　春提前栽培

春提前栽培是在初春寒冷时节利用设施的保温性能在棚内栽培喜温蔬菜使蔬菜达到早熟、高产和高效的设施栽培形式。春提前栽培由于试验、推广时间较长，栽培的技术、措施比较成熟和完善，栽培的种类也在不断地扩大，从喜温的果菜类扩大到喜冷凉的叶菜类和根菜类。

(1) 春提前栽培的蔬菜种类　春早熟栽培的蔬菜种类主要是喜温蔬菜和耐热蔬菜，如番茄、茄子、辣椒(包括甜椒)、葫芦、黄瓜、丝瓜、西洋南瓜、苦瓜、西瓜、甜瓜、苋菜、落葵、蕹菜等，其定植(定苗)时期一般在2月上旬至3月中下旬。此外，一些喜冷凉的蔬菜，如大白菜、萝卜、花椰菜等可在冬春季节播种，4～6月采收。

春早熟栽培面临的问题是，该季节栽培的蔬菜大多为喜温蔬菜，而此时外界气温低、光照弱、雨水多，仅用一层农膜覆盖远不能满足喜温蔬菜正常生长发育的要求，所以需要多层覆盖。但采用多层覆盖，除了需要一定种类、数量的覆盖材料外，还面临以下几个问题：

① 有些蔬菜，特别是瓜类蔬菜需要搭架栽培，而且其植株(茎蔓)高大，生长中后期很难在设施内采用覆盖(至多搭二道膜)，这样棚内的温度就很难达到要求。

② 对于部分发芽慢、发芽时间长、发芽温度要求高的蔬菜(如蕹菜、落葵、冬瓜等)进行春提前栽培，仅仅采用多层覆盖还不能满足其种子发芽和植株生长的需要，所以除了采用催芽播种外，还需要在设施内填埋酿热物，甚至铺设电热线。

③ 光温矛盾、温湿矛盾突出。为了满足蔬菜生长对温度条件的要求，需要采用多层覆盖，甚至用草片等不透明覆盖物。但蔬菜的正常生长离不开阳光，能否协调好设施内的光温关系，是能否成功栽培的关键。同时，在一般的生产实践中，低温问题还比较容易解决，但高湿问题不易解决，设施内温、湿度问题有时难以协调。有时由于对春季晴天中午的高温认识不足，措施不力，出现高温伤害；连续阴雨天气，湿度很大，很易导致植株徒长、落花落果、病害严重等问

题。由于天气的千变万化，设施内的光、温、水的协调必须灵活掌握。

④ 瓜类蔬菜，尤其是葫芦、西洋南瓜、丝瓜的春提早栽培中，由于前期雄花少，或花粉生活力低，加上气候恶劣，无法正常坐果，如何采取行之有效的措施来促进其正常坐果，也是一个非常重要的问题。对于大白菜、萝卜等喜冷凉的蔬菜来说，早春设施内的温度条件对其生长一般并无多大问题，但这些蔬菜容易感受低温，通过春化阶段，从而容易发生先期抽薹的问题。

(2) *春提早栽培的技术要点* 根据上述分析，在春提前栽培中应主要掌握以下技术要点：

① 适当提早播种。蔬菜的设施春提早栽培的播种时间是依市场的需要而定的，因此各地要根据当地的气候条件、采收上市时间和蔬菜种类，确定最适宜的播种育苗的时间，一般是在10月上旬至翌年2月中旬。

② 适当密植。为了使蔬菜的早期产量有所增加，获得好的收益，设施春提前栽培可适当提高种植密度。

③ 保温降湿。保温以覆盖为主，而降湿则用通风来实现。两者存在一定的矛盾，因此在管理上要加以协调。应该抓主要矛盾，一般以温度为主要因素考虑，并根据外界气候条件灵活掌握。如棚内湿度大时，只要温度不低于10℃，可在中午前后采取通风降湿措施；但若湿度不是很大，则应该加强保温措施，尽可能使设施内的温度在20℃～25℃，以满足蔬菜生长发育的需求。

④ 增加光照。在冬季或初春时节，露地光照不是很强，而设施栽培采取多层覆盖，使得棚内的光照很弱，一般只能勉强维持蔬菜生长。若遇连续的阴雨天气，自然光照强度就无法保证蔬菜生长的需要。所以，设施春提前栽培的光照管理很重要，应该尽量让植株接受较多的光照，白天要减少覆盖的层数，保温材料要早揭晚盖，低温冰冻雨雪天气也应在中午前后照光数小时。

促进产品器官形成春提早栽培中，果菜类蔬菜是一类重要的蔬菜种类。这些蔬菜的产品器官是果实，但是开花结实需要一定的条件，如适宜的温度、充足的光照、有效的积温等，如果这些条件不能满足，就不能开花或开花不坐果。因此，要采取有效的措施使蔬菜能够开花坐果。这些措施有：整个栽培过程保持较高的设施温度、降低湿度、增加光照，或使用植物生长调节剂等。

12.2.2.2 越夏(避雨遮荫)栽培

我国南方地区的夏季具有气温高、暴雨频繁、不时有台风影响等特点，这样的天气条件对蔬菜生长非常不利，尤其是对播种(包括整地施基肥、及时播种及播种操作)和幼苗的生长影响更大。为了创造一个相对适合蔬菜生长发育的环境，在夏季蔬菜栽培上，可以利用设施进行避雨遮荫栽培，即利用设施骨架覆盖遮阳网或进行网膜覆盖栽培。这是一种去除围裙、保证通风并具有降温避雨功能的栽培形式。

(1) *越夏栽培的蔬菜种类* 越夏栽培的蔬菜种类主要是喜冷凉的白菜、芹菜、萝卜、芫荽等；同时，部分喜温蔬菜在春延后栽培时，也需要避雨条件，如番茄、辣椒春延后栽培；还有如夏黄瓜、夏甜瓜栽培，如能采用避雨栽培，效果也非常理想，有时这些蔬菜在夏季只能采用避雨栽培。

(2) *避雨遮荫栽培的效果* 夏季采用避雨遮荫栽培至少可起到以下几方面的效果：

① 改善环境条件。夏季是台风暴雨较为集中的时节，大雨所产生的冲刷力对蔬菜的生长

非常不利，种子和幼苗被冲毁，肥料和土壤流失，根系裸露，土壤板结。薄膜和遮阳网等的覆盖能有效地防止、减少或降低上述现象的发生。同时，薄膜和遮阳网还遮挡了夏季强烈的阳光，起到了遮荫降温的作用，改善了局部的小气候，使得蔬菜能较为正常地生长发育。

② 减轻病虫危害。由于避免了雨水的冲刷和浸泡，依靠雨水或土壤传播的病害就不易蔓延，病害的发生大为减轻。同时，一些生理性的病害，如日灼病和裂果等也不易发生。银灰色遮阳网的避蚜作用可降低病毒病的发生。

③ 提高产量、改善品质。因小气候得到改善，蔬菜的生长发育比较正常，加上病害发生减少，产量及品质都得到了明显的改善和提高。同时减少了以前栽培中因遇雨临时搭建遮雨棚、补播种和补苗，以及喷农药防治病虫害等大量工作，省工省本，提高效率。

(3) 避雨遮荫栽培的技术要点

① 设施的准备。利用设施原有的骨架，在架的顶部盖上塑料薄膜(从经济考虑可使用旧的薄膜)，或者再盖上遮阳网(即实行网膜覆盖)，有条件者可安装喷灌设施。

② 播种。越夏避雨栽培的播种时间大致在6～8月，由于天气逐渐炎热，水分蒸发越来越多，播种的方法要视天气条件和作物种类决定。一般在7月中旬以前可采用育苗移栽的方法，而7月下旬后因育苗移栽成活困难，可直播的蔬菜提倡直播。若采用直播的蔬菜必须在播种前施足有机肥作底肥，以利土壤的保水保肥。

③ 田间管理。夏季温度高，蔬菜生长速度快，田间管理应及时。此时，栽培技术措施应围绕避雨降温、减轻病害为中心，所以，肥水等管理也有别于冬、春季栽培。

12.2.2.3 秋延后栽培

秋延后栽培是秋季露地生长的喜温蔬菜在霜冻低温来临前，覆盖塑料薄膜不使蔬菜受冻害、延长其生育时间，从而提高产量的栽培形式。

(1) 秋延后栽培的蔬菜种类　适用此栽培形式的蔬菜种类主要是喜温蔬菜和喜冷冻蔬菜，前者如番茄、茄子、辣椒、黄瓜、葫芦、西葫芦、西洋南瓜、甜瓜、西瓜、菜豆等，后者如莴苣、芹菜等。

(2) 秋延后栽培的技术要点　秋季延后栽培的蔬菜，在生长前期常因高温干旱或台风暴雨的影响，病虫害严重，植株生长发育不良；而后期由于温度逐渐降低，同样不能满足其生长发育的要求，所以在栽培管理上，应掌握以下技术要点：

① 确定适宜的播种期。秋季延后栽培的蔬菜，其播种期主要应考虑当地的气候条件及蔬菜的生物学特性。如在长江中下游地区，番茄的播种期为7月上中旬，茄子在7月上旬，辣椒在7月下旬～8月上旬，甜瓜在8月上旬。

② 深沟高畦。由于秋季(特别是早秋)雨水多，并有台风暴雨天气，必须采用深沟高畦，以便及时排水。

③ 畦面覆盖。蔬菜定植或定苗后，应在畦面覆盖稻草等，以降低土壤温度，减少水分蒸发，促进蔬菜生长发育。

④ 病虫防治。由于受不良天气的影响，秋季病虫害危害严重，应采取综合防治措施，防治病虫害。这些措施包括三个方面：清洁田园、覆盖防虫网、及时喷药预防和防治等。

⑤ 扣膜保温。在低温来临之前，覆盖设施薄膜进行保温栽培，确保蔬菜正常生长发育对温度的要求。在覆盖初期，晴天中午可能温度较高，需要通风换气；而后期则需要采用多层

覆盖。

12.2.2.4 越冬栽培

（1）越冬栽培的蔬菜种类　越冬栽培是冬天寒冷季节在设施内种植喜冷凉而不很耐寒的蔬菜，如芹菜、菠菜、莴苣、马铃薯、芥蓝、芥菜等，以及喜温的茄子、辣椒、葫芦、番茄、苋菜、落葵、蕹菜等的栽培形式。这类蔬菜的播种期一般在8～11月，始收期一般在12月至翌年2月。其中喜凉而不耐寒的蔬菜，秋季和初冬可露地生长，但在严寒来临时，其生长几乎停止甚至死亡。采用越冬设施栽培形式，此类蔬菜可以从秋季至春季不间断地生产。喜温蔬菜的越冬栽培难度较大，在栽培上存在与春提早栽培相似的问题。

（2）越冬栽培的技术要点

① 设施的准备。要在外界气温低于15℃前覆盖薄膜，使棚内的温度能适合蔬菜种子的发芽和植株的生长，同时应提前15～30 d整地，施基肥，以及铺设预热设施，等待种植。

② 及时播种。这类蔬菜一般都采用干籽或浸种后直播，播种时间因蔬菜种类而异，大致为8～11月，开始采收时间约在12月至翌年2月。

③ 栽培方式。根据蔬菜作物生长发育对环境条件的要求，越冬栽培时，部分蔬菜的栽培方式有别于其他季节的栽培。如葫芦、西瓜、甜瓜等部分瓜类蔬菜进行越冬栽培（或称特早熟栽培）时，就必须采用爬地栽培方式，以方便温度管理，即通过多层覆盖以基本达到其生长发育对温度条件的要求。

④ 温度管理。注意棚内温度保持在15℃～25℃。晴天的中午若温度超过25℃，应该及时通风降温；冷空气影响时要加强保温，不使温度低于10℃。

12.2.3 茬口安排原则

设施蔬菜生产的茬口安排应以提高设施的利用率和增加蔬菜产品为前提，以市场为导向，必须从周年均衡生产、供应考虑，以淡季供应为重点，统筹兼顾，全面考虑。

12.2.3.1 按设施条件安排

不同的设施类型有不同的温光性能，就是同一类型或同一结构的设施，在不同地区其温光性能也不一样。所以，必须按已建成棚室的温光条件安排作物和茬口，这是保证作物高产高效的关键。

12.2.3.2 按不同蔬菜对温度的要求安排

一般说来，蔬菜栽培季节确定的原则是应把其产品器官正常生长期安排在温、光等条件最适宜的季节里，以保证产品的高产优质。温度是蔬菜正常生长发育的重要环境条件之一，设施栽培必须能够提供不利环境下蔬菜正常生长的温度要求。

12.2.3.3 根据市场需要安排

根据生产条件和市场需要，既要结合当地的自然经济条件和消费习惯，又要考虑到全国大市场乃至出口需要来安排生产。在具体的茬口上既要考虑到效益，也应注意市场的均衡供应。在优先安排淡季主要种类与品种的基础上，使蔬菜品种全面搭配，淡旺均衡，市场供应丰富。

12.2.3.4 要有利于轮作倒茬

茬口安排既要考虑短期效益，也要考虑到长期利益。因为在设施栽培中连作障碍不可避免。在安排茬口时，对那些忌连作的蔬菜必须给予重视。应通过适当的轮作倒茬来防止连作病害等的危害。

12.2.3.5 要根据当地的技术水平安排

设施蔬菜栽培是一项高投入、高产出的集约化产业，要求技术水平较高。所以，在技术水平较差的新菜区，开始可先生产一些技术简单、成功率高的蔬菜；技术水平高的地区，可安排效益高、生产技术难度大的蔬菜和茬口。不能抛开当地实际水平，一味追求栽培难度大的高效益蔬菜，这将导致事与愿违，造成不必要的损失。

12.2.4 设施蔬菜的茬口安排

设施栽培方式多样，栽培茬口各地也有所不同。但总的看来，日光温室等温光条件好的保护设施，通常采用冬春一大茬、秋冬和早春2茬、3茬或多茬安排形式；大棚等通常采用春夏茬接秋冬茬2茬制，也有年内3茬、4茬，甚至5茬的茬口形式。

12.3 番茄设施栽培技术

12.3.1 番茄对环境条件的要求

番茄对环境条件的要求见图2.1。

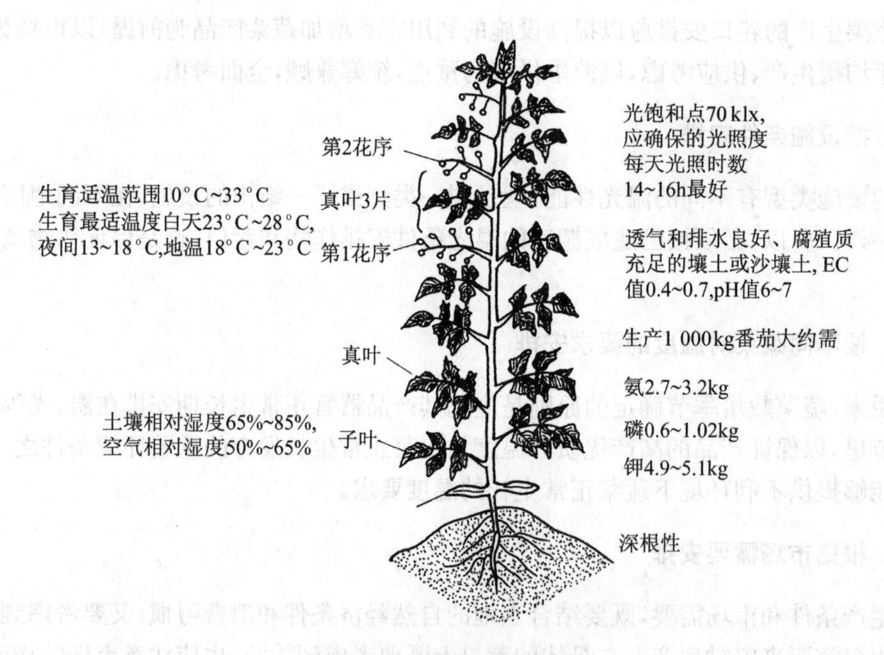

图 12.1 番茄植株示意图

12.3.2 栽培技术要点

12.3.2.1 选用良种

番茄应选用优质、丰产、抗病、不易裂果、耐贮运的大果型或中果型品种，如玛瓦、浙杂203、克里斯汀等。

12.3.2.2 土地选择

种植地选择土层深厚、有机质丰富、三年内未种过茄科作物的砂质壤土。

12.3.2.3 培育壮苗

(1) 播种前准备

① 整地施肥。选择避风向阳、排水良好、三年内未种过茄科作物的园地作苗床。播前浇足底水，深翻整地。苗床畦宽 1m，沟宽 40cm。结合整地，苗床施入腐熟人粪肥、过磷酸钙、焦泥灰等。

② 种子处理。番茄种子先用清水浸 3～4 h，除去浮籽，再放入 100 倍的福尔马林(40%甲醛)水溶液中浸 15～20 min，捞起后用湿布包裹，放入盆钵内密闭 2～3 h，然后用清水冲洗干净。或将清水浸胀的种子放入 55℃的温水中浸 15 min，到时立即取出，放入冷水中冷却，沥干待播。

(2) 播种期、播种量　11 月中下旬～12 月播种。每 667 m^2 大田需番茄种子 25 g。

(3) 播种技术　播种前苗床先洒水，将处理后的种子稍晾干，然后撒播。每 10～15 m^2 播 50 g 种子。播后盖营养土 0.5 cm，铺上稀疏稻草，再盖上地膜，搭好塑料小拱棚。

(4) 苗期管理　播后出苗前，白天苗床小棚内温度保持 25℃～30℃，60%秧苗出土时揭除地膜和稻草，保留小拱棚。齐苗时加大通风降温，白天温度保持在 18℃～22℃，夜间保持在 10℃～12℃。幼苗长出 2～3 片真叶时移入营养钵，或移苗假植，苗距 10 cm 见方。

移苗后应保持较高温度，还苗后揭膜降温。苗期浇水要小水勤浇，防止秧苗徒长。根据秧苗生长情况追施稀薄人粪尿 1～2 次，交替喷洒 70%代森锰锌 600 倍和 75%百菌清 600 倍液防病。

(5) 壮苗标准　壮苗的标准：茎粗短，节间紧密，叶大厚，叶色浓绿，根系发达，无病虫，无损伤，苗龄40 d，有真叶 6～7 片，苗高 18～20 cm。

12.3.2.4 整地施基肥

(1) 整地作畦　定植前 3～4 d 整地作畦。根据土壤酸度撒施石灰。畦面平整，畦宽(连沟)1.3～1.4 m，沟深 20～25 cm。

(2) 施足基肥　结合整地，667 m^2 施腐熟栏肥 2 000 kg、复合肥 75 kg、过磷酸钙 40～50 kg，焦泥灰 500 kg。栏肥开沟深施，化肥可畦面撒施，翻耕入土。

12.3.2.5 定植

(1) 定植时间　1 月下旬～2 月初定植。

(2) 定植方法　定植前苗床喷一次药，施一次肥，洒一次水，做到带肥、带药、带土定植。每畦栽 2 行，株距 30～40 cm，667 m^2 栽 2 500～2 600 株。定植后用清粪水点根。为防杂草，整地后定植前每 667 m^2 可用 60%丁草胺乳油 100 ml 加水 60 kg 畦面喷雾。

12.3.2.6　田间管理

(1) 追肥　生长前期施 1～2 次催苗肥，每次 667 m^2 施 10%～15%腐熟稀薄人粪肥 1 000 kg，或 0.5%尿素稀释液 800～1 000 kg、过磷酸钙 15～20 kg。第一穗果膨大至拨蓬前 20 d，每隔 10～15 d 施一次肥，每次 667 m^2 施复合肥 12.5～17.5 kg，或尿素 10～15 kg，或复合肥与尿素交替使用。为促使果实正常发育，进入开花结果期后，叶面喷施磷酸二氢钾 300 倍液或绿芬威 1 号 600 倍液，每隔 7～10 d 一次，连喷 2～3 次。

(2) 中耕铺草　前期结合施肥进行清沟培土，植株封垄前停止中耕，以防根系损伤引起病害。7 月高温来临时，进行畦面铺草。夏秋遇高温干旱，要及时在傍晚或清晨浇水抗旱。

(3) 搭架整枝疏果　番茄开花前搭好支架，采用双杆整枝，或斜蔓整技。根据品种特性和植株长势，每一花序留 3～5 个果实，疏去畸形果、僵果或多余的果实。对无限生长型番茄在生长中后期要摘心，即在最后的花序上留 2 叶打顶。

12.3.2.7　病虫害防治

(1) 防病　番茄的常见病害有青枯病、早疫病、晚疫病、脐腐病和筋腐病等，要采用综合防治技术。青枯病可选用硫酸链霉素(农用)或新植霉素 100～150 倍液浇根防治，每隔 7～10 d 浇一次，连浇 2～3 次。早疫病和晚疫病可用 70%代森锰锌和 75%百菌清 600 倍液或 80%大生 600～800 倍液交替喷防，每隔 7～10 d 喷一次，共喷 3～4 次。脐腐病和筋腐病属生理性病害，要注意合理密植，增施磷钾肥和均衡供水。

(2) 治虫　番茄的虫害以蚜虫为主，可用 25%菊乐合酯 1 500 倍液，或每667 m^2 用 10 g，10%吡虫啉粉剂加水 60 kg 喷雾防治。

12.3.2.8　及时采收

当地供应或近距离运销的，采收“半红果”；中距离运销时，采收“一点红果”；长途运销则采收“米色果”。

12.4　茄子设施栽培技术

12.4.1　茄子对环境条件的要求

12.4.1.1　温度

茄子是喜温耐热作物，其生长发育期间的适宜温度为 25℃左右。温度低于 20℃时，茄子植株生长缓慢，授粉、受精和果实生长都会受到影响；温度低于 15℃，茄子植株生长基本停止，出现落花落果现象；低于 10℃时，会引起植株新陈代谢的混乱；5℃以下，植株就会受到冻害。当温度高于 35℃时，茄子花器发育不良，容易产生僵果或落果。

茄子在不同的生长发育阶段，对温度的要求不同。种子发芽期的适宜温度为25℃～30℃；出苗至真叶显露时要求白天为20℃左右，夜间15℃左右；幼苗期，白天适温22℃～25℃，夜间15℃～18℃；结果期茎叶和果实的生长适温，白天25℃～30℃，夜间16℃～20℃。

12.4.1.2　光照

茄子对光周期反应不敏感，即日照时间的长短对其发育影响不大。茄子对光照强度要求较高，光饱和点为40klx，光补偿点2klx。紫色和红色品种对光照强度的要求较其他品种更高。光照强度不足会影响茄子转色，影响茄子的商品性。另外，光照强度越高，长柱花所占的比例就越大；光照强度越低，短柱花所占的比例越高。所以，在茄子育苗及大棚栽培中，应尽量使秧苗（植株）接受较强的光照。

12.4.1.3　水分

茄子耐旱力弱，同时茄子枝叶繁茂，叶片肥大，蒸腾旺盛，开花结果多，对水分的需求量大。田间最大持水量以保持在60%～80%最好，一般不能低于55%，否则会出现僵苗、僵果。茄子喜水，但又怕水，因此栽培茄子必须做到旱能灌、涝能排。

12.4.1.4　土壤及营养条件

茄子对土壤要求不太严格，一般以含有机质多、疏松肥沃、排水良好的沙质壤土生长最好，尤以在微酸性至微碱性（pH值6.8～7.3）土壤中产量较高。

茄子是需肥较多的蔬菜。茄子的生育期长，每生产10 000kg商品果，大约需吸收氮30kg、磷6.4kg、钾55kg、钙44kg。钙和镁对茄子的发育也是重要的。如缺钙，茄子叶脉附近会变褐并出现“铁锈”状叶。可在整地时撒施石灰，以补充土壤中的钙含量。如土壤中缺镁，会影响叶绿素的形成，使茄子叶脉附近特别是主脉附近变黄。叶面喷施0.05%～0.1%硫酸镁溶液2～4次，可治缺镁症。

12.4.2　栽培技术要点

12.4.2.1　品种选择

选择抗病、耐寒、品质优的品种，如冠王1号、杭茄一号、杭茄三号、引茄1号等。

12.4.2.2　育苗技术

（1）播种期　播种期为8月下旬～9月上旬。

（2）播种量　每667m2需种子25g。

（3）播种准备

① 营养土配制。营养土要在播前一个月左右堆积。配制方法可因地取材，如在杭州一般用园地50%～70%、腐熟垃圾泥20%～40%、人粪尿5%～10%、复合肥0.1%均匀搅拌。在上海郊区用园地60%、腐熟有机肥30%、砻糠灰10%配制而成。

② 种子处理。种子处理的方法主要有清水浸种、药水浸种、热水浸种等。热水浸种兼有前两种方法的优点，故应用较为广泛。

热水浸种前，先将种子在常温水中浸15min，然后再放入55℃～60℃的热水中浸烫15min。为使种子受热均匀，要不断搅拌，直到水温降至35℃左右停止搅拌，并继续浸泡6h左右。也可用75℃热水烫种，水量为种子体积的5～6倍。烫水过程不必另加热水，搅拌至水温35℃左右时即可静置6h。浸种期间需反复搓洗几次，以去除种皮外的黏液。

(4) 播种　播种前准备好播种床。播种床要平整。播种时先浇足底水，要求8～10cm深的土层都湿润。然后均匀撒上种子，每2～3m² 播25g种子。播种后覆盖1～1.5cm厚的营养土，然后铺上一层湿稻草，以防床土过干影响出苗。8月下旬～9月上旬天气较热，苗床上不需要地膜，而应搭建小拱棚，用薄膜盖顶，四周通风，以防雨水冲刷。

(5) 假植　当秧苗有2～4片真叶时即可假植。假植前将营养土装入营养钵中，并将营养钵整齐紧凑地排列在苗床上。假植应选晴天或多云天气进行。假植好的秧苗要浇足水分，并随即用薄膜(小拱棚)覆盖，保湿保温4～5d，棚内温度保持28℃左右，以促进新根发生。如果当时气温较高，小棚上可用草帘或遮阳网适当遮阳降温，以免灼伤幼苗。

(6) 苗期管理

① 保温措施。苗期棚内昼夜温度最好保持在25℃～18℃，遇寒冷的天气应在大棚内套盖小拱棚保温。如定植时期较早，一般不需用草帘或电热线等保温、加温。

② 通风透光。秧苗成活后，如棚内温度超过30℃，要加强通风。小棚薄膜每天都应揭开，以增强透光，提高光合作用能力。

③ 肥水管理。秧苗前期温度较高，浇水要勤。进入11月，要适当控制浇水，做到钵内营养土不发白不浇水，要浇就浇透。

④ 病虫害防治。茄子苗期病害主要有猝倒病，可用75%的百菌清800倍或50%多菌灵600倍防治。虫害主要有蚜虫、蓟马、红蜘蛛、茶黄螨等。

12.4.2.3　定植

(1) 整地施基肥　基肥应在定植前半个月施入。基肥用量要足，每个标准棚用猪粪750g、复合肥15kg。肥料于整地前均匀撒湿在毛畈上(或者整地后于畦中开沟深施)。然后整地作畦，每个大棚可做成四畦，但为了利于低温季节的保温，也可作成两畦。

(2) 定植时间　茄子一般在11月上旬定植最为适宜，要选冷空气过后的晴天进行。

(3) 定植密度和方法　每个大棚采用四畦整地法的，每畦种2行，株距约40cm，定植后宜浇适量的淡人粪尿进行定根，随即搭拱棚盖膜保湿，以促进新根发生，及早还苗。

12.4.2.4　大棚(田间)管理

(1) 保温防寒

① 大棚套小棚。小棚采用“两膜一保温材料(草帘或遮阳网)”的覆盖方式。

② 大棚、中棚套小棚。在小棚上覆盖草包或遮阳网等保温材料。

(2) 通风透光　秧苗还苗后，要加强通风透光管理。在低温季节，一般每天上午8～9时揭开草包等保温材料，9～10时揭开薄膜。晴天上午10～11时根据棚内温度将大棚薄膜适度揭开通风，棚内温度以25℃左右为宜。

(3) 整枝打叶　早熟栽培的茄子栽培密度较大，整枝打叶是夺取高产的关键措施之一。一般将门茄以下的侧枝全部摘除，门茄以上的侧枝就不行整枝。但打叶要严格及时，如果叶片过多,会影响通风透光,降低坐果率,易发病害。实践证明,在低温季节适当多摘叶片,往往能收到提高早期产量的良好效果。

(4) 防止落花落果　光照弱、营养不良、土壤干燥、温度过底或过高都会引起落花落果。防止落花落果,除根据发生原因有针对性地加强田间管理、改善肥水供给状况、改善通风透光和小气候条件之外,可采用 20～25mg/kg 的 2,4-D 点花,或用 30～50mg/kg 防落素喷花保果,尤其在低温阶段,这是保证茄子产量的关键措施。通常在花蕾发紫、含苞待放时点花最佳。

(5) 肥水管理　茄子的冬春栽培生长结果期长,肥水供应必须充足。一般而言,自定植后至 4 月上中旬,气温低,水分蒸发少,保持相对干燥有利于保温,减少病害的发生,也有利于植株的生长发育,故一般不浇水。四月中下旬以后,温度明显回升,遇连续晴天,棚内土壤容易干燥,造成水分供应不足,影响茄子坐果和果实生长,此时应浇水或沟内灌水。追肥一般每采收 2 次追肥 1 次,肥料可用人粪尿或复合肥等,每个标准大棚每次用复合肥 5kg 左右,可穴施,也可离植株基部 15cm 左右条施。条施后要及时覆盖土将肥料盖住。除常规追肥外,也可经常结合采用根外追肥。叶面肥可用爱多收、绿芬威等。根外追肥以晴天傍晚进行为宜。

12.4.2.5　病虫害防治

(1) 病害　茄子主要有猝倒病、灰霉病、菌核病等病害。猝倒病主要发生在幼苗期,可用井岗霉素、多菌灵、代森锌等交替防治。灰霉病、菌核病主要在定植后发生,除加强通风透光、降低棚内湿度等措施外,应及时进行药剂防治。药剂防治每隔 7～10d 进行 1 次,可用 75%百菌清可湿性粉剂 800 倍液喷雾,或 50%速克灵可湿性粉剂 1 500 倍液喷雾,或 50%甲基托津 800 倍液喷雾,或一熏灵(2 号)烟熏剂熏蒸。每个标准大棚用 4 颗,熏蒸时要密闭大棚 6h 左右。不得在小棚内进行熏蒸。

(2) 虫害　茄子主要有蚜虫、红蜘蛛、茶黄螨、蓟马等害虫。可用 10%一遍净 2 000～2 500 倍,或 20%好年冬 2 000～3 000 倍,或 1%杀虫素 2 000～2 500 倍防治。

12.4.2.6　采收

果实采收的标准是看萼片与果实相连部位的白色环状带(俗称茄眼)。环状带宽表示果实生长快;环状带不明显,表示果实生长较慢,要及时采收。当然,采收时期也应根据植株生长和果实情况综合考虑。有的植株生长偏旺,结果较少,采收可适当推迟。茄子一般亩产量可达 3000kg 以上。

12.5　厚皮甜瓜设施栽培技术

12.5.1　对环境条件的要求

(1) 温度　厚皮甜瓜喜温怕寒,发芽期的适宜温度为 25℃～35℃,生长期间的适宜温度为 22℃～32℃,低于 12℃时,生长不良。厚皮甜瓜耐热能力比较强,能忍耐 35℃以上的高温。

(2) 光照　厚皮甜瓜喜光怕阴,光补偿点为 4klx,光饱和点 70～80klx。结瓜期要求日照时数 10～12h 以上,短于 8h 结瓜不良。

(3) 水分　厚皮甜瓜耐干燥和干旱的能力强,适宜的空气湿度为 50%～60%,开花坐瓜期要求80%左右的空气相对湿度。土壤湿度过高,容易发生烂根。

(4) 土壤和营养　厚皮甜瓜对土壤的要求不严格,适应性强,以土层深厚、疏松通气的砂壤土为最好。适宜的土壤 pH 值为 6.0～6.8,较喜磷、钾肥,对钙、镁、硼的需求量也比较大,耐盐能力中等。

12.5.2　栽培技术要点

12.5.2.1　品种选择

应选择抗病、耐寒、品质优的品种,如 F3800、翠密等。

12.5.2.2　育苗技术

(1) 播种期　春季大棚栽培12月至翌年2月,小拱棚栽培2月底至3月初播种。

(2) 播种量　每667m²需种子50g。

(3) 播种准备　首先,对营养土进行消毒,应针对瓜类苗期病害进行药剂消毒。营养土要求养分充足、土壤通透性好,用园土∶腐熟有机肥∶谷壳熏炭按4∶3∶3的比例混合为参考标准。保证浇水后表面不积水,不板结。要求采用大棚内加热育苗。

(4) 播种　播种时,可先在育苗盘内播种,待子叶展开时,移苗到直径10cm的育苗钵内。也可直接播种到育苗钵中,每钵1粒。

(5) 播后管理

① 播种后的温度管理。苗床温度白天控制在30℃左右,夜间控制在15℃～20℃,3d后即可齐苗。出苗后,白天温度控制在20℃～25℃,夜间控制在15℃左右。随着秧苗的生长,应逐渐降低温度,以便秧苗能适应定植后的环境。特别是定植前7d左右,应将苗床温度降低到白天22℃左右,夜间不低于15℃。一般经过35d苗龄,秧苗长至4～5片真叶时即可定植。

为了提高厚皮甜瓜的抗性,可进行嫁接育苗。可选用抗逆性强的南瓜、短丝瓜等作砧木,以减少枯萎病的危害。嫁接方法见图12.2。

图12.2　甜瓜嫁接方法

(a) 插接;(b) 靠接;(c) 舌接;1. 砧木;2. 接穗

嫁接后要严格保持高湿(接近饱和湿度)、高温(白天25℃～28℃,夜间15℃～18℃),防止日光直射。7～10d接穗成活后开始通风。靠接、舌接要切断砧木根部。喷药预防苗期病害。第3片真叶出现后加强炼苗。定植前7～10d,苗床温湿度应接近定植时的大棚环境。

② 移苗。播种后7～10d,两子时平展时移入营养钵。营养钵的直径为9～10cm。适当浅栽。

③ 育苗期间的温度管理。育苗期间温度过高,会使厚皮甜瓜生育加快,容易发生落花;温度偏低,则生育迟缓,拖长育苗天数。厚皮甜瓜育苗期间的温度管理见图12.3。

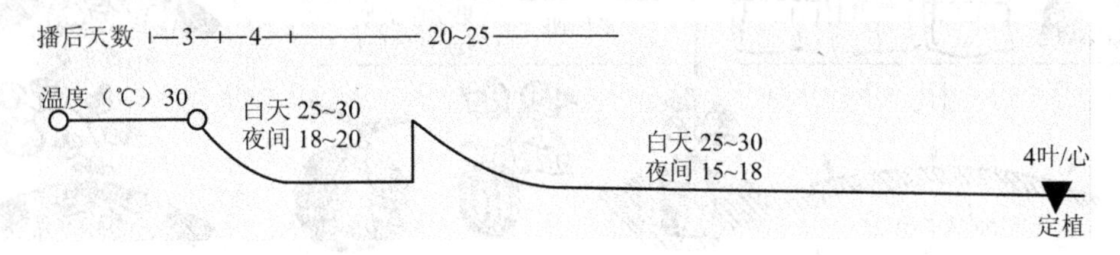

图12.3 厚皮甜瓜育苗期间的温度管理

④ 水分管理。播种及移苗时,床土要浇透底水。平时尽量控制灌水,以防作物徒长和发生病害。

12.5.2.3 整地施基肥

厚皮甜瓜,特别是网纹甜瓜和哈密瓜,应选择地势较高燥、地下水位低、排水良好的地块。甜瓜病害,特别是土壤传染的病害比较严重,需要严格轮作。在施肥时,基肥用量以占总施肥量的1/2～1/3为宜,采用沟施或穴施。整地前每个标准大棚施优质有机肥(如鸡粪)500～800kg或饼肥50～80kg、过磷酸钙15～20kg、复合肥25kg,宜全层撒施。

作畦方式取决于栽培方式。厚皮甜瓜的栽培方式有爬地栽培和直立架栽培两种,哈密瓜由于单果比较重,宜选用爬地栽培;网纹甜瓜为了保证网纹的正常发生,宜采用立式搭架栽培。

爬地栽培的作畦方式一般一个标准大棚作2畦,畦宽2.5m,畦高25cm,中间走沟40～50cm,大棚两侧操作沟各30cm。搭架栽培者,每个标准大棚作3畦,畦面宽1m,高25cm,沟宽60～70cm。

作畦后覆盖大棚膜,等待气温和土温的上升。整地施基肥和作畦应在定植前15～20d完成。

12.5.2.4 定植

定植宜在冷尾暖头的晴天进行,一般当秧苗具4～5片真叶时即可定植。定植密度应根据栽培方式、整枝方式确定。爬地栽培的若采用2蔓整枝,则每畦种1株,株距30～33cm,每个标准大棚种180～200株;搭架栽培的每畦种2行,株距35～40cm(单蔓整枝)或45～50cm(2蔓整枝)。

定植后覆盖地膜,有条件的可在膜下铺设滴灌装置,然后搭小拱棚保温。

12.5.2.5 田间管理

(1) 温度管理　定植后5～7d,密闭大棚和小拱棚保温,以促进缓苗。若晴天中午温度高于35℃,可对大棚小通风。缓苗后适当通风降温,温度控制在白天28℃左右,夜间不低于13℃～15℃。开花坐果后,白天温度保持在30℃～35℃,夜间15℃～18℃。

(2) 追肥　第1次追肥可在定植后的营养生长期或开花后,开花后15d再追肥1次,进入果实成熟期一般不再追肥。但对晚熟或采收期长的甜瓜品种,后期还可适当追施一次磷、钾肥,见图 12.4。

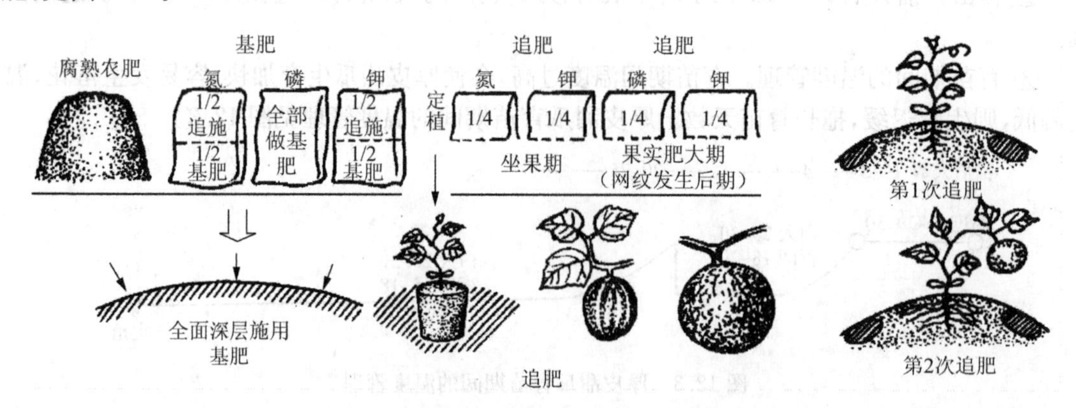

图 12.4 厚皮甜瓜的施用方法及追肥时期示意图

(3) 水分管理 厚皮甜瓜对水分条件要求严格。定植时浇水促进成活,活棵则控水,然后结合其生长发育增加水量。一般在晴天上午 10 时到下午 1 时灌水,有滴灌装置的每次滴 15min 左右;一般 1 周滴 1～2 次,以滴水后畦不湿而沟底出现潮湿现象为准。在授粉前应控水,只要保持土壤潮湿即可。果实膨大期(网纹品种出现网纹时),则增加水量,成熟期再次控水,以提高品质和耐贮性。为了降低空气湿度,应用地膜全畦覆盖,采用滴灌和商畦沟灌,避免漫灌。空气湿度控制在 50%～70%,克服植株徒长、多病。放蜂或人工授粉,促进坐果。

(4) 整枝 厚皮甜瓜以子、孙蔓结果为主。通常采用摘心,促进分枝和雌花形成。整枝方式分单蔓、双蔓。单蔓整枝摘除 10 节以下子蔓,以 10～15 节子蔓结果,有结实花子蔓留 2 叶摘心,无结实花子蔓自基部剪除,主蔓 25 节摘心。双蔓整枝 3 叶摘心,留 2 子蔓平行生长,摘除子蔓 10 节以下孙蔓,选 10～15 节孙蔓结果,有结实花蔓留 2 叶摘心,无结实花蔓自基部摘除,子蔓 20 节后摘心。整枝应掌握前紧后松的原则。单蔓结果少,但容易控制,果型大,种植密度增加 1 倍,产量增加。立架栽培单蔓、双蔓向上延伸,爬地栽培则双向延伸。整枝方法见图 12.5。

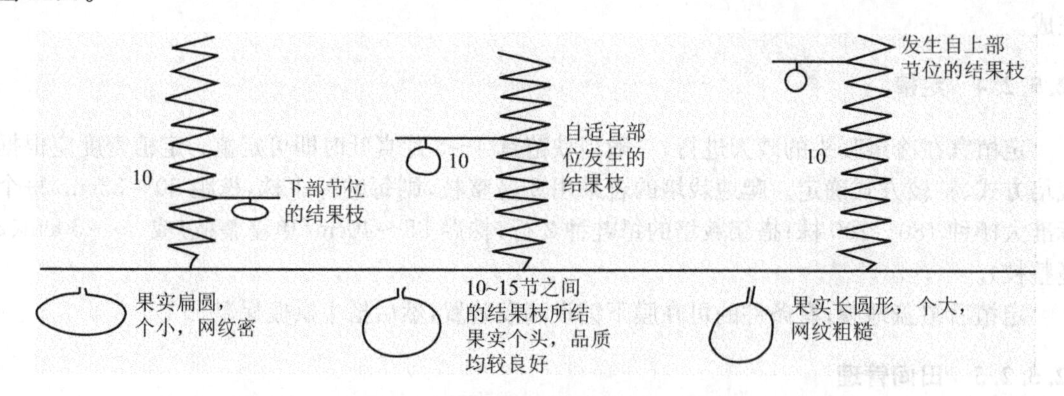

图 12.5 厚皮甜瓜的整枝方法示意图

(5) 人工授粉和选留果 在确定结果枝以后,在雌花开花的当天上午 10 时以前进行人工辅助授粉。授粉后挂标签,记录授粉日期,以方便确定采收期。一般授粉后 4～5d 即可确认是否坐果成功,然后进行第一次选果,把畸形的或有损伤的幼果摘除。待幼果长到直径 4～5cm 时进行第 2 次选果,并确定最后坐果,见图 12.6。

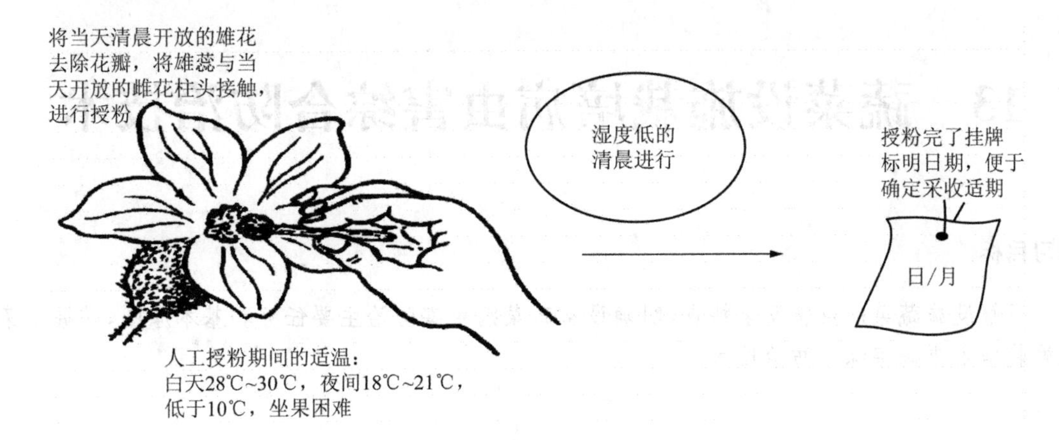

图 12.6　厚皮甜瓜的人工授粉和挂牌

(6) 吊果与铺垫稻草　立式栽培厚皮甜瓜的待幼果长至直径约 10cm 左右应进行吊果。爬地栽培的在坐果枝下铺垫稻草等，使果实不直接接触土壤，提高果实的商品性。

12.5.2.6 病虫害防治

厚皮甜瓜整个生长期的主要病害有立枯病、霜霉病、炭疽病、疫病、白粉病、枯萎病等，虫害有蚜虫、蓟马、线虫、瓜蝇、红蜘蛛等，应采取预防为主、综合防治的措施。

12.5.2.7 采收与后熟

厚皮甜瓜的果实成熟特征为结果枝节位上的叶片产生褐色斑点，果面出现品种特有的色泽、香味和网纹。在采收时，最好是根据每个果实的坐果日期和品种熟性来确定正确的采收期。采收后的甜瓜必须经一定时间的后熟，经后熟后果皮变薄，果实硬度下降，风味会明显上升，特别是网纹甜瓜的后熟更为重要，一般需要后熟 3～7d。

思考题

1. 蔬菜设施栽培有什么特点？
2. 适合设施栽培的蔬菜应具备什么条件？
3. 蔬菜的设施栽培形式有哪些？各有什么特点？
4. 蔬菜设施栽培的茬口安排的原则是什么？
5. 简述番茄设施栽培技术。
6. 简述茄子设施栽培技术。

13　蔬菜设施栽培病虫害综合防治技术

学习目标

了解设施蔬菜病虫害发生特点，明确设施蔬菜病虫害防治主要任务和基本原则，掌握蔬菜设施栽培主要病害综合防治技术。

13.1　蔬菜设施栽培病虫害发生的特点

设施内高温高湿或低温高湿、光照不良、密闭与通风不好的小气候特点，加之多年相同作物连作而不进行科学的轮作倒茬，为蔬菜病虫害周年繁殖、蔓延、危害提供了适宜的条件和越冬场所，使病虫害种类增多，危害程度加重，对生产造成较为严重的损失。

13.1.1　土传病害有加重的趋势

温室或大棚是较为永久式的保护地生产设施，其内连年种植黄瓜、番茄、甜椒、茄子等经济效益较高的果类蔬菜，加之不进行科学的轮作，使蔬菜的土传病害发生十分严重。表现较为突出的是黄瓜枯萎病。在连作4～5 a后的温室大棚，黄瓜枯萎病就可以点片发生，如防止不及时可能造成大片死秧，成为一种毁灭性病害。此种病害还能危害番茄、豇豆及其他瓜类蔬菜。茄子黄萎病也是一种难以防治的土传病害。还有根结线虫病，主要危害黄瓜、番茄、白菜、生菜、豇豆、芹菜等多种蔬菜，用蒸气、药剂进行土壤处理有一定效果，但不持久，它已成为温室大棚生产中的主要病害，有继续扩大蔓延之势。另外，危害黄瓜、番茄、生菜、白菜等多种蔬菜的菌核病，危害黄瓜茎基部、嫩茎节部、叶子和果实的黄瓜疫病也是土传病害，其危害有逐渐加重的趋势。

13.1.2　高湿病害发生严重

温室大棚等设施经常处于相对密闭的环境，水分不易散失，处在高温高湿或低温高湿的环境下，湿度常达饱和状态，为黄瓜霜霉病、灰霉病、炭疽病等多种病害的侵染、传播、危害创造了有利的条件。如黄瓜霜霉病已成为设施栽培黄瓜非常严重的病害；灰霉病不仅危害黄瓜，而且对番茄、甜椒、茄子、豇豆、生菜、韭菜等多种蔬菜的危害逐年加重，造成较为严重的经济损失；黄瓜炭疽病也是黄瓜设施栽培的主要病害，不仅危害秋延后黄瓜栽培，对温室、塑料大棚春黄瓜在育苗及在整个栽培期中均造成严重的危害。

13.1.3　细菌性病害有加重的趋势

黄瓜细菌性角斑病在北方温室、大棚中已成为不亚于黄瓜霜霉病的主要病害；黄瓜细菌性缘枯病、叶枯病在大棚中发生的危害有上升的趋势；番茄青枯病过去多在南方露地栽培中发生，随着设施栽培的发展，这种病害在北方也开始发生；另外，菜豆的细菌性疫病在秋延后栽培中也造成一定的不良影响。

13.1.4 病害种类有新变化

由于设施面积的扩大及生物的适应性，为有害细菌和真菌的越冬，侵染、流行蔓延提供了有利条件。如番茄晚疫病，过去多由马铃薯提供菌源，主要危害秋大棚或温室番茄，秋番茄拉秧后，病菌被消灭，翌年仍由马铃薯提供病源，危害较小。但是，目前设施内几乎周年都可以栽植番茄，使设施及露地番茄栽培晚疫病的危害日趋严重，如遇连阴雨、低温寡照或通风不良的高湿条件，会造成晚疫病大流行，给生产造成严重损失。番茄的早疫病、叶霉病、褐根病等，过去发生较轻，近年亦有加重的趋势，有的自苗期就开始发病，危害很重。

在露地高温、强日照下发生较重的病毒病，设施栽培主要发生在秋延后的黄瓜、番茄、甜椒以及秋冬茬菠菜、白菜等蔬菜上。由于设施内高湿、弱光的特殊条件不利于蚜虫等繁殖滋生传染病毒病，因而设施内蔬菜栽培中病毒病的发生及危害轻于露地。

13.1.5 设施内虫害发生特点

设施内蔬菜栽培发生的主要虫害有蚜虫、白粉虱、美洲斑潜蝇、茶黄螨、地下害虫、红蜘蛛、棉铃虫和烟青虫等。在露地栽培条件下，因受环境的制约这些虫害仅为季节性的危害，而设施栽培下环境条件的改善，为多种虫害的繁衍滋生和周年危害创造了条件，如温室的白粉虱、茶黄螨等可危害瓜类、茄果类、根菜类、叶菜类等多种设施栽培蔬菜。这些害虫在北方寒冷地区不能露地越冬，但在温度、光照适宜且有作物栽培的温室中，不仅是其优越的越冬场所，并使其加速繁殖，从而增加了防治难度。

蚜虫及红蜘蛛是设施内常发性虫害，可以在露地越冬，又能在棚室内繁殖、危害，近年呈上升趋势，但只要积极强化防治，就可以有效地控制它的发生发展。另外，在韭菜集中产区的韭菜根蛆、种蝇的危害也日趋严重，成为葱蒜类蔬菜的主要害虫，目前尚无有效的防治方法。

13.1.6 生理性病害有所发展

在设施栽培特定的环境条件下，棚室气温时高时低，光照强度忽强忽弱，水分与营养过剩或亏缺，某些营养元素严重缺乏，土壤结构不良、通气性差，化学肥料施入过多产生有害的NH_3、NO_3，棚室燃煤加温产生 CO 和 SO_2 等多种有害气体，过量施用农药或生长激素等，所有这些都会直接伤害栽培作物的幼苗和植株，使蔬菜生长受影响，发生生理障碍，如叶片、茎、果实由绿变白、变褐，或出现斑点、斑枯，叶片皱缩、花果畸形或出现空洞果、落花、落果、裂果，甚至造成全株干枯死亡。

13.2 蔬菜设施栽培病虫害防治的主要任务和基本原则

蔬菜设施栽培植物保护的主要任务是：改善设施蔬菜栽培的生态环境，采用农业措施防治为主、药剂防治为辅的综合防治技术，有效地控制有害生物危害及其他自然灾害，确保设施栽培的各种作物获得高产稳产和高效益；防止农药污染，向人们提供卫生洁净的食品；保护生态环境和人畜安全。

我们的基本方针是“预防为主，综合防治”，在实施过程中应坚持的基本原则是：

13.2.1 实行植物检疫制度

实行植物检疫制度的目的是及时防止危险性病虫草害等新的有害生物传入和扩散。

13.2.2 选用抗病(虫)品种

这是经济而有效的措施，并应因地制宜地合理搭配品种，定期更新换代，良种良法相结合，提高病虫草害的防治效果。

13.2.3 改进提高栽培管理技术

如科学合理轮作倒茬，水旱田轮作，使用腐熟发酵肥料，高畦地膜覆盖，节水除湿防病灌溉技术，黄瓜、西瓜、茄子等嫁接防病技术等。

13.2.4 合理安全使用农药

按照国家安全使用农药的有关规定，严禁在蔬菜上使用剧毒农药和高残留农药，只能使用低毒、高效、低残留的农药；同时要严格掌握最佳的施药期，尽力减少施药次数，降低浓度，减少施药量，使病虫害得到有效控制，不求“全歼”；交替使用多种适宜农药，延缓病虫产生抗药性，提高防效；提倡使用第三代农药，如抑太保、灭幼脲等昆虫生长调节剂；在温室大棚中推广烟雾剂、粉尘剂等新的农药剂型，达到降湿、防病、省工、省力、提高防治效果的目的。

13.2.5 积极推广生物防治技术

在有效防治病虫害的同时，注意保护病虫害的天敌，保护生态环境，用农抗 120、农用链霉素、菜丰宁、井岗霉素等，用细菌性农药，如苏云金杆菌、白僵菌、颗粒体病毒、寄生蜂、丽蚜小蜂等防治病虫害。

13.2.6 利用生态、物理方法防治病虫害

在栽培上通过对棚室内温、湿度的有效调控，使多种病害发生、蔓延的温湿度条件得不到满足，从而抑制或减轻其危害。也可通过不同颜色及害虫对不同光谱的反应驱虫杀虫，如利用银灰色地膜驱避蚜虫，用黄板和黑光灯诱杀害虫。在大棚、温室内可进行高温高湿闷棚，对黄瓜霜霉病及多种虫害有良好的防治效果。

13.3 蔬菜设施栽培病害综合防治技术

13.3.1 选用抗病品种，进行种子消毒

13.3.1.1 选用抗病品种

我国设施栽培蔬菜抗病育种工作已培育了一批质优、高产的蔬菜新品种，抗番茄花叶病毒和叶霉病的番茄品种有中杂 8 号、中杂 9 号、毛粉 802、佳粉 15，抗烟草花叶和黄瓜花叶病毒的

甜椒品种有中椒4号、中椒6号、苏椒4号、甜杂3号等。

从目前情况看，所培育的抗病品种单抗性好，而兼抗多种病害的优良品种少，如黄瓜抗病品种中，有些对霜霉病、白粉病有抗性，而对枯萎病和疫病等则易感染，与荷兰、以色列、日本等设施园艺高度发达国家培育的品种相比还有较大差距。蔬菜育种工作者要尽快培育出兼抗多种病害、适于设施栽培的专用种。

13.3.1.2 种子消毒

种子消毒是十分重要的防病环节。常用的方法有：

(1) *温汤浸种* 将清洗晾晒过的黄瓜、番茄种子，浸入55℃～60℃温水20 min，冲洗干净在28℃～30℃温度条件下催芽。

(2) *干热灭菌* 如将充分干燥的黄瓜种子，在70℃恒温下干热灭菌72 h，然后浸种、催芽、播种。

(3) *药剂拌种、浸种* 因防治的病害种类的不同应选择适宜的农药进行拌种和浸种。如防治疫病等病害，可选用25%甲霜灵可湿性粉或72.2%普力克水剂800倍液浸种30 min后，用水冲洗，继续浸种，出水后催芽播种。对细菌性病害可选用新植霉素200 ml/L浸种3 h，或用次氯酸钠300倍液浸种30～60 min，然后用水冲洗，继续浸种后出水催芽。对病毒病可用10%磷酸三钠浸种20 min，水洗后继续浸种，出水后催芽播种。

13.3.2 培育健壮无病幼苗

采用适宜的育苗设施，培育健壮无病虫幼苗，是获得早熟高产的重要技术环节。育苗的方法很多，有营养土方育苗、育苗钵育苗、电热线快速育苗、穴盘育苗以及工厂化机械育苗等。

13.3.2.1 床土与基质消毒灭菌

(1) *高温发酵消毒灭菌* 将秸秆、猪牛厩肥、人粪以及床土等分层堆积，每层约厚15 cm，堆底直径3～4 m，高1.5 m，四周及顶部用塑料薄膜或泥土封严，上部留口灌入人粪尿、生活污水，使内部湿润，在厌氧条件下高温发酵，可杀灭菌源、虫卵、草籽，堆制成优质的有机肥，过筛后备用。

(2) *药剂消毒* 床土消毒灭菌可选用石灰氮，每667m^{2}用药50～80kg。先将石灰氮撒施与土表，再撒施稻草等有机物300～500kg，翻耕土壤，灌水，密闭15～20d即可。

13.3.2.2 苗期病害防治

苗期病害有猝倒病、立枯病等，可引起黄瓜、番茄、茄子、甜椒、芹菜、洋葱等多种蔬菜发病，造成大片死苗；灰霉病可以危害黄瓜、甜椒、番茄、莴苣等幼苗。发病后可采取以下措施：

(1) *喷药防治* 用70%代森锌可湿性粉加25%甲霜灵可湿性粉剂800倍液喷洒，或用50%福美双可湿性粉剂加25%甲霜灵可湿性粉剂。

(2) *混拌适量干细土* 湿拌适量干细土撒于病菌周围，防止病菌扩散，保护健株。苗期还经常发生灰霉病、黑星病、白粉病、霜霉病、角斑病、炭疽病及疫病的感染，要采用适当的方法和药剂及时防治。

(3) *带药定植* 为了防止苗期病害带入田间，定植前根据病虫害发生的种类普遍施药一次，如用75%百菌清可湿性粉加65%甲霜灵可湿性粉剂加25%甲霜灵可湿性粉(1∶1∶1)800倍液加98%氯霉素原粉5000倍液，可防治大部分苗期真菌及细菌性病害；防治蚜虫、茶黄螨等可每667 m^2 用80%敌敌畏0.25～0.4 kg熏蒸；或用杀瓜蚜烟剂1号、熏蚜颗粒剂2号、烟剂4号直接熏蒸杀蚜；或者用50%辟蚜雾可湿性粉2000～3000倍液、2.5%溴氰菊酯3000倍液、40%乐果乳油1000倍液喷雾；对茶黄螨可用25%灭螨锰可湿性粉1000～1500倍液喷洒，以确保苗期病虫害不带入定植田间。在药剂防治的同时，对黄瓜、番茄等要进行炼苗，提高抗逆性，淘汰病弱苗，保证秧苗齐壮，无病虫苗。

13.3.3 棚(室)消毒灭菌

13.3.3.1 定植前棚(室)内熏蒸消毒

视棚(室)内的容积，一般每立方米用硫磺4 g加锯末8 g，于傍晚封闭棚室后点燃熏烟消毒24 h。注意熏蒸时棚室内不能有任何作物。本法只适用于竹木、水泥结构的大棚温室，铁骨架棚(室)禁用。消毒后及时用清水冲洗农膜，否则因硫磺附着会加速农膜老化而缩短使用寿命。

13.3.3.2 拉秧后棚(室)消毒

栽培作物收获后，可利用夏季高温期进行土壤消毒灭菌。先将作物残体、病根、枯枝烂叶清出田外烧毁，然后每667 m^2 面积施生石灰100～150 kg加碎草1000 kg，深翻50 cm，作高垄，沟内灌水呈饱和状态，覆盖农膜，闭棚(室)增温，保持45 ℃左右高温达15～20 d，可以杀灭土壤中大部分真菌、细菌和线虫。淹水高温条件也使土壤中灰霉病菌及菌核病菌的越冬菌核腐烂。施入石灰后可改变土壤酸碱度，使喜酸环境的枯萎病、黑星病、灰霉病、菌核病等能受到抑制而减轻危害，但石灰施入不可过多，且不可连年施用。

13.3.4 栽培防病技术

13.3.4.1 轮作

有条件的地区应积极采用轮作的方式防止和减轻上传病害的发生和危害。如棚(室)黄瓜在多年连作的情况下会加重枯萎病、根腐病、黑星病、菌核病、疫病及根结线虫病的发生和危害，如果与适宜作物轮作可有效减轻上述病害的发生。如前茬为黄瓜后茬改种葱蒜，耕层中线虫可减少70%～87%；黄瓜与水稻轮作可减轻枯萎病的危害；草莓和水稻轮作，草莓病害轻，水稻可获高产。

13.3.4.2 嫁接育苗

嫁接育苗技术具有防治枯萎病等土传病害、抗御早春低地温、促发强大根系增加吸收、加速地上部生长、增强抗病性、获得高产等多种功能。利用云南黑籽南瓜为砧木，采用靠接、侧插接、顶插接等方法嫁接黄瓜，用瓠砧1号、西砧1号或黑籽南瓜为砧木嫁接西瓜已在生产上大面积推广；近年来茄子嫁接技术推广迅速，对防治茄子黄萎病、大幅度增产效果明显。随着设施栽培面积的扩大，老棚(室)多年连作土传病害日趋加重。瓜类、茄果类嫁接技术的推广应用为控制土传病害提供了有效途径。

13.3.4.3 无土栽培防病技术

无土栽培是防止土传病害发生和蔓延的有效方法，其中有机生态型无土栽培，方法简便，投资省，产品洁净卫生，是目前大面积推广的主要栽培方式之一。目前棚（室）广泛采用的双垄覆膜，膜下垄沟内“小水暗浇”的节水、增温、降湿栽培方法，能使棚室内湿度降低15%～20%，提高地温促发根系，能有效地减轻诸如霜霉病、灰霉病等多种病害的危害，并可阻止土壤中菌核病子囊盘出土传播。高畦地膜覆盖、沟中覆盖稻草，或畦面覆盖稻草也能有效防治灰霉病。在栽植上适当加大行距，缩小株距，在密度不减的情况下，可增强通风透光，也便于田间作业。

对多种生理性病害的防治应加强管理，施足基肥，合理追肥灌水，注意平衡施肥，合理使用农药和生长调节剂，并注意通风和光照管理，为作物提供相对稳定而适宜的栽培环境是十分重要的。

13.3.5 棚(室)生态物理防治技术

生态病虫害防治技术是通过对棚（室）内的生态环境如温度、湿度等的严格调控，旨在保证蔬菜作物正常生长的前提下，人为地创造不适宜病害发生或蔓延的条件，从而抑制和防止病害流行的方法，主要用于黄瓜霜霉病、灰霉病、白粉病以及番茄晚疫病等。黄瓜是棚（室）栽培的主要蔬菜，病害种类多，采用生态防治首先要了解黄瓜的生物学特性。黄瓜生育适温为25℃～30℃，20℃～25℃低温利于营养物质转运，10℃～13℃时呼吸消耗最少，每天需8～14h光照，CO_2浓度午前达$1\,000\times10^{-6}$以上可加强光合作用，黄瓜生长良好。黄瓜要求相对较高的湿度，生育期适宜湿度为80%～90%，即使湿度降至60%也生育良好。

13.3.5.1 叶露调控生态防治

棚（室）内昼夜温差大、湿度高、植株叶片结露是霜霉病、黑星病等喜湿病害发生的关键因子。高湿下孢子囊形成快而多，如黄瓜叶片有水滴，温度15℃～20℃，霜霉菌孢子囊仅用4h即可萌发和侵染。湿度降至60%则不产生孢子囊。霜霉病发生的适宜温度为16℃～25℃，高于30℃或低于13℃发病缓慢轻微。

采用叶露调控法防治黄瓜霜霉病时，日出前棚室内湿度大，温度低，日出后要尽快提温，使气温达28℃～30℃，到30℃时通风排湿、增温，不给霜霉病发生的适温条件；下午通风降温，温度20℃～25℃，虽满足了发病的温度要求，但湿度降至60%以下，发病条件仍不具备；较低的湿度条件，保持叶面不结露可持续至前半夜；当后半夜湿度增高达90%以上时，气温也降至13℃～10℃，低温又抑制了病害的发生。日出后继续采取提温的方法。在高温到来时主要是加强通风防止结露；如果灌水，灌后要提高棚温后通风降湿。

13.3.5.2 低温期内加温技术

春大棚及节能日光温室冬春茬黄瓜生育前期温度低，黄瓜黑星病、灰霉病等低温病害发生严重，如黄瓜灰霉病的发生与气温低于15℃的次数密切相关，而黑星病也与低温、高温发生的频率有关。因此在低温期内，当日均温度低于15℃时，要注重增温保温，覆盖双层幕，或开启临时加温的装置，这有利于防治黄瓜黑星病、灰霉病，也有利于促发壮秧，防止化瓜，增加前期产量。

13.3.5.3 高温闷棚

研究表明,温度在28℃以上,对霜霉病菌、黑星病菌、灰霉病菌、黑斑病菌繁殖蔓延不利,温度再高就可以杀死部分病原菌,从而起到有效地控制病害的作用。另一方面,高温还能激活黄瓜体内的防御酶系(过氧化物酶、多酚氧化酶等),从而使植株能抵抗病原菌的浸染及扩展。

高温闷棚应选晴天中午进行。为了防止黄瓜受害,可在前一天先浇水,第二天高温闷棚,要求有专人看护。闷棚前应将生长点调至等高度,棚内挂好温度计,高度必须与黄瓜生长点平行,最好在棚内的南、中、北各挂一个温度表。中午闷棚,使温度上升到40℃,然后逐步封严风口,使温度慢慢上升到45℃乃至46℃~47℃,每隔15~20 min进棚检查一次,不可超过限定温度,否则应小通风降温。稳定维持2 h后,由小到大逐步放风,慢慢降至常温。闷棚温度低于42℃效果不好,高于47℃则可能引起黄瓜生长点灼伤。所以高温闷棚过程中要特别注意,若发现植株顶端下垂,应立即通风降温。闷棚后要加强肥水管理,使黄瓜恢复长势。处理一次,一般可控制7~10 d。高温闷棚对抑制黄瓜徒长、快速抑制大面积黄瓜霜霉病侵染蔓延、促进结果是有效的。高温闷棚应在专职人员指导下进行,以防黄瓜在高温下受到伤害。

在生态防治中强调通风降湿管理,并注意在顶部和肩部通风,尽量不放底脚风,降低湿度是防止多种病害发生的关键环节。

13.3.5.4 物理防治技术

物理防治主要是在研究病害流行规律的基础上,控制侵染循环中某一环节,达到防治病害的目的。如用黑色地膜覆盖可将出土的子囊盘限制在膜下,达到防病目的;采用紫外线阻隔棚膜,使棚(室)内缺乏紫外光,能有效地抑制黄瓜发霉病菌孢子产生和黄瓜菌核病的菌核形成子囊盘和子囊孢子;根据黄瓜疫病的侵染特点,用生物膜裹茎可防黄瓜疫病;喷洒高脂膜可防黄瓜白粉病。另外,侵染黄瓜叶片及瓜条的大部分真菌均为喜酸性,可对寄主作物喷洒碱性药物试剂,以改变植株叶面的pH值。如防治黄瓜白粉病,可用500倍小苏打水每隔3 d喷1次,连续喷洒4~5次,不仅防病,而且分解出CO_2,可提高黄瓜产量。虫害防治,可采用覆盖银灰地膜避蚜,或用黄板及黑光灯诱杀。

13.3.6 化学防治技术

我国在目前的设施栽培条件下,化学防治仍是某些作物的主要防治方法。在病虫害防治过程中,发病初期应做出正确的诊断,及时正确施药可达到预期的防治效果。

目前设施栽培病虫害防治仍大量采用喷雾法,将稀释的农药直接喷施在植株或虫体上,适用的剂型有可湿性粉、乳油、胶悬剂、水剂、可溶性粉剂、乳剂等。

13.3.6.1 施药的方法

(1) 大容量喷雾法　大容量喷雾法即常规喷雾法,雾滴直径为200~300 μm,所用的药械为工农-16型背负式喷雾器和552丙型压缩式喷雾器。一般在距作物50 cm处喷施药液,采用下扣打药、上翻打药、两侧打药、划圆打药等方法,农药附着在蔬菜上不下滚为适度。苗期每667 m^2蔬菜施药液30~50 kg,成株期用药量为60~100 kg。喷药时应采用退步打药的方式。

(2) 超低量喷雾法　采用超低量高效的喷雾机,将少量农药雾化成50~100 μm的小雾滴，每 667 m^2 仅用 330 ml 以下。小型国产 JDP-A 型超低量手持喷雾器，用 1 号电池 3 节，1 人作业每小时可喷洒 2 000～3 500 m^2。超低量喷雾器可用于有效成分为 20%～30%的油剂，如 25%锌硫磷油剂、25%乐果油剂和 25%敌百虫油剂等，用时不加水，667 m^2 用量为 100～200 ml，喷出的雾滴在根（室）内沉降至植物体上，对病虫的防效很好。

（3）*常温烟雾法* 常温烟雾法是日本、美国等发达国家当前采用的设施内防治病虫害的主要方法，即在室温下用高速气流或超声波将药液破碎成 20 μm 以下的超微粒子，这些微小粒子在棚内可长期悬浮，充分扩散到棚内及作物体的各部分，对病虫害通过接触和熏杀而达到灭菌治虫的效果。

13.3.6.2 烟雾剂防治技术

（1）*烟雾剂使用方法* 目前我国部分农药生产厂家或科研单位可以生产多种定型烟雾剂，如百菌清烟雾剂，有片剂或袋装粉剂，只要按照施用剂量均匀地放置在棚室地面上用火柴点燃引发产生烟雾即可。烟雾剂不产生明火，只放散烟雾，产生的烟雾迅速扩散到棚室的各个角落，并在植物体、骨架、地面上沉降，达到防治效果。使用前应封闭棚室，防止透风，否则达不到均匀施药的目的。施药的时间宜在傍晚，温室大棚经过一夜密闭，次日通气后再进棚作业，可达到良好的防治效果。

药剂在贮藏期间要防火、防高温和潮湿，所有混配或定型的烟雾剂用时不再稀释。点燃施药后，作业人员应迅速撤离棚室，防止烟雾对皮肤、眼睛造成伤害。

（2）*烟雾剂用量* 烟雾剂的施用量多以棚室内的容积而定，如 45%（安全型）百菌清烟雾剂，每 667 m^2 用量为 200～250 g，每 7～10 d 施药 1 次，整个生长期施药 4～5 次，可有效地防治黄瓜霜霉病、疫病、白粉病、炭疽病，番茄疫病、早疫病、灰霉病、叶霉病等。用适量的锯末吸附 80%敌敌畏乳油，放在棚室内地面的瓦片上点燃，产生烟雾，每 667 m^2 用药量 300～400 g，可有效防治蚜虫。应用定型复配的杀虫烟雾剂，如 22%的敌敌畏烟雾剂，可以有效熏杀蚜虫、温室白粉虱、红蜘蛛等多种害虫，每 667 m^2 用量为 500 g。20%速克灵烟雾剂，每 667 m^2 用量为 300 g，对防治多种作物的灰霉病均有良好效果。

13.3.6.3 粉尘剂防治技术

粉尘剂是将农药粉剂加工成更为微细的小颗粒，经喷粉施放后，能在棚室内形成飘浮尘，飘移到棚室内各角落，使其在作物体各部分沉降吸附。在棚室内湿度较高的环境下，施放粉尘剂，不用水，用药少，可减轻喷药作业强度，提高防治效果。

（1）*粉尘剂种类及配合使用* 应用粉尘剂防治病虫害能克服喷雾法劳动强度高、工作效率低、药剂流失严重、增加湿度和用烟雾剂受自身性状的限制（如品种少、成本高、要求密闭条件以及发烟时易分解损失）等缺点。目前已开发出的防病虫粉尘剂有百菌清、灭克、灭蚜、扑海因、农利灵、加瑞农粉尘剂等。用喷粉尘的防治效果较喷雾法高 14.5%～55.8%。同时，可根据病虫害发生种类不同施用不同粉尘剂。如早期用百菌清粉尘剂防霜霉病及炭疽病；中后期用加瑞农粉尘预防并兼治霜霉病、炭疽病、角斑病及黑细病；用灭蚜粉尘、农利灵粉尘分别防治蚜虫、白粉虱和灰霉病。

在有灰霉病发生的棚（室）内，用百菌清、加瑞农和灭蚜三种粉尘配合可防霜霉病、角斑病、炭疽病、白粉病和蚜虫、白粉虱。在前期发生灰霉病，中后期发生霜霉病，又有蚜虫、白粉虱时，可分别用加瑞农、农利灵和灭蚜粉尘防治。

(2) 粉尘剂施药技术　施放粉尘剂可用丰收5型或丰收10型手摇喷粉器，排粉量在200 g/min左右。喷粉时由内向外，喷粉器喷嘴水平或稍向上仰，可去掉鱼尾罩，对准前方空间，均匀摇动把柄，使药粉均匀喷出。施药者应退行喷粉，施药时间宜选择清晨或傍晚，使飘尘能有一定时间沉降吸附在作物体上。为了安全防止农药危害，施药者应戴帽子、手套、口罩、风镜，防止皮肤外露，施药后及时清洗，防止农药中毒。

(3) 粉尘剂防治效果　中国农业科学院植保所开发的5%、10%百菌清粉尘剂大面积示范应用防治效果良好；北京市海淀区农科所应用速克灵复合粉尘剂防治番茄灰霉病，防效达84.2%；天津市植保所每667 m^2 用速克灵粉尘剂500～1 000 g防治番茄灰霉病也取得良好效果。另外，烟台市农科所、天津市植保所用百菌清粉尘剂防治黄瓜霜霉病，防效达95%以上。粉尘剂防治棚室蔬菜病虫害，操作简单，粉尘附着力强，防效可靠。

在病害防治中，应积极推广粉尘剂和烟雾剂，但两者都有利弊，不能过于依赖某一种施药方式。烟雾剂因受药剂本身理化性状的影响，有些药剂尚不能制成烟雾剂；而粉尘剂也受配方、农民接受程度及施药对产品性状的影响等因素限制，因此，目前我国的药剂防治仍以喷雾为主，多种方法并存。

思考题

1. 设施蔬菜病虫害发生有何特点？
2. 设施蔬菜病虫害防治主要任务和基本原则是什么？
3. 简述蔬菜设施栽培主要病害综合防治技术。

14 花卉设施栽培技术

学习目标

学会设施切花栽培技术、设施盆栽观花植物栽培技术和设施盆栽观叶植物栽培技术。

14.1 花卉设施栽培概述

20 世纪 90 年代以后，花卉业开始呈现快速发展的势头，已成为我国农业中最具发展潜力的朝阳产业，为我国农村产业结构调整提供了新的经济增长点。目前，花卉已经成为我国主要大中城市及沿海发达地区中小城市居民的消费热点之一。

为保证花卉产品的质量，做到四季供应，提高市场竞争能力，花卉设施栽培的面积越来越大。设施栽培在花卉生产中的作用主要表现在以下几个方面。

14.1.1 加快花卉种苗的繁殖速度，提早定植

在阳畦、塑料大棚、日光温室或玻璃温室内进行三色堇、矮牵牛等草花的播种育苗，可以提高种子发芽率和成苗率，使花期提前。在设施栽培的条件下，菊花、香石竹可以周年扦插，其繁殖速度是露地扦插的 10～15 倍，扦插的成活率提高 40%～50%。组培苗的炼苗和驯化也多在设施栽培条件下进行，可以根据不同种类、品种以及瓶苗的长势对环境条件进行人工控制，有利于提高成苗率、培育壮苗。

14.1.2 进行花卉的花期调控

花卉的周年供应以前一直是一些花卉生产中的“瓶颈”。现在随着设施栽培技术的发展和花卉生理学研究的深入，可满足植株生长发育不同阶段对温度、光照、湿度等环境条件的需求，已经实现了大部分花卉的周年供应。

14.1.3 提高花卉的品质

花卉的原产地不同，具有不同的生态适应性，只有满足其生长发育不同阶段的需要，才能生产出高品质的花卉产品，并延长其最佳观赏期。如高水平的设施栽培，温度、湿度、光照的人工控制，解决了高品质蝴蝶兰生产的难题。与露地栽培相比，设施栽培的切花月季也表现出开花早、花茎长、病虫害少、一级花的比率提高等优点。

14.1.4 提高花卉对不良环境条件的抵抗能力，提高经济效益

花卉生产中的不良环境条件主要有夏季高温、暴雨、台风，冬季冻害、寒害等，不良的环境条件往往给花卉生产带来严重的经济损失，甚至毁灭性的灾害。如广东地区 1999 年的严重霜

冻,种植业损失上百亿;陈村花卉世界种植在室外的白兰、米兰、观叶植物等损失超过 60%;而大汉园艺公司的钢架结构温室由于有加温设备,各种花卉几乎没有损失,取得了良好的经济效益和社会效益。

14.1.5 打破花卉生产和流通的地域限制

花卉和其他园艺作物的不同在于人们在观赏上所求“新、奇、特”,各种花卉栽培设施在花卉生产、销售各个环节的运用,使原产南方的花卉如猪笼草、蝴蝶兰、杜鹃、山茶等顺利进入北方市场,丰富了北方的花卉品种。在设施栽培条件下进行温度和湿度控制,也使原产北方的牡丹花开南国。

14.1.6 进行大规模集约化生产,提高劳动生产率

设施栽培的发展,尤其是现代温室环境工程的发展,使花卉生产的专业化、集约化程度大大提高。目前,荷兰、美国、日本等发达国家从花卉的种苗生产到最后的产品分级、包装均可实现机器操作、自动化控制,提高了单位面积的产量和产值,人均劳动生产率大大提高。

我国花卉的设施栽培近年来发展很快,栽培设施从原来的防雨棚、遮荫棚、普通塑料大棚、日光温室,发展到加温温室和全自动智能控制温室。

我国的花卉种植面积居世界前列,而贸易出口额还不到荷兰的 1/100,这和我国花卉生产上盲目追求数量、质量差有很大的关系。另外,我国的花卉生产结构性、季节性和品种性过剩问题非常突出。为了解决这些问题,生产高品质的花卉成品,提高中国花卉在世界花卉市场中的份额,都必须充分利用我国现有的设施栽培条件,并继续引进、消化和吸收国际上最先进的设施及栽培技术。

14.2 设施栽培花卉的主要种类

根据花卉的种类和用途不同,作为商品出售的花卉绝大多数在生产过程中都进行阶段性的或全生育期的设施栽培。设施栽培的花卉种类十分丰富,栽培数量最多的是切花和盆花两大类。

14.2.1 切花花卉

切花花卉是指用于生产鲜切花的花卉,它是国际花卉生产中最重要的组成部分。切花类花卉又可分为切花类、切叶类和切枝类。切花类如非洲菊、菊花、香石竹、月季、唐菖蒲、百合、安祖花、鹤望兰等;切叶类如文竹、肾蕨、天门冬、散尾葵等;切枝类如松枝、银牙柳等。

14.2.2 盆栽花卉

盆栽花卉是国际花卉生产的第二个重要组成部分。盆栽花卉多为半耐寒和不耐寒性花卉。半耐寒性花卉一般在北方冬季需要在冷床或温室中越冬,具有一定的耐寒性,如金盏花、紫罗兰、桂竹香等。不耐寒性花卉多原产热带及亚热带,在生长期间要求高温,不能忍受 0℃以下的低温,这类花卉也叫做温室花卉,如一品红、蝴蝶兰、花烛、球根秋海棠、仙客来、大岩桐、马蹄莲等。

多数一二年生草本花卉可作为园林花坛花卉，如三色堇、旱金莲、矮牵牛、五色苋、银边翠、万寿菊、金盏菊、雏菊、凤仙花、鸡冠花等。许多多年生宿根和球根花卉也进行一年生栽培，用于布置花坛，如四季海棠、地被菊、芍药、美人蕉、大丽花、郁金香、风信子、喇叭水仙等。这些花卉进行设施栽培，可以人为控制花期。

14.3 切花设施栽培技术

14.3.1 非洲菊

非洲菊又名扶郎花，原产南非，属菊科扶郎花属多年生草本植物，是目前设施栽培中常见的中高档花卉种类。非洲菊花朵硕大，花枝挺拔，花色艳丽，风韵秀美，切花率高，适应性强，周年开花，又耐长途运输，瓶插寿命较长，为理想的切花花卉，目前已成为温室切花生产的主要种类之一。我国近年来非洲菊切花栽培面积明显增加，上海、云南等地区开始大面积种植。

14.3.1.1 适用设施

我国南方的云南、广州、海南采用防雨棚、竹架塑料大棚就能实现非洲菊的周年供应；辽宁、山东、河北、陕西、甘肃夏季利用日光温室、塑料大棚进行非洲菊生产；上海、江苏等地非洲菊生产主要采用塑料大棚或连栋玻璃温室。

14.3.1.2 对环境条件的要求

(1) 温度　非洲菊喜冬季温暖、夏季凉爽、空气流通、阳光充足的环境条件，生长适温20℃～25℃，耐寒性不强，低于10℃则停止生长，可忍受短期0℃的低温，属半耐寒性花卉。冬季若能维持在12℃以上，夏季不超过26℃，非洲菊可以终年开花。

(2) 水分　非洲菊为肉质根，大面积土栽要防涝。小苗期应保持适度湿润，以促进根系伸长，但不可过湿或遭雨水，否则易发生病害甚至死苗现象。夏季生长旺期应供水充足，并注意温室的通风换气，否则容易发生立枯病和茎腐病。通风还有利于植株同化作用顺利进行，否则切花在出圃后弯颈现象十分严重。花期浇水不要注入叶丛，否则易引起花芽腐烂。

(3) 光照　非洲菊喜光，但不耐强光。冬季生产非洲菊要求有较强光照，夏季应适当遮荫。

(4) 土壤　非洲菊土壤栽培应预防土传病害，栽培前进行土壤的熏蒸。宜选用肥沃疏松、排水良好、富含腐殖质的微酸性壤土，在中性和微碱性沙质土壤中也能生长，忌重黏土。在碱性土壤中栽培，叶片易发生缺铁症状，可多施有机肥进行深翻。非洲菊不宜连作，连作易患病害。所以，在荷兰等花卉业发达国家，非洲菊的无土栽培(尤其是岩棉培)非常受重视，切花产量可达150～160支/m^2，是土壤栽培的4～8倍。

14.3.1.3 栽培技术要点

(1) 品种选择　非洲菊有单瓣品种，也有重瓣品种；有切花品种，也有适于盆栽的品种；从花色上来分有橙色系、粉红色系、大红色系和黄色系品种。我国生产栽培的有莫尔、粉后、名黄及白明蒂等。设施切花非洲菊品种选择原则是：花型平展，开放时间长；花瓣质地厚实硬挺，耐插性好；花序梗挺拔直立、坚硬，有一定长度、粗度；花色鲜艳，纯正；抗病性强，植株健壮。

(2) 繁殖方法　切花非洲菊依靠组织培养、扦插、分株及播种方法繁殖。组培快繁为非洲菊现代化生产的主要繁殖方式。

非洲菊的组培快繁可以采用茎尖、嫩叶、花瓣、花托、花茎等作为外植体。现以花托为外植体介绍其组培快繁过程。

取直径 1 cm 左右的花蕾(此时苞片为紧包状态)，用清水冲洗干净，在超净台上用 70%酒精消毒数秒钟，置于10%漂白粉液中 15～20 min 或 0.1%升汞液中 8～10 min，进行表面消毒，再用无菌水冲洗 3 次。用镊子及手术刀剥去苞片，拔去全部小花，留下花托。将花托切成 2～4 块，接种在(MS＋6-BA10 mg/L＋IAA0.5 mg/L)的培养基上，在温度 22℃～25℃、每天光照 16 h 条件下培养，逐渐形成愈伤组织。经 1～2 个月有芽开始形成，个别品种分化慢，需半年以上。将已分化出芽的材料转移至继代培养基(MS＋6-BA10 mg/L＋IAA0.5 mg/L 或 MS＋KT10 mg/L＋IAA0.5 mg/L)中，进行继代培养。当组培苗叶片长达 2 cm 时，剔除苗基部愈伤组织，将苗转入生根培养基(1/2MS＋IAA0.1 mg/L)上诱导生根。两三周后当根原基肉眼可见时即可进行炼苗、驯化、移栽。移栽于草炭：蛭石＝1：1、草炭：珍珠岩＝1：1、木屑＋草炭＝1：1 或草炭＋细沙＝1：1 的基质中，保持温度 18℃～22℃，驯化 1 个月即可用于切花栽培。移栽时要注意温、湿度的控制，采用全自动间歇喷雾苗床，可以大大提高组培苗的移栽成活率。

播种繁殖主要用于育种及盆栽品种，切花栽培品种较少使用。

(3) 栽培管理

① 定植。非洲菊根系发达，栽培床至少有 20 cm 以上深厚土层，以疏松肥沃、富含有机质、排水良好、微酸性的沙壤土为宜。定植前应多施有机肥，并与基质充分混匀。定植的株距 25 cm，一般 9 株/m^2，不能定植过密，否则通风不良，容易引起病害。定植时根茎部位略高出土表，以防根茎腐烂。气温保持 20℃～25℃，根部维持 16℃～19℃，有利于根的生长。

② 定植后管理。当非洲菊进入迅速生长期以后，基部叶片开始老化，要注意将外层老叶去除，改善光照和通风条件，以利于新叶和花芽的产生，促使植株不断开花，并减少病虫害的发生。

在温室中非洲菊可以周年开花，因而需在整个生长期不断进行施肥，以补充养分。其营养类型属于氮钾型，肥料可以氮、磷、钾复合肥为主，比例为 15：8：25。追肥每次每平方米施硝酸钾 0.4 kg、硝酸铵 0.2 kg，或磷酸铵 0.2 kg。春秋季一般 7 d 左右施一次肥，冬夏季每隔 10～14 d 左右施一次。及时清除叶丛下部黄叶，促进新叶与花芽萌生，也有利于通风，使植株挺拔，叶丛繁茂，花茎直立，花序开展，维持旺盛生长，提高切花产量和质量。为保证切花的质量，要根据母株的长势和肥水供应条件对植株的着蕾数进行调整，一般每株着蕾数不超过 3 个。

③ 病虫害防治。非洲菊设施栽培的主要病害有菌核病、疫病、黑斑病、白绢病和病毒病。病害的防治主要以预防为主，选择抗病品种，合理密植，定植时注意不能过深，控制温光条件，防止积水，注意通风，加强肥水管理，提高植株的抗病性，加强苗期检疫。还可以用茎尖培养的方法生产脱毒苗，结合基质消毒，减少发病几率。在发病期间可依次喷施 70%的甲基托布津可湿粉剂 600～800 倍液，70%的百菌清可湿粉剂 600～800 倍液，70%的甲基托布津可湿粉剂 2 000～4 000 倍液，50%的百菌清可湿粉剂 800～1 000 倍液进行防治。

非洲菊设施栽培的主要虫害有红蜘蛛、蚜虫、白粉虱、潜叶蝇、叶螨和蓟马。可以分别选用 5%尼索朗 2 500 倍液、40%氧化乐果乳油 1 500 倍，或 50%磷胺乳油 1 500～2 000 倍液进行防治。

④ 切花的采收、包装、保鲜。非洲菊以外轮花的花粉开始散出为最佳采收期。非洲菊单瓣花切花，一般清晨植株鲜嫩时采收，忌植株萎蔫或花半闭合状态时采收。国产的非洲菊一般10枝/把，用纸包扎，干贮于保温包装箱中，进行冷链运输，在2℃下可以保存2d。因为非洲菊花盘大、花枝长，国际上非洲菊的包装采取特殊的包装方式。准备60 cm×40 cm（长×宽）的硬纸板，上面有50个直径约2 cm的孔眼。切花按花茎长短分级后，每50枝1板，使花盘在纸板上孔眼部位固定，而花茎在纸板下垂直悬挂。国外非洲菊切花的分级包装已经实现机械化操作。

14.3.2 百合

百合常指百合类，属百合科、百合属植物，是世界名花之一。其种类繁多，自然界野生种有90余种。中国是世界百合起源中心之一，原种数量居世界之首，有42个种，分布于全国各地，以西南地区为多。其他种分布于日本、加拿大、美国及欧洲。由于百合花朵硕大，花色各异，姿态优雅，芳香浓郁，因此备受园艺爱好者的喜爱，是庭园、盆栽和切花的重要名贵花卉。百合类鳞茎具丰富的营养成分，多可食用。许多种百合可入药，是滋补佳品。具芳香的百合还可提制香料。世界观花用百合生产面积在4 000 hm^2 以上，切花百合每年销量以亿计算。切花百合品种繁多，中国原产的许多品种是重要的育种亲本。目前我国大面积栽培的切花百合品种多引自荷兰和日本等国。

14.3.2.1 适用设施

百合设施栽培的适用设施有玻璃温室、日光温室、塑料大棚、遮荫棚、防雨棚，另外为对种球进行低温处理，在百合切花生产中还必须有配套的冷库。在我国北方地区，百合切花生产主要采用加温的玻璃温室和日光温室，夏季短期栽培可以用塑料大棚、遮荫棚。南方地区大面积的百合切花生产主要采用连栋塑料大棚或玻璃温室。在一些经济发达地区，如上海、江苏等也开始在全自动控制的现代化温室中进行百合切花生产，经济效益良好。

14.3.2.2 生物学特性

（1）形态特征　百合为多年生草本植物，地下具多枚肥厚鳞片叠抱成的鳞茎，地上茎直立，叶片互生或轮生；花被片6枚，花瓣状；花单朵或数朵成簇顶生，有香味。

（2）习性

① 温度。百合类植物耐寒性强，耐热性差，喜凉爽湿润气候，生长适温夜间10℃～15℃，白天20℃～25℃，5℃以下或28℃以上生长受影响。亚洲百合系生长发育温度较低，东方百合系要求比较高的夜温；而麝香百合杂种系属于高温性百合，白天生长适温25℃～28℃，夜间适温18℃～20℃，12℃以下易产生盲花。应根据当地的设施栽培条件，选择合适的品种。

② 水分。切花百合的生长发育要求较高而恒定的空气湿度，空气湿度变化太大，容易造成叶烧现象，最适相对湿度80%～85%。不同生长期对土壤湿度的需求不同，营养生长期需水较多；开花期和鳞茎膨大时需水较少，此期土壤含水量过高容易造成落蕾、鳞茎组织不充实和鳞茎腐烂现象。

③ 光照。百合喜阳光充足，但幼苗期及花期以略有花荫为宜。百合类为长日照植物，低

温寡照会抑制花芽分化，使花蕾脱落，开花不正常；冬季在设施中每日增加光照，保持16℃～18℃可加速开花。

④ 土壤。百合属于浅根性植物，对土壤要求不严，适应性较强，但以疏松、肥沃、排水良好的沙壤土为好，pH值为5.5～7。百合不需要大量的肥料，尤其是在前期生长中，幼根易受盐害；整个栽培过程中避免施用含氯和氟元素的无机肥料，百合类对乙烯气体敏感。

⑤ 气体。国外在设施栽培的条件下，进行CO_2施肥，可以促进植株生长发育，有利于提高切花的品质。应根据品种的不同打破百合鳞茎的休眠，在5℃条件下冷藏4～10周。

14.3.2.3 栽培方式

切花百合的设施栽培方式有促成栽培和抑制栽培。促成栽培是指采用低温打破鳞茎的休眠，在设施栽培的条件下，满足百合切花生长发育所需的环境条件使其提前开花。按照开花期的早晚不同，可以把百合切花的促成栽培分为早期促成栽培、促成栽培。

早期促成栽培是指在8月采挖当年培养的商品鳞茎，通过低温打破休眠，10月上中旬分批种植到塑料大棚或玻璃温室中，12月至翌年1月采收切花。这一时期采收的切花经济效益好，但是8月正处于百合鳞茎的生长期，所以应选用早花品种。

促成栽培是指9月上旬收获当年生产的鳞茎，低温打破休眠后，11月上中旬～12月分批种植，第二年1～3月采收切花。这一时期外界气候条件多变，设施栽培条件直接影响百合切花的质量。温室栽培除加温外，还应注意雨雪天的补光，以减少盲花和消蕾现象的发生。

抑制栽培是指通过人为控制环境条件，在满足百合切花生长发育的条件下，使其花期推迟。要求把当年秋季采收的球根贮藏在冷库中，按照所要求的花期从5～9月分批种植，花期从7～12月不等。这一时期的切花生产在南方主要考虑防雨降温，主要的设施有塑料大棚和防雨遮荫棚。

14.3.2.4 栽培技术

(1) 品种选择　切花百合品种选择原则为：花色鲜艳，花型优美；花瓣质地厚实硬挺，耐插性好；花枝挺拔直立、坚硬，有一定长度，叶片鲜亮；花蕾数多，开放时间长；抗病性强，鳞茎健壮；具香味等。

百合依栽培设施和栽培方式的不同可以选择不同的品种。进行早期促成栽培，可以选择生育期早的品种，主要属于亚洲百合杂种系，如Kinks、Lotus、Sanciro、Lavocado、Mountain等。亚洲百合杂种系对弱光敏感，进行切花百合的冬季栽培，需有补光条件。东方百合需要的温度高，尤其是夜温高，需有加温设备。华东及华南地区栽培设施在没有加温条件下，主要选择麝香百合杂种系。

(2) 繁殖方式　百合的繁殖方法有鳞片扦插、分球繁殖、组织培养、叶插、播种繁殖和小鳞茎的培养。在生产实践中主要采用鳞片扦插、组织培养和培养小鳞茎的方法进行繁殖。

(3) 打破休眠　百合种球采收后需经历6～12周的生理休眠期。根据不同品种的生理特点，采用适宜的方法打破球茎的休眠，是百合切花周年生产的关键。

种球采收后在13℃～15℃预冷，然后在2℃～5℃下贮藏6～8周，即能打破球茎的生理休眠。随着处理时间的延长，开花需要的时间缩短。采用100 ml/LGA_3溶液浸泡，也可以打破百合球根的休眠。在处理的过程中，为避免阻碍发根，可先将鳞茎倒置浸泡一半，而后再恢复正常位置进行处理。

(4) 栽培管理

① 肥水管理。切花百合适宜栽植在微酸性、疏松肥沃、潮湿、排水良好的环境中。国内多采用地格式栽培，槽高 30 cm，宽 1.2 m，长度视需要而定，栽植行距为 20～25 cm，株距为 5～6 cm。在种球种植后三四周不施肥，注意保持槽土湿润。百合萌芽出土后要及时追肥，按薄肥勤施的原则每 3～5 d 追肥一次。切花百合营养生长期，生长迅速，需水量大，要注意保持土壤湿润。进入开花期后，要适当减少灌水次数，以提高切花品质和防止鳞茎腐烂。

② 病虫害防治。百合栽培的病害主要有叶枯病、灰霉病、炭疽病、鳞茎腐烂病和茎腐病。叶枯病的防治可以在发病期间喷洒 50%苯来特 1 000 倍液。灰霉病、炭疽病、鳞茎腐烂病和茎腐病的防治主要以预防为主。种植前用 40%的福尔马林 100 倍液进行床土消毒，鳞茎在 50%的苯来特 1 000 倍液或 25%多菌灵 500 倍液中浸泡 15～30 min。百合虫害主要有棉蚜、桃蚜、根螨，棉蚜和桃蚜可在危害初期喷洒 1：(2 000～4 000)倍 2.5%的溴氯菊酯，根螨的防治可用 1 500倍的三氯杀螨醇浇灌。

(5) 切花的采收、包装、保鲜　百合第一朵花着色后，即可采收。切花采收时间以早晨为宜。切花采收后应立即根据花朵数及花茎长度分级，去除基部 10 cm 左右的叶片进行预处理，以去除田间热和呼吸热。采用打洞的瓦楞纸箱包装，进行冷链运输或进入销售市场。

14.4　盆栽观花植物设施栽培技术

一品红又名圣诞红，为大戟科直立灌木，生长速度快，花色艳丽，花期长，整株姿态优美，是世界重要的盆栽花卉，在美国、日本、欧洲等许多国家已大规模企业化生产，实现周年供应。

14.4.1　适用设施

一品红喜光照充足、温暖湿润的环境，不耐阴，也不耐寒，10℃以下便落叶休眠。目前，我国专业化的一品红生产多在玻璃温室内或塑料连栋温室内进行，以保证质量和按期上市。

14.4.2　环境控制

(1) 温度　一品红不耐寒，栽培适温为 18 ℃～28 ℃，花芽分化适温为 15 ℃～19 ℃，环境温度低于 15 ℃或高于 32 ℃都会产生温度型逆境，5 ℃以下会发生寒害，必须霜前移入温室。

(2) 光照　一品红为短日照性植物，每天日照 10 h 左右为宜。夏季高温日照强烈时，应遮去直射光，并采取措施增加空气湿度。冬季栽培时，光照不足也会造成徒长、落叶。对光照强度的管理建议采用摘心前 26 000～36 000 lx，摘心后 36 000～46 000 lx，出售前 20 000～36 000 lx。生产上可通过遮光处理调节花期，处理时要连续进行，不能中断，而且不能漏光。

(3) 水分　一品红既怕旱也怕涝，土壤水分过多容易烂根，过干又会引起叶片卷曲焦枯。浇水要见干见湿，浇则浇透。一般春季 1～2 d 浇水一次，伏天每日浇水一次，还可向叶面喷水。温室管理还应注意通风，开花后温室湿度不可过大，否则苞片及花蕾上易积水、霉烂。

(4) 栽培基质　目前国内大部分种植一品红采用的是含土的混合基质，这对一品红的施肥和病虫害控制带来很大困难，应采用无土混合基质。较好的基质有泥炭、草炭、珍珠岩的混合基质。在国外，一品红专业化生产中开始使用适应不同品种生长发育要求的专用复合基质。一品红栽植最适宜的 pH 值为 5.5～6.5。

14.4.3 栽培技术

(1) 品种选择 一品红的品种主要根据苞片颜色进行分类。目前栽培的主要园艺变种有一品白、一品粉和重瓣一品红。观赏价值最高，在市场上最受欢迎的品种有自由、彼得之星、成功、倍利、圣诞之星等。

(2) 定植 一品红扦插成活后，应及时上盆。开始时可上 5～6 cm 的小盆，随着植株长大，可定植于 15～20 cm 的盆中。为了增大盆径，可以两三株苗定植在较大的盆中，当年就能形成大规格的盆花。盆土用酸性混合基质为好。一品红上盆后浇足水置阴处，10 d 后再给予充足的光照。

(3) 肥水管理 一品红定植初期叶片较少，浇水要适量。随着叶片增多和气温增高，需水逐渐增多，不能使盆土干燥，否则叶片会枯焦脱落。

一品红的生长周期短，且生长量大，从购买种苗到成品出货只需 100～120 d，其肥料的管理对一品红的生长是非常重要的。一品红对肥料的需求量大，稍有施肥不当或肥料供应不足，就会影响花的品质。生长季节每 10～15 d 施一次稀薄的腐熟液肥。当叶色淡绿、叶片较薄时施肥尤为重要，但肥水也不宜过多，以免引起徒长，影响植株的形态。氮素化肥前期用铵态氮，花芽分化和开花期以硝态氮为主。

(4) 高度控制 传统的一品红盆花高度控制采用摘心和整枝的方法，现在国内生产上使用的一品红盆栽品种多是一些矮生品种，其高度控制主要是根据品种的不同和花期的要求采用生长抑制剂处理。常用的生长抑制剂有 CCC、B_9 和 PP333。当植株嫩枝长约 2.5～5.0 cm 时，可以用 2 000～3 000 mg/L 的 B_9 进行叶面喷洒；而在花芽分化后使用 B_9 叶面喷洒会引起花期延后或叶片变小。在降低植株高度方面，用 CCC 和 B_9 混合液叶面喷施比分开使用效果更加显著，可以用 1 000～2 000 mg/L 的 CCC 和 B_9 混合液在花芽分化前喷施。在控制一品红高度方面 PP333 的效果也十分显著，叶面喷施的适宜浓度为 16～63 mg/L。在生长前期或高温潮湿的环境下，生长抑制剂的使用浓度高，而在生长后期和低温下，一般使用浓度较低，否则会出现植株太矮或花期推迟现象。

(5) 病虫害防治 一品红盆花设施栽培的主要病害有根腐病、茎腐病、细菌性软腐病、灰霉病和细菌性叶斑病。根腐病和茎腐病的防治用瑞毒霉，在定植时浇灌。灰霉病的防治可以用甲基托布津，细菌性叶斑病用含铜杀菌剂防治。一品红的主要虫害有粉虱、蓟马等，均可以用 2.5%的溴氰菊酯、40%的氧化乐果防治。

(6) 盆花上市和贮运 当一品红植株株型丰满、花开始显色时即可上市。

盆花在贮运过程中出现的主要问题是叶片和苞片向上弯曲。为减少这种现象发生，在启运前 3～4 h 内应将植株包装在打孔纸或玻璃纸套中。到达目的地后，立即解开包装，防止乙烯在内部积累产生伤害。在 10℃下，植株在纸套中的时间不要超过 48 h。

14.5 盆栽观叶植物设施栽培技术

14.5.1 观叶植物的设施栽培技术

14.5.1.1 定义

所谓观叶植物，主要是以为叶片为观赏主体的植物。观叶植物品种繁多，千姿百态，叶形奇特多样，叶色异彩纷呈，如龟背竹、绿萝、花叶芋、巴西铁、蕨类等。

14.5.1.2 原产

观叶植物多原产热带和亚热带雨林中，多生长在林阴下。

14.5.1.3 习性

观叶植物一是喜半明或荫蔽环境，一般要遮光50%～80%；二是喜较高温度，生长适温白天22℃～30℃，夜晚12℃～20℃；三是喜较高的空气湿度，一般要在60%以上。

14.5.1.4 分类

观叶植物的分类方式很多，最常见的是植物学分类和园艺分类。

(1) 植物学分类　按植物学分类有蕨类植物、裸子植物、被子植物。

(2) 园艺分类

① 光照。按观叶植物对光照要求分为耐阴观叶植物、中性观叶植物、阳性观叶植物。耐阴观叶植物喜生于荫蔽条件下，且生长发育正常；在阳光充足或直射光下，常生长发育不良，甚至叶子发生灼伤。如一叶兰、花叶万年青、豆瓣绿、铁线蕨、龟背竹、海芋等。

② 温度。按观叶植物对温度要求分为高温、中温、低温、耐寒观叶植物。

③ 湿度。按观叶植物对湿度要求分为耐湿、中性、半耐旱、耐旱观叶植物。

④ 栽培形式。按观叶植物栽培形式分为大型盆栽、中小型盆栽、吊盆类、切枝切叶类观叶植物等。

14.5.1.5 观叶植物的繁殖技术

观叶植物的繁殖有无性繁殖和有性繁殖，以无性繁殖方法使用最多、最普遍，形式亦多样，主要采取扦插、压条、分株、组织培养等方法。其中扦插繁殖中叶插、茎插、根插等形式均有；利用组织培养技术加快繁殖，来满足设施栽培中大规模生产对种苗的需求也很普遍。

14.5.1.6 栽培技术

由于市场需求的不断增加，近年来观叶植物的生产迅速发展。在栽培管理观叶植物的过程中，除了硬件设施、环境控制等问题外，生产者还应注意栽培基质、肥料及水的管理。

(1) 基质　观叶植物栽培基质主要有泥炭、草炭、珍珠岩、蛭石及椰糠。

(2) 施肥与浇水　观叶植物使用的肥料有有机肥料、长效化学复合肥料、液肥等。施用方法多为拌入基质、施撒于基质表面、定期喷施等。

(3) 上盆与换盆　这是观叶植物设施栽培中的主要工作。将混合好的基质消毒，把健康无病的植株栽入适当的盆、钵中。当根系长满盆器或土壤养分缺乏时，应及时换盆、换土、加施追肥，使之有足够的空间和养分生长。

换盆一般在春季进行，若设施中温度合适亦可随时进行。换盆时先将土坨磕去，去掉衰老、腐烂的根系及不健康的枝叶，去掉表面基质及部分培养土，注意尽量不要伤害健康的根系。然后加入新配制的基质，将植株栽入大小适当的盆、钵中。上盆或换盆后，第一次应充分浇透水，之后保持土壤湿润，待新根长出再加强肥水管理。

(4) 病虫害防治　炭疽病、叶斑病、灰霉病、软腐病、白粉病、细菌性叶腐病、螨类、蚜虫、介壳虫等为观叶植物设施栽培中的主要病虫害。应采取以预防为主的综合防治方法：注意选择抗病品种，以优良健壮植株为母本；选好栽培基质，并经过消毒；上盆时，仔细检查确定植株健康无病，避免损伤；及时清除病株，清理病叶，保持栽培环境卫生清洁，改善通风透光条件；控制温湿度，浇水不宜过多，避免水肥溅到叶丛上，污染叶片及生长点；加强栽培管理，提高生长势；定期喷药防治，如尼索朗、功夫乳油、百菌清、多菌灵、波尔多液等药剂。

14.5.2　肾蕨类植物设施栽培技术

蕨类植物又称羊齿植物，在进化中介于苔藓植物与种子植物之间。蕨类植物种类繁多，全世界约 12 000 余种，对环境的适应能力强。蕨类植物有根、茎、叶的分化，但不产生种子，具有明显的世代交替现象，孢子体与配子体都能独立生活。许多蕨类植物具有较高的观赏价值，奇特的叶形、高雅的姿态及清丽的叶色使之在观叶植物中占有重要的地位。蕨类植物大多为常绿草本植物，除少数种类可做切叶材料栽培外，多数种类以盆栽形式出现。

肾蕨是肾蕨科肾蕨属植物，又称蜈蚣草、圆羊齿等，是蕨类植物中栽培应用最广的。

14.5.2.1　生物学特性

(1) 形态特征　肾蕨属植物是中型陆生或附生蕨，株高 30～80 cm，根状茎短而直立，向上有簇生叶丛，向下有铁丝状匍匐枝，匍匐枝上生有许多须状小根、侧枝和块茎，能发育成新植株，羽状复叶，羽片 40～80 对。

(2) 习性　肾蕨属植物适应性强，盆栽品种多喜温暖潮湿和半阴的环境，喜散射光，忌阳光直射，生长适温为白天 20℃～25℃，夜晚 10℃～18℃，耐寒性强，能耐－2℃低温。空气湿度50%～60%即可，要求疏松、肥沃、排水良好的微酸性壤土。

14.5.2.2　繁殖方法

肾蕨类植物繁殖能力强，可通过多种途径繁殖，主要是分株、组织培养、孢子繁殖等方式。分株繁殖结合每年春季换盆时进行，匍匐枝和块茎亦能发育成新植株。为满足设施栽培中大规模生产对种苗的需求，普遍采用组织培养技术加快繁殖速度。

孢子繁殖是将孢子收集于纸袋中。将混合好并消毒后的基质置于盆中，用盆浸法浸透水，然后撒播，不覆土，立即盖上玻璃或塑料薄膜，防止尘埃或其他孢子落入，置于 20℃～25℃下。孢子萌发后先长出绿色原叶体，移植后 2～3 个月，由基部抽生出羽状复叶，再换盆或定植。

14.5.2.3 栽培技术要点

应选择或配制疏松、肥沃、排水良好的微酸性壤土栽培肾蕨属植物。肾蕨属植物适应性强，生长旺盛，条件合适时根很快长满盆，因此每年春季都需换盆。盆栽品种多喜温暖潮湿和半阴的环境，喜散射光，忌阳光直射，遮荫是肾蕨属植物栽培中的关键。光线太强则叶片发黄，遮荫过度则小叶易脱落。设施栽培中保持生长适温为白天20℃～25℃，夜晚10℃～18℃，不要低于5℃；空气湿度50%～60%；注意通风，保持湿润，防止积水；生长旺盛期注意薄肥勤施。

思考题

1. 设施栽培在花卉生产中的作用表现在哪几个方面？
2. 简述非洲菊设施栽培技术。
3. 简述百合设施栽培技术。
4. 简述一品红设施栽培技术要点。
5. 何谓观叶植物？盆栽观叶植物设施栽培技术有何要求？
6. 简述肾蕨类植物设施栽培技术。

15 果树设施栽培技术

学习目标

学会葡萄设施栽培技术和草莓设施栽培技术。

15.1 果树设施栽培概述和种类

采用设施种植果树，是在人工控制环境下为果树创造适宜的栽培条件，进行果树的提前促成栽培，使果品成熟期提早 50～100 d 以上，这对于提早供给新鲜果品，满足市场需求，延长果品供应期，增加果农收入有重要意义，同时对那些气候条件严酷不适宜栽培果树的地区也可以生产收获超时令、反季节的果品，对提高人们的生活质量产生影响。

15.1.1 果树设施栽培的作用

随着果树栽培的集约化发展，世界各国设施果树生产的面积逐步增加。设施栽培果树的作用主要表现在以下五个方面：

15.1.1.1 调控果实成熟，调节果品供应期

设施栽培可以人为调控果实成熟期，提早或延迟采收期，还可使一些果树四季结果，周年供应。

15.1.1.2 改善果树生长的生态条件

设施栽培可以根据果树生长发育的需要，调节光照、温度、湿度和 CO_2 等环境生态条件。

15.1.1.3 提高果树的经济效益

虽然设施栽培成本较高，但其目的是淡季供应水果和提高果品品质，因此同露地相比经济效益要高得多。

15.1.1.4 提高抵御自然灾害的能力

通过设施栽培能克服南方炎热多雨和北方冬季寒冷给生产带来的影响。日本的设施栽培最初就是从防雨、防风为目的开始的。通过设施栽培可以防止果树花期的晚霜危害和幼果发育期间的低温冻害，还可以极大地减少病虫危害。

15.1.1.5 扩大果树的种植范围

设施栽培条件下由于人工控制各种生态因子，可使一些热带和亚热带果树向北迁移，如番

木瓜在山东日光温室栽培条件下引种成功，欧亚种葡萄在高温多雨的南方地区获得成功。

15.1.2 设施栽培果树的主要种类

目前，世界各国进行设施栽培的果树已达35种，其中落叶果树12种，常绿果树23种。在落叶果树中，除板栗、核桃、梅等寒地小浆果等未见报道外，其他果树种类均有栽培，其中以多年生草本的草莓栽培面积最大，葡萄次之，其他有桃(含油桃)、苹果、柿、樱桃、枣、无花果、梨、李、杏等；常绿果树中主要包括香蕉、柑橘、芒果、枇杷、杨梅等。

世界上以日本果树设施栽培面积最大、技术最先进，其果树设施以塑料大棚为主，至1986年已达8 545 hm^2，另有草莓5 000 hm^2，并且近10年来每年以10%的速度递增，目前设施栽培面积占果树生产总面积的3%～5%。

目前我国设施栽培的果树主要有草莓、葡萄、樱桃、李、桃、枣、柑橘、无花果、番木瓜、枇杷等。

15.2 葡萄设施栽培技术

葡萄属于藤本植物，枝干易弯曲，因而是最适合设施栽培的木本果树。

15.2.1 葡萄设施栽培的方式

葡萄设施栽培的主要方式有促成栽培和避雨栽培，主要设施有日光温室、塑料大棚、简易避雨设施和玻璃温室。日光温室是我国北方生产葡萄的主要栽培设施，塑料大棚在我国南方葡萄设施栽培中应用较多，在经济较发达的上海、江苏、浙江等地区应用单栋镀锌管棚比较普遍，有些地区还采用连栋大棚，而经济不发达地区多采用竹木结构大棚。简易避雨设施在我国南方主要用于避雨栽培。它以涂防锈漆的角铁作骨架，弧形架采用毛竹或细竹条，在弧形架上拉铅丝，薄膜覆盖在弧形架面上。

15.2.2 栽培环境控制

15.2.2.1 温度

葡萄为喜温性果树，不同种群、品种和生长阶段对温度要求不同。葡萄根系发达，多分布于20～60 cm土层范围内。早春土温高于6℃～9℃时葡萄开始活动并出现伤流，葡萄萌芽后伤流停止。根系在12℃时开始生长，21℃～24℃为适宜生长温度。每年6～9月是葡萄发根的高峰期；在炎热的夏季及寒冷的冬季，根系生长减弱甚至停长；芽在日平均温度为10℃～12℃时萌发，新梢生长期最适温度为25℃～28℃；开花的适宜温度为25℃～28℃，正常条件下花期多为6～7 d，气温越高，开花越早，花期也短；果实成熟的适宜温度为28℃～32℃，20℃以上果实成熟快，低于14℃时果实成熟缓慢。

15.2.2.2 光照

葡萄喜光，对光照的反应极为敏感，通常要求良好的光照条件。光照充足，枝条充分成熟，花芽分化良好，可促进果实着色，提高品质。设施栽培条件下容易光照不足，栽培时要特别注意。

15.2.2.3 水分

葡萄萌芽期需水多，到开花时对水量要求降低，果实生长期对水量要求增高，成熟时对水量要求最低。南方雨季对葡萄生产影响很大，采用设施栽培可以避开雨季，减少因高温、高湿而带来的病害及落果。

15.2.2.4 土壤

葡萄对土壤的适应性很强，除极黏重土壤、沼泽地区及盐碱土外，其他类型土壤均可生长，砾质壤土和沙质壤土最适于葡萄栽培。葡萄在含石灰质丰富的土壤上生长良好，根系发达；果实含糖量高，风味浓，为保证葡萄正常生长结果，土层深度应在 80 cm 以上。

15.2.3 栽培技术

15.2.3.1 品种选择

作为设施栽培的葡萄品种，其选择原则应是需水量低、早熟、品质优、季节差价大、可通过设施栽培提高品质或增加产量、多次结实能力强、可在设施条件下周年结果。目前我国北方栽培较多的有京早晶、京亚、京秀、京优、郑州早红、凤凰 51、玫瑰露、玫瑰香、巨峰、8611、板田胜宝、绯红等。对于南方设施栽培品种而言，除需要具有一般露地品种的要求外，还需要具有耐高温、耐弱光的特殊要求，即有较好的成花能力，坐果率高，穗形完整，质优色艳，无特殊的不良性状（如裂果、小粒、易脱粒等）。适于南方设施栽培的葡萄品种有京亚、巨峰、先锋、藤稔、京玉、里扎马特、意大利、秋红、瑞必尔、奥山红宝石、无核白鸡心、美人指、白玫瑰香、早玛瑙等。

15.2.3.2 扣棚及打破休眠

对于北方日光温室促成栽培和南方大棚促成栽培，其扣棚时间分别以 1 月上旬或中下旬为宜。实行避雨栽培在 5 月上旬开花前扣棚，果实采收后揭膜。促成栽培应于扣棚前打破葡萄的自然休眠。采用低温或高温处理，均可使其解除休眠；或用 20% 的石灰氮进行树体喷布或涂抹。

15.2.3.3 苗木定植及整形

一般葡萄于秋季或春季定植，株行距视品种、整形方式、设施类型而定。以南方大棚栽植为例，每棚栽植两三行，前期株距 1.0～1.5 m，永久株距为 3～4 m，行距 2.0 m 左右，行间可以间作蔬菜、草莓等作物。栽植密度每 667 m^2 200～350 株。日光温室栽培以篱架和单臂独龙干整形为主，南方大棚及避雨栽培以“Y”字形或单臂独龙干整形较多。

15.2.3.4 田间管理

大棚内温度、湿度、光照、气体与棚外差异极大，应根据葡萄的生育进程进行温度、湿度管理。

覆膜后，可以采取双层膜覆盖、根际覆膜和加风障等方法增加棚温和地温。花期要保持大棚内通风状况良好，遇冷空气时闭膜保温，保持夜间温度在5℃以上。果实生长期棚内温度急剧升高，高温成为设施的主要障碍，此时大棚应保持温度25℃左右，最高不超过30℃，否则生理落果严重，果皮粗糙、品质低劣。新梢生长期防止温度超过35℃，应加强通风透光。

葡萄萌芽后，抹去隐芽、双芽和过密芽。新梢长到30 cm见花穗时，疏去弱枝、徒长枝和过密枝。对花芽分化能力强、坐果率高的品种，可花前定穗，反之花后定穗。开花后1周左右对大花穗品种整穗，疏去上端支梗和穗尖，疏去过密枝梗。

葡萄落叶后到发芽前，都是施基肥的时期，但秋施比春施好，采用沟状施肥法，每株施腐熟有机肥50～70 kg，并混合2～3 kg过磷酸钙，覆土后浇水。

追肥的施用在整个生长季中都可进行。由于棚内肥料流失少，一般全年施肥量较露地少。在根系大量活动前及落花后各施追肥一次，均以氮肥为主。由于棚内无机养分流动困难，可在花后提前施用磷、钾肥。在浆果开始整穗时，追肥以磷、钾肥为主，采收后宜氮、磷、钾混合施用。

根外追肥则可结合喷药进行。花前喷数次0.2%KH_2PO_4加0.1%硼砂，提高坐果率；对弱树势品种，可加0.3%～0.5%尿素，叶面追肥。坐果后至浆果成熟前，喷0.3%过磷酸钙以提高产量，增进品质。枝条老熟期喷0.3%～0.5%K_2SO_4或2%草木灰浸出液，可促进枝条成熟与提高浆果含糖量。

设施葡萄在覆膜后应立即充分灌水，保证萌芽期间80%以上的空气湿度，有利于萌芽整齐。花前10d左右加大灌水量，保证新梢和花序迅速生长。但开花期需控水防止棚内湿度过大，影响授粉受精。花后10 d左右由于新梢迅速加粗生长，基部木质化，新花序原始体及新侧根的形成，需要大量肥水。浆果着色期应适当灌水，采前则要严格控制水分，提高果实品质。

15.2.3.5　病虫害防治

葡萄设施栽培条件下病虫害较露地明显减少，主要病害是白粉病、灰霉病和霜霉病等。冬季彻底清园，剪除病虫枝，刮树皮，将扫出枝叶烧毁。萌芽前及花后分别喷石硫合剂或25%粉锈宁可湿性粉剂1500～2000倍液防治白粉病。花期前后喷施50%速克灵800倍液防治灰霉病。喷1∶2∶150波尔多液防治霜霉病，或采用25%瑞毒霉500～800倍液或40%乙膦铝200～300倍液防治。其他如炭疽病、黑痘病在新梢展叶3～6片发生，可喷波尔多液、甲基托布津、多菌灵进行防治。同时注意喷施90%敌百虫等药剂防止金龟子、葡萄透翅蛾等危害。

15.2.3.6　采收、包装及保鲜

设施葡萄主要供鲜食，当果实达到固有风味和色泽时采收。注意轻拿轻放，整穗后包装，以1kg/盒为宜。短期保鲜可用冷库或窖藏。

15.3　草莓设施栽培技术

15.3.1　对环境条件的要求

草莓在土温1℃时根开始活动，气温在5℃时植株开始萌芽生长。遇到－7℃的低温植株就会受冻害。早春，早熟种的抗寒性不如晚熟种；但晚秋、初冬，晚熟种的抗寒性不如早熟品种。草莓根系在10℃时开始活跃，15℃～20℃为最适生长温度。草莓地上部分生长发育最

适宜温度为 20 ℃～26 ℃，开花期低于 0 ℃或高于 40 ℃都会影响授粉受精过程，致使产生畸形果。花芽分化必须在 5 ℃～17 ℃的低温条件下进行，低于 5 ℃花芽分化停止。

草莓根系分布浅，植株叶片大，蒸腾量大，在整个生育期应有较充足的水分供给，但水量过大会影响根系正常生长。一般要求正常生长期间土壤相对含水量为 70%左右。草莓对空气湿度的要求也严格，一般空气湿度在 80%以下为好，湿度大易感染病害。

草莓是喜光植物，但又较耐阴，光补偿点为 500～1 000 lx，光饱和点为 2×10^4～2.2×10^4 lx。

草莓对土壤要求不很严格，可在各种土壤上生长，但疏松、肥沃、通气良好的土壤有利于丰产。土壤 pH 值 5.5～6.5 为宜。

15.3.2 栽培技术

15.3.2.1 茬口与品种

茬口安排因不同品种的成熟期不同而异。北方地区日光温室一般 9 月下旬～10 月上旬定植。南方多层覆盖越冬栽培一般在 8 月下旬～9 月中旬定植。

目前生产上常用的品种有红颊、丰香、鬼怒甘、章姬等。

15.3.2.2 种苗培育

目前生产上应用较多的是匍匐茎分株法繁育秧苗。先选纯正无病虫害的优质母株建立母本园，即匍匐茎分株繁殖圃。将选好的圃地耕翻 30 cm 深，每 667 m^2 施优质有机肥 3 000～4 000 kg，整平耙细后作高畦，畦宽 1 m，床间距 15～20 cm。4 月上旬栽植母株，每畦栽 1 行母株，株距 60～80 cm，每 667 m^2 定植 700～900 株。栽植方法是在畦上按栽植密度开穴，将苗放入穴中央，舒展根系，培一半细土后浇水，水渗后培土封穴。培土后秧苗新茎基部要与床面平齐。母株栽植后要加强管理，注意保持土壤湿润，并在灌水后或匍匐茎发生前及时松土除草。6～7 月匍匐茎抽生量不断增加，母株需肥量增加，每 2～3 周进行 1 次根外追肥，用 0.2%尿素水溶液喷 2～4 次。8 月叶面喷 0.2%～0.3%磷酸二氢钾 1 次。及时摘除母株花序，以积累营养，提高苗木繁殖率。母株抽生匍匐茎时要及时引压匍匐茎。当匍匐茎抽生幼叶时用少量细土把前端压向地面，使生长点外露，促进发根。进入 8 月以后，匍匐茎子苗布满床面时及时去掉多余的匍匐茎，一般每棵母株保留 70～80 个匍匐茎苗。9～10 月即可培育出壮苗。

15.3.2.3 定植

定植前 1 周整地，每 667 m^2 施优质农家肥 4 000～5 000 kg，翻 30 cm 深，整平耙细后整畦，畦面宽 90～110 cm，沟深 20～30 cm。定植草莓时间，由苗木和当地气温条件决定，一般可以在花芽分化前后 9 月下旬～10 月上中旬定植为宜。栽植时采用畦上双行栽植，行距 35～45 cm，穴距 25～30 cm，每穴栽 2～3 株，每 667 m^2 4000～5000 穴，用苗 8000～10000 株。采用黑色地膜覆盖。

15.3.2.4 定植后的管理

定植后要注意及时浇水，应根据外界气候变化适时适量浇水，并要通风排湿，防止室内湿气过大。草莓活棵后进入生长发育期，植株易抽生匍匐茎，要及时摘除；草莓生长后期陆续会出现老龄叶片黄化或病叶，要不断除掉黄化老叶、病叶和生长弱的芽，以促进结果；开花前疏去多余的花蕾。大型果品种保留一、二级花序上的花蕾；中、小型果品种保留一、二、三级花序上的花蕾。

15.3.2.5 采收与包装运输

花后 30 d 左右，果实转为红色时即可采收。采摘时手托果实摘断果柄，每 1～2 d 采摘 1 次。每次采收都要将成熟度适宜的果实采净。采收时要轻摘轻放，随时剔除畸形、病、虫果，分级包装。

包装可用长 70～80 cm、宽 30～40 cm、高 15～20 cm 的塑料箱或硬纸板箱，箱内放入软质底垫物或细碎泡沫塑料。将果实轻轻放入箱内按同一方向排齐，使上层果的果柄处于下层果的间隙处。大型果放 3～5 层，小型果放 5～7 层，定量后封盖，同时标明产地、品种、等级、重量等。

用冷藏车或有篷卡车进行运输。车厢中垫草帘，将果箱层层摆好，一般装 3～5 层，最上层加盖防尘罩，封车后即可运往销地。

若需进行临时简易贮存的，存放库要通风凉爽、整洁。草莓在 3 ℃～4 ℃条件下可存放 2～3 d。速冻冷藏的，选整齐的果实去掉萼片，用清水洗净，然后放入 2%的高锰酸钾溶液消毒，再用清水冲洗，沥水后装塑料盒(袋)，每盒 500～1 000 g，送入速冻室，在－30 ℃～－25 ℃条件下速冻 5～7 h，再放入－18 ℃冷库贮藏。

思考题

1. 果树设施栽培有何作用？
2. 简述葡萄设施栽培技术。
3. 简述草莓设施栽培技术。

16 设施栽培中生长调节剂的应用

学习目标

了解植物生长调节剂的特性,学会其在园艺植物上的使用方法。

在生产上大量应用的激素,不是植物体中存在的天然激素,而是人工合成的化合物,所以称之为生长调节剂。生长调节剂有调节植物生长发育的作用,类似于天然的激素。现就其在设施蔬菜上的应用概况简述于下。

(1) 促进扦插生根　茄果类、瓜类的侧蔓2～3节可用1 000～2 000mg/kg的吲哚丁酸或萘乙酸液蘸基部后插入糠灰及珍珠岩中,10～15 d可发根。也可用于甘蓝、大白菜的腋芽,一部分组织及一段叶柄中肋,浸蘸切口后插入上述基质中,14～15 d后大量生根。

(2) 抑制徒长,培育壮苗　应用生长延缓剂防止果菜类的徒长,以及由于徒长所引起的不结实现象。番茄幼苗可用矮壮素2 000～4 000mg/kg喷于幼叶,可控制幼苗徒长,使幼苗茎干粗壮,叶色浓绿,根系发达。也可用500mg/kg矮壮素土壤浇施植株,每株200 ml,处理6 d后,茎生长减缓,植株变矮。黄瓜可用30～70mg/kg多效唑,播种出苗后1个月喷苗,可明显使节短茎粗,促进雌花分化,降低节位,增强抗寒性。甜椒可用25～50mg/kg的多效唑在2叶1心时喷,可使植株变矮,开展度小,果数增加。

(3) 防止器官脱落　用2,4-D10～20mg/kg在番茄开花时蘸花或涂花,可防止番茄落花,增加产量,形成无籽果实。但2,4-D蘸到叶子上或幼芽上会产生药害,涂花时应注意。用20～50mg/kg的防落素对番茄喷洒处理,可有效防止落花。在同一花序中,有一半花已经开放时,就可喷洒,一般每一个花序喷1～2次。这样比用2,4-D大大减少劳力消耗。茄子可用20～30mg/kg的2,4-D蘸花,或用30～50mg/kg的防落素喷花,防止早期落花。

(4) 控制抽薹与开花　用邻氯苯氧丙酸100mg/kg喷洒处理,可以延迟甘蓝及芹菜抽薹,但要在诱导开花的低温期间处理才有效果。用4 000～8 000mg/kg高浓度的B_9每隔3～5 d喷1次莴苣(笋),连喷2～4次,可明显抑制莴苣的抽薹,促进茎粗。

(5) 促进果实成熟　促进各种果实成熟的生长调节剂是乙烯利。对番茄的处理方法是把“转色期”的尚未转红的果实采下,把果实在3 000mg/kg的乙烯利溶液中浸一下即取出,放在20℃～25℃的室温下,可提早2～3 d转红;也可用500～1 000mg/kg的乙烯利在番茄果实转色前喷植株,可以提早红熟5～6 d。近年来,由于人们对蔬菜品质要求较高,所以不提倡直接应用激素处理果实,应保持果实自然成熟的较好风味。

(6) 控制性别表现　将低浓度的乙烯利(100～200mg/kg)水溶液喷在黄瓜、南瓜、瓠瓜等幼苗的叶子上,可以促进增加雌花数目,但要注意品种特性。

(7) 促进营养生长　用赤霉素50～100mg/kg在芹菜收获前10 d左右喷植株,可使芹菜叶柄增长增厚,提高产量;也可用10～50mg/kg的赤霉素液喷茼蒿、芫荽等,以增加产量。

(8) 产品保鲜,延长贮藏期　用BA 10～20mg/kg对芹菜、花椰菜、芫荽等采收后进行蘸浸处理,可以保持其新鲜状态,延长运输贮藏时期。

目前,生产上应用的生长调节剂品种较多,使用时一定要严格按照使用说明正确使用。对一些未用过的新产品最好经试验后再应用,以免造成不必要的损失。

思考题

植物生长调节剂有何作用?

技能训练

能力模块1 园艺设施的构建

技能单元1.1 育苗设施的构建

技能训练目标

① 熟悉荫棚、温床的构造。
② 了解喷灌和滴灌的组成。
③ 正确使用喷、滴灌技术。

1. 荫棚的制作

荫棚是用竹木、钢管或钢筋混凝土等架材搭设棚架，顶部和四周覆草帘、竹帘、遮阳网等，为室外植物提供荫蔽湿润的环境。

搭建方法一般为：

(1) 立柱　栽设立柱前，首先根据设计要求定点挖坑，坑深不小于50 cm，坑底要夯实，或用砖头、石块垫上底脚，以保证立柱整齐成行，并使棚顶保持在一个水平面上。

(2) 搭建棚顶骨架　立柱上面的棚顶骨架分上下两层，纵横架设。下层为檩料，可用粗竹竿、角钢或圆钢等，用铁丝将它们固定在立柱上。在檩料的上面再设一组椽料，一般用竹竿或细钢筋铺设，并用铅丝将它们固定在檩材上。

(3) 遮荫　棚顶的遮荫材料有竹帘、苇帘和遮阳网等，覆盖后，使棚内能见到疏光。也可在棚架四周种植蔓生植物，爬满棚架用以遮荫。

2. 冷床的构建

冷床是一种单斜面的保温式的苗床。它主要是利用日光提高床温。冷床的结构一般是东西横长(长约13～15 m，宽约1.3 m左右)，北高南低，上盖塑料薄膜或玻璃窗。苗床前后各开一条深0.2～0.3 m的排水沟，以降低苗床内的湿度。冷床由床孔、南墙、北墙、透明覆盖物(薄膜或玻璃)及不透明覆盖物(草席、蒲席)等组成。具体制作方法：

(1) 选址　选择地势平坦高燥、排水方便、坐北朝南、背风向阳无遮荫的地块，东西向延长，同时可设置多排冷床。两排冷床的间距，以前排冷床的北墙不影响后排冷床的光照为度。床宽1.5～1.6 m，长10～15 m。

(2) 筑墙　墙可用土垒成，也可用砖、土坯等砌成。北墙高0.4 m，厚30～40 cm；南墙高0.1 m。一般做法是：先在冷床地基内将土淋湿夯实，然后有计划地在后墙邻近两侧取土。土壤湿度以用手能握成团为宜。分层夯实。到预定高度后，用平口铁锹将后墙里面和顶部整修平滑。

(3) 铺床土　在整平后的床底上，铺 15～20 cm 营养土。

(4) 覆盖　在南北墙上面覆盖塑料薄膜或玻璃窗。

(5) 盖草帘　为防寒保暖，夜间可加盖草帘或草席。

3. 酿热温床的构建

酿热温床是在冷床的基础上，以有机物发酵为能量来提高床温的温床。

(1) 挖床孔　在挖床孔时床底要做成弓背形。一般在距北墙 1/3 处为最高，南墙处最低，北墙处居中，其比例大致为 4∶6∶5，只有这样才能使苗床内床土的温度基本一致，秧苗生长较为平衡整齐。

(2) 酿热物的配制与铺设　酿热物有新鲜猪牛粪、树叶、杂草、秸秆等。酿热物的平均厚度为 20～25 cm，在填酿热物时要掌握好有机物的 C/N 比(15～30)和含水量(65%～75%)。

(3) 其他　在酿热物上填培养土或排放营养钵。其他设施同冷床。

技能单元 1.2　塑料棚的搭建与使用

技能训练目标

① 了解塑料棚的建造要求。

② 熟练掌握塑料棚的使用技术。

塑料棚根据大小不同可分为小拱棚、中拱棚和大棚。

1. 小拱棚的建造

(1) 场址选择　小棚的场地应为东西延长的长方形，便于防寒、采光和作业方便。棚间距以前后棚不遮荫为准，棚间相距 3～4 m，四周设排水沟。

(2) 材料准备　建造小拱棚需准备如细竹竿、竹片、铅丝钢筋等弯制拱架的材料，并准备覆盖用的塑料薄膜。

(3) 定位　确定棚的四个角，使四个角均呈直角后，打下定位桩。在定位桩之间拉好定位线，长度依栽培地块而定。

(4) 插拱架　在定位线上插拱架，拱架间距 60～80 cm，插入土中 10～15 cm。

(5) 覆膜　小棚覆膜多采取四周挖沟，把薄膜底边卷上秸秆或竹竿埋入土中，用 40 cm 长的 8 号铁丝，上部弯成回钩，插入地下，回钩压住膜边，既提高土地利用率，又便于放风。

(6) 保温　如果温度较低，可在棚膜外加盖草帘。

2. 中拱棚的建造

(1) 中棚建造的基本要求

① 骨架。中棚骨架由拱架、纵向拉杆、立柱、棚头及门等部分组成。小型的中棚可不设立柱。拱架是骨架的主体，常弯成圆弧形。两个拱架之间的距离称为拱间距，一般为 0.5～1.0m。纵向拉杆是沿中棚长度方向与每个拱架相连成一体。在拱架下用棍或钢管做立柱，以增

加拱架的抗风、抗雪能力。棚的两端用几种长度不同的支柱插在拱架下与拱架固定,形成棚头,门设在棚头的中部。

② 要求。中棚结构要安全可靠,经济有效,既可改善棚内温度、光照,又利于通风、降湿。要尽量降低成本,管理方便。

中棚的高度既利于保温,又适合蔬菜的生长结果,能有效防止风雪灾害。南方雨雪多、台风多,高度、宽度应小些,棚顶坡度要大些,高宽比一般 1∶(2.5～3)。棚的两肩应为弧形,防止破膜或积水。

建造中棚的场地应地势平坦,避风向阳,东、南、西空旷,全天光照充足;丘陵地区应避免山谷风口或低洼风处,坡地应选南坡;要求土壤肥沃,排水良好,交通方便,水源充足。

棚向南北透光量比东西向多 5%～7%,光照分布均匀,白天温度变化相对小,温度调节方便。东西向棚内光照分布不匀,有弱光带,畦北侧光照较弱,所以以南北延伸、南偏西 15°以内。但是有土墙的棚,亦可采用东西延向、坐北朝南的方位。

(2) *竹木结构中棚的建造* 南方的竹木中棚所需材料要能防风、防雨、防雪。拱架用直径 1.5～2.0 cm,用 3～5 m 的竹竿或 3 cm 的毛竹片;纵向拉杆用直径 2.0～2.5 cm,长 4～6 m 的竹竿;立柱用直径 2～3 cm 的毛竹;门可用木料。

① 定位放样。按照中棚的长、宽,用勾股定律确定 4 个角,使四个角成直角打下定位桩,在定位桩之间拉好定位线,并沿线把插竹竿的地基铲平夯实。

② 插拱架。沿中棚东西两侧的定位线从南端或北端开始,按 50～70 cm 的拱间距,依次在地基垂直插入拱架竹竿(同一拱架竹竿粗细相同),深度 40 cm 以上。如地基太硬,可用铁钎打孔后插。把同一拱架两侧的竹竿,按同一个高度标准弯成弧形,用聚丙烯绳绑成拱架。

③ 建棚头。沿南、北端的定位线,在两端最后一根拱架下按棚的宽度,插入 4～6 根不同长度的立柱,将立柱和拱架绑在一起筑成棚头。门设在棚头中部,宽 0.8 m 左右,高度 1.6～1.8 m。插立柱时应预留好门的位置。

④ 绑拉杆。在棚头南端或北端开始,在拱架中部和两侧沿棚的方向,对称绑上 3～5 道纵向拉杆。绑时要保持等间距,还要绑牢不滑动。为增加拱架的牢固性,可在棚中部走道两侧用粗竹竿做立柱,一端插入土中固定,另一端斜顶着拱架并绑牢。

⑤ 覆膜。覆膜在无风晴天进行,覆膜有四块膜拼接、三块膜拼接和一块膜满扣等三种方法。

中棚最常用是四块拼膜法。先将 1.5 m 宽的一幅薄膜的一边卷入麻绳,烙合成小筒,盖在拱架两侧的下部,两端拉紧固定后用细铁丝固定在每个供杆上,作为围裙。薄膜下部埋入沟中踩紧,再将另外两大幅薄膜盖在上部,中间搭接处也烙合成小筒装上麻绳,下部超过围裙 30～40cm,两端拉紧埋入沟中踩实。每两个拱架间用压膜线拉紧。

三块薄膜覆盖除两侧盖围裙膜外,上部再盖一整块膜,下边要超过围裙 30～50 cm,然后上压膜线。

一块覆膜法,在棚内拱棚两侧架上 1 m 宽的覆膜围裙,放风时揭开两侧膜的底脚,使冷空气由围裙上部进入棚内。

薄膜的烙合是用一块 4 cm×4 cm、长 1.5～2.0 m 的木条放在台上,把两幅薄膜重叠放在木条上,盖上一条牛皮纸,用电熨斗烙合。

棚膜盖完后,把门口处薄膜切开,上边卷入门上框,两边卷入门边框,用木条钉住,再将门装上。

3. 塑料棚的使用

(1) 改善光照,提高棚温

① 选用透光率高的薄膜,如聚氯乙烯或聚乙烯长寿无滴膜,或乙烯—醋酸乙烯多功能复合膜等,既可改善棚内光照,又可提高棚温。

② 在保证大棚稳固的前提下,尽量采用刚性强的材料,以减少棚架的遮荫。

③ 提前扣膜烤地,增加地热贮量。

(2) 进行多层覆盖,以提高保温效果

① 设置二道幕,即在大棚内距棚膜一定距离处挂一层薄膜或无纺布,白天拉开,夜间合拢,能使夜间棚温提高 2℃以上。

② 大棚内覆盖地膜,再扣小棚,增温效果较好,同时又可降低棚内空气湿度。

(3) 适时通风降温,防止高温危害 通风时间及通风口的大小应根据天气条件、作物状况灵活掌握。

(4) 施肥浇水,适时中耕

① 增施有机肥,以提高地力,促进作物生长。

② 浇水时要注意浇水时间和浇水量。低温阶段选晴天上午浇水,浇水后要闭棚升温,然后再开窗排除湿气。

③ 适时中耕。可切断毛细管,阻止地下水分的大量蒸发,同时又可改善土壤的通透性,有利于根系发育。

(5) 其他管理 由于棚内温度中间高,边上低,容易造成作物生长不一致。在移苗或定植时,把大苗栽在两边,小苗栽到中间,以调节作物的生长势。

能力模块 2　园艺植物组织培养

技能单元 2.1　外植体处理

技能训练目标

熟悉外植体的处理。

外植体指由活体植物上切取,用于离体培养的那部分组织或器官。为使外植体适于在离体培养条件下生长,有必要对外植体加以选择和处理。

外植体在接种之前,必须严格地灭菌。由于灭菌剂的种类不同、杀菌力不同,因此选择消毒剂,既要考虑具有良好的消毒杀菌作用,同时又易被蒸馏水冲洗掉或能自行分解的物质,且不会损伤或只轻微损伤组织材料而不影响生长。在使用不同的药剂时,需要考虑使用的浓度和处理时间。

常用的消毒剂见表。

表　常用消毒剂

消毒剂	使用质量分数/(%)	去除难易	消毒时间/(min)	消毒效果	有否毒害植物
次氯酸钙	9～10	易	5～30	很好	低毒
次氯酸钠	2	易	5～30	很好	无
过氧化氢	10～12	最易	5～15	好	无
硝酸银	1	较难	5～30	好	低毒
氯化汞	0.1～1	较难	2～10	最好	剧毒
酒精	70～75	易	0.2～2	好	有
抗生素	4～50	中	30～60	较好	低毒

其中70%～75%酒精具有较强的杀菌力、穿透力和湿润作用,可排除材料上的空气,利于其他消毒剂的渗入,因此常与其他消毒剂配合使用。由于酒精穿透力强,应严格掌握好处理时间,时间太长会引起处理材料的损伤。

选择适宜的消毒剂处理时,为使其消毒效果更彻底,有时还需与黏着剂或润湿剂配合使用,使消毒剂能更好地渗入外植体内部,达到理想的消毒效果。

外植体消毒的步骤见图1:

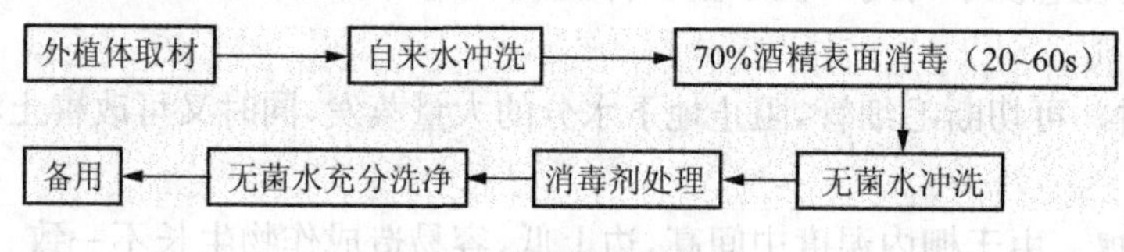

图1　外植体消毒步骤

一般情况下,如果外植体较大而且硬,可直接用消毒剂处理,如果实、叶片、茎段、种子等的消毒;如果是幼嫩的茎尖,一般先取较大的茎尖,表面消毒后,再在无菌条件下借助解剖显微镜取出需要的大小培养;如果是未成熟胚、胚珠、胚乳、花药等,一般先对子房或胚珠、花蕾表面消毒,再在无菌条件下剥出需要的外植体;如果是细胞,应按培养目的,选择合适的起始材料进行相应的外植体消毒。

技能单元2.2　培养基的配制与消毒

技能训练目标

掌握培养基的配制。

1. 培养基的配制

培养基的种类很多,如MS、White、B_6、KM-8P、N_6等,其中以MS培养基应用最为广泛。培养基中包括无机物质、有机物质、植物生长刺激物质、其他附加物和其他对生长有益的未知复合成分五大类。实验中常用的培养基,可将各种成分配成10倍、100倍的母液,放入冰箱中保存,用时再按比例稀释。母液可配单一化合物母液,但一般都配成以下四种不同混合物母液。

(1) 大量元素混合母液　大量元素混合母液是含 N、P、K、Ca、Mg、S 等六种盐类的混合溶液,可配成 10 倍母液,用时每配 1000 ml 培养基取 100 ml 母液稀释 10 倍。配时要注意以下几点:

① 各种化合物必须充分溶解后才能混合。

② 混合时注意先后顺序,特别要将钙离子与硫酸根离子、磷酸根离子错开,以免产生硫酸钙、磷酸钙等不溶性化合物沉淀。

③ 混合时要慢,边搅拌边混合。

(2) 微量元素混合母液　微量元素混合母液是含除 Fe 以外的 B、Mn、Cu、Zn、Mo、Cl 等盐类的混合母液,因含量低,一般配成 100 倍甚至 1000 倍母液。用时每配制 1000 ml 培养基取 10 ml 或 1 ml,分别稀释 100 倍或 1000 倍。配时注意顺次溶解后再混合,以免产生沉淀。

(3) 铁盐溶液　铁盐必须单独配制母液,以免造成沉淀。一般采用螯合铁即硫酸亚铁和 Na_2^-EDTA 的混合物。配法是将 5.57 g $FeSO_4 \cdot 7H_2O$ 和 7.45 g Na_2^-EDTA 溶于 1000 ml 水中。用时每配 1000 ml 培养基取 5 ml。

(4) 有机化合物母液　主要是维生素和氨基酸类物质。这些物质不能配成混合母液,只能配成单独的母液,其浓度分别为 0.1 mg/ml、1.0 mg/ml、10 mg/ml,用时根据需要取用。

(5) 植物激素　每种激素必须单独配成母液,浓度为 0.1 mg/ml、0.5 mg/ml、1.0 mg/ml、10mg/ml,用时根据需要浓度适当取用。

2. 配培养基步骤

(1) 混合培养基中的各成分　先取大量元素母液,再依次加入微量元素母液、铁盐母液、有机化合物母液,再加入植物激素及其他附加成分,最后用蒸馏水定容至所需培养基体积的一半。

(2) 溶化琼脂　称取琼脂和蔗糖,加蒸馏水至所需培养基体积的一半。在容器壁上做一液面记号,放置约 0.5～1 h,待蔗糖溶解、琼脂发胀后,加热溶化琼脂。若失水,则加蒸馏水至液面记号处。

(3) 混合　把上述已混合好的培养基和溶化琼脂混合在一起,搅匀。

(4) 测定 pH 值　测定培养基的 pH 值,并用 0.1 mol/L NaOH 或 0.1 mol/L HCl 调至 pH 值为 5.8。

(5) 分装　将配好的培养基分装于培养容器内,倾倒培养基时注意勿将培养基粘在瓶口上,以保持瓶口清洁。然后用棉塞或硫酸纸封好瓶口。

(6) 灭菌　用高温高压灭菌,一般用 1.1 kg/cm^2 压力,在 121 ℃下灭菌 15～20 min。

(7) 放置备用　待冷却后及时取出,20 ℃～28 ℃室温下放置,固体培养基应放平。

技能单元 2.3　接种

技能训练目标

掌握接种技术。

植物组织培养是一种无菌技术,一切用具、材料、培养基、培养室、工作人员的衣物都要无菌。接种时,工作人员必须进行无菌操作。具体要求如下:

① 接种前，工作人员必须剪指甲及用肥皂洗手，再用70%酒精擦洗双手。刀、剪、镊子等工具必须长期浸泡在70%酒精中。

② 入室时穿戴经过消毒的工作服、帽子、口罩和鞋子等。

③ 必须在酒精灯火焰处操作，如打开瓶口、转接材料等。盖瓶盖前应将瓶口在火焰上烧一下，再将盖子在火焰上烧一下，然后盖上。

④ 操作时不准讲话，不准对着操作区呼吸。每次重新操作都要把工具放在火焰上消毒。

技能单元2.4　试管苗的培育和移栽

技能训练目标

掌握试管苗的培育和移栽技术。

1. 试管苗的培育

接种后，培养室应保持恒温和一定的光照。温度一般保持在20℃～28℃，最好有日夜温差，如白天26℃，晚上20℃，这样对植物生长有利。光照一般都采用日光灯，光照度保持2000 lx左右即可。光照时间可用24 h定时器控制，自动控制12 h光照和12 h黑暗。对愈伤组织诱导需在黑暗下进行，因此最好在暗培养室中培养；亦可用两层黑布盖住，在普通培养室中培养。培养室内相对湿度常年维持在70%～80%。

2. 试管苗的移植

移植时的中心工作是防失水，防感染，以使试管苗尽快扎根。

试管苗移栽前，必须经过开管炼苗过程，即将试管盖或培养瓶盖打开，使幼苗暴露在室温和自然光下。一般需2～8 d。

把试管苗由试管移栽入土，必须小心地分步进行。先要轻轻地洗掉沾在根上的琼脂培养基，将试管苗栽于营养钵中。营养钵中的培养土需经过高温消毒，且通气性良好。移栽后，保持适宜的温度和湿度。最初10～15 d要通过喷雾或罩上透明塑料以保持90%～100%的湿度，并适当遮荫。在塑料罩上可打些小孔，利于气体交换。以后逐渐加强光照，降低湿度，定期浇水施肥，使幼苗迅速长出新根和新叶，再移至大田。

能力模块3　环境检测与调控

技能单元3.1　园艺设施小气候观测

技能训练目标

① 掌握园艺设施小气候一般变化规律及其对园艺植物生育的影响。

② 学会园艺设施小气候的观测方法。

1. 内容、方法

园艺设施小气候是指在特定的园艺设施内所形成的局部气候特点，这种特点主要表现在温、光、湿、气几个气候要素的数值及其变化规律，所以研究设施小气候必须对上述几个气候要素进行观测和分析。

保护地小气候观测内容，因研究目的不同而异。本技能重点测定温室、大棚内温度、光照、湿度的分布特点及日变化规律。

(1) 温、湿度分布及日变化测定　在温室(或大棚)中按五点法选东、西、南、北、中五个点，竖立五根标杆，每根标杆垂直方向上设 50 cm、100 cm、150 cm、200 cm 等四个测点。每次观测，注意读数准确，每一测点的温度要取二次读数的平均值，以消除读数时间上的误差。同时在露地应在等高位置设置对照测点。

观测时间分别为 4：00、6：00、8：00、10：00、12：00、14：00、16：00、18：00、20：00。

(2) 光照分布及日变化测定　测定光照分布的观测点、测定顺序和观测时间均与温、湿度分布观测一样。

(3) 地温分布及日变化测定　在温室(大棚)内水平面上，于东西和南北向中线，从外往里每 0.5～1.0 m 设观测点，测定 10 cm 地温分布情况，并在中部一点和对照区观测 5 cm、10 cm、15 cm、20 cm 地温的日变化，观察时间同温度调查。

2. 数据分析

① 根据观测数据，绘出温室(大棚)和露地等温线图，光照分布图，温度、湿度及地温日变化曲线图。

② 根据所测数据简要分析温室(大棚)内小气候的特点及局部差异的成因。

③ 通过上述分析，对温室(和大棚)的结构和管理提出自己的意见和建议。

技能单元 3.2　植物营养诊断

技能训练目标

① 熟练应用目测方法进行植物缺素快速诊断。

② 熟练掌握土壤测试方法，规范操作测试仪器。

③ 熟练掌握植物施肥的各种方式及施肥技术。

1. 植物营养外部症状诊断法

外部症状诊断法是根据作物的长势、长相以及产生的缺素症状，判断作物的营养状态和缺少的营养元素，是指导施肥的一种方法。例如蔬菜缺素的表现为：

(1) 缺氮症状　蔬菜缺氮初期生长缓慢，叶绿素减少，叶片褪绿，而以老叶失绿最明显；茎叶细小，有时叶脉出现紫色。结球叶菜包心延迟或不包心，果菜类果实细小或畸形。缺氮严重时，全株呈黄白色，老叶死亡，幼叶停止生长，腋芽枯死呈休眠状态。缺氮植株根部受害比地上部轻，但根细弱，根数减少，根不伸长等。

(2) 缺磷症状　缺磷植株矮小，生长缓慢，叶片细小、僵硬，呈深绿色，无光泽，有些作物沿叶脉呈红色。缺磷植株根系不发达，果菜类开花、结果不良，结球叶菜类包心延迟。

(3) 缺钾症状　缺钾最大的特征是叶缘出现灼伤状，尤其是老叶最明显。初期植株生长缓慢，叶片小，叶缘渐变黄绿色，后期脉间失绿，并在失绿区出现斑驳，叶片坏死，果菜类果实成熟不均匀。

(4) 缺镁症状　缺镁最显著的特征是不仅叶片脉间失绿，且小的侧脉也失绿。缺镁一般最先在老叶上表现症状，叶缘出现浅黄色失绿斑，并向脉间发展。严重时，老叶枯萎，全株呈黄色。

2. 土壤测试

(1) 土壤有机质的测定　采用油浴加热重铬酸钾容量法方法：在油浴（甘油或固体石蜡）加热（170 ℃～180 ℃）条件下，用过量的重铬酸钾—硫酸溶液氧化土壤有机碳，即将试剂与风干的土样同时盛入插在铁丝笼中的硬质试管中，然后将笼沉入油浴锅中，使试管中的液面低于油面，不使溶液剧烈沸腾，并轻提铁笼晃动数次，使液温均匀，5 min 后将笼提出冷却。试管中多余的重铬酸钾再用硫酸亚铁标准溶液（0.1 mol/L）滴定。计算时，有机碳被氧化前后所消耗的重铬酸钾数量乘以氧化校正系数（有机碳氧化率仅 90%左右，校正系数为 1.08），再乘以常数 1.724，即为该土壤有机质的含量。

(2) 土壤氮素的测定

① 全氮测定（半微量开氏法）方法：土样在加速剂（1g 硫酸钾＋ 0.1 g 硫酸铜＋0.01 g 硒粉）的参与下，用浓硫酸消煮分解，各种含氮有机化合物转化为铵态氮，碱化后蒸馏出来的氨用硼酸吸收，以硫酸标准溶液（0.02 mol/L 或 0.01 mol/L H_2SO_4）滴定至紫红色，求出土壤全氮含量（不包括硝态氮）。

② 包括硝态和亚硝态氮的全氮测定。在样品消煮前，需先用高锰酸钾将样品中的亚硝态氮氧化为硝态氮后，再用还原铁粉使全部硝态氮还原，转化为铵态氮。

③ 土壤水解性氮测定（减解扩散法）方法。旱地土壤由于土壤硝态氮含量较高，需加还原剂（$FeSO_4$ 加催化剂 Ag_2SO_4）还原，再用 1.8 mol/L 氢氧化钠溶液处理土样。在扩散皿中，全样于碱性条件下水解，使易水解氮经碱解转化为氨态氮，由硼酸溶液吸收，以标准酸（0.005 mol/L或 0.01 mol/L H_2SO_4）溶液滴定，计算碱解氮的含量。

(3) 土壤磷素的测定

① 土壤全磷测定（碱熔—钼锑钪比色法）方法。土壤样品与氢氧化钠高温（900～920 ℃）熔融，使土壤中含磷矿物及有机磷化合物中的磷全部转化为可溶性的正磷酸盐，在规定的稀硫酸浓度条件下，样品溶液中的磷酸根与钼锑钪显色剂反应，生成磷钼蓝，其颜色的深浅与磷的含量成正比，以此作全磷的比色测定。

② 土壤有效磷（碳酸氢钠浸提—钼锑钪比色法）方法。0.5 mol/L 碳酸氢钠溶液除可提取水溶性磷外，还可以抑制 Ca^{2+} 的活性，使一定量活性较大的 Ca⁻P 盐类中的磷被浸提出；也可使一定量比较活性的 Fe⁻P 和 Al⁻P 盐类中的磷通过水解作用而被提出。

土壤被浸提出的磷量与土液比、液温、振荡时间及方式有关。本法严格规定土液比为 1∶20，浸提温度为 25 ℃，振荡提取时间为 30 min，浸出液中的磷以钼锑钪比色法测定。

本方法主要适用于测定碳酸盐土壤中的有效磷含量，也可用于测定中性土壤及水稻土的有效磷含量。

(4) 土壤钾素的测定

① 土壤全钾的测定（碱熔—火焰光度法）方法。土壤中的有机物和各种矿物在高温（720℃）及氢氧化钠溶剂的作用下被氧化和分解。用硫酸溶液溶解融块，使钾转化为钾离子。

用火焰光度法测定。

② 土壤速效钾的测定(乙酸铵提取—火焰光度法)方法。以中性 1 mol/L 乙酸铵溶液为浸提剂，NH_4^+ 与土壤胶体表面的 K^+ 进行交换，连同水溶性钾一起进入溶液。浸出液中的钾可直接用火焰光度计测定。

(5) 土壤水分的简易测定法　用烘干法测定土壤含水百分率是常用的方法之一。具体方法见如图 2。

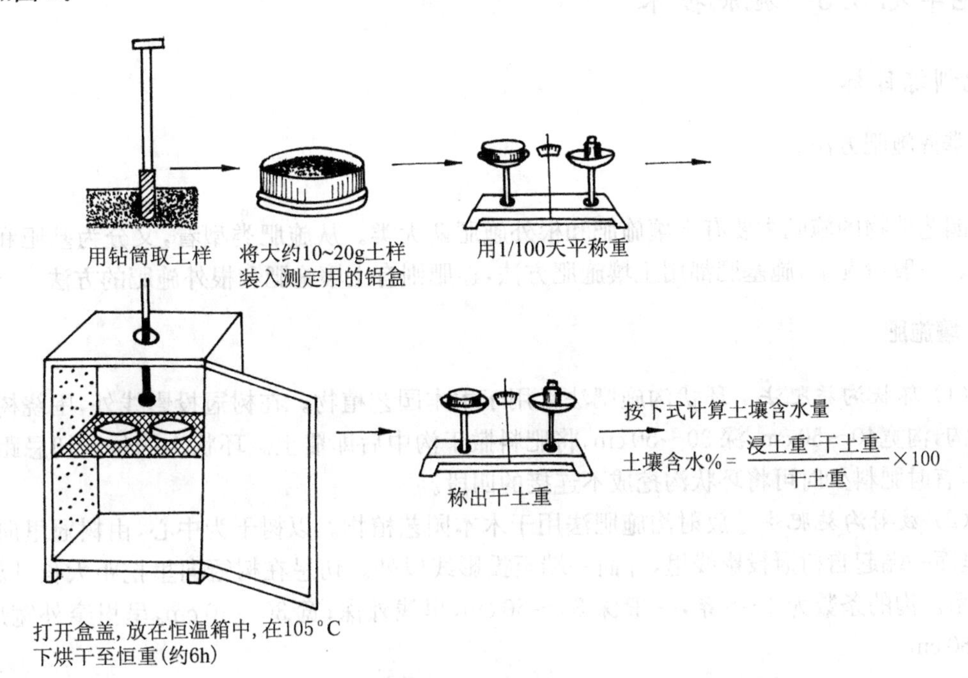

图 2　用烘干法测定土壤含水量的步骤

(6) 土壤 pH 的简易测定　可用混合指示剂比色法测定土壤的 pH。

① 方法原理。利用指示剂在不同 pH 的溶液中可显示不同颜色的特性，根据指示剂显示的颜色确定溶液的 pH 值。

② 仪器用具。有白瓷比色盘、玛瑙研钵。

③ 试剂配制。

pH4-8 混合指示剂。称取溴甲酚绿、溴甲酚紫及甲酚红三种指示剂各 0.25 g 于玛瑙研钵中，加 15 ml 0.1 mol/L NaOH 溶液及 5 ml 蒸馏水共同研匀，再用蒸馏水稀释至 1 L。

此指示剂的 pH 变色范围如下：

pH	4.0	4.5	5.0	5.5	6.0	6.5	7.0	8.0
颜色	黄	绿黄	黄绿	草绿	灰绿	灰蓝	蓝紫	紫

pH4-11 混合指示剂。称取 0.2 g 甲基红、0.4 g 溴百里酚蓝、0.8 g 酚酞，在玛瑙研钵中混合均匀，溶于 400 ml 95%酒精中，加蒸馏水 580 ml，再用 0.1 mol/L NaOH 溶液调至 pH 值为 7(草绿色)，用 pH 计或标准 pH 溶液校正，最后定容至 1 L。其变色范围如下：

pH	4	5	6	7	8	9	10	11
颜色	红	橙	枯草黄	草绿	绿	暗绿	紫	蓝紫

④ 操作步骤。取黄豆大小的土壤样品，置于白瓷比色盘中，加指示剂 3～5 滴，以能湿润样品而稍有余为宜，用玻棒充分搅拌，稍待溶液澄清，倾斜瓷盘，观察溶液颜色，确定 pH 值。

为了方便而又比较准确地测定 pH 值，可事先配制成不同 pH 值的系列标准缓冲液，每隔半个或一个 pH 单位为一级，取各级标准缓冲液 3～4 滴于白瓷比色盘中，加混合指示剂 2 滴，混匀后即可出现标准色阶，用颜料制成比色卡备用。

技能单元 3.3　施肥技术

技能训练目标

掌握施肥方法。

园艺植物的施肥主要有土壤施肥和根外施肥两大类。从施肥类型看，又分为基肥和追肥两种。一般情况下，施基肥都用土壤施肥方法，追肥则有土壤施肥和根外施肥的方法。

1. 土壤施肥

（1）*环状沟施肥法*　环状沟施肥法常用于木本园艺植物。在树冠投影线外，围绕树干挖环状沟，沟宽40～50 cm，深 30～50 cm，将肥料撒于沟中后即覆土。环状沟的位置切忌距树干太近，有时肥料少时可将环状沟挖成不连接的四段。

（2）*放射沟施肥法*　放射沟施肥法用于木本园艺植物。以树干为中心，由树冠里向外开沟，里面一端起自树冠投影线里，外面一端至投影线以外。切忌在树冠向里挖距太长，以免伤害根系。沟的条数为 4～8 条，一般深 30～50 cm，里浅外深；宽 30～40 cm，呈里窄外宽形；长 50～80 cm。

（3）*全园施肥*　全园施肥常用于草本园艺植物或苗圃地生产。全园施肥料，再翻入土中，有时常结合整地进行。

（4）*条沟施肥*　沿植株行向开沟，可开若干条，随开随施，并及时覆盖土壤。

（5）*穴施*　穴施常用于蔬菜生产。用铁锹或其他农具随挖随施，如能及时浇灌，肥效更好。有时也用液状肥。追肥时常采用此法。

（6）*盆栽*　用于盆栽植物追肥。

2. 根外追肥

根外追肥即叶面追肥，适于叶面喷施的肥料，主要是易溶于水的化肥。

能力模块 4　灌溉系统及其应用技术

技能单元 4.1　微灌

技能训练目标

① 了解微灌系统的类型和组成。

② 正确使用微灌技术。

微灌是微水灌溉的简称，它是按照作物需水要求，通过低压管道系统与安装在尾部（末级管道上）的特制灌水器（滴头、微喷头、渗灌管和微管等），将水和作物生长所需的养分以较小的流量均匀、准确地直接输送到作物根部附近的土壤表面或土层中，使作物根部的土壤经常保持在最佳水、肥、气状态的灌水方法。微灌的特点是灌水流量小，一次灌水延续时间长，周期短，需要的工作压力较低，能够较精确地控制灌水量，把水和养分直接输送到作物根部附近的土壤中，满足作物生长发育的需要。

1. 微灌的分类

由于组成微灌系统的灌水器不同，其相应的微灌系统称之为滴灌系统、微喷灌系统、小管出流灌系统以及渗灌系统等。其中滴灌应用最为广泛。

(1) *滴灌*　滴灌是微灌系统尾部悬毛管上的灌水器为滴头，或滴头与毛管制成一体的滴灌带将有一定压力的水消能后以滴状一滴一滴的滴入作物根部进行灌溉的方法。使用中可以将毛管和灌水器放在地面上，也可以埋入地下 30～40 cm。前者称为地表滴灌，后者称为地下滴灌。滴头的流量一般 2～12 L/h，使用压力 50～150 kPa。

(2) *微喷灌*　微喷灌是微灌系统尾部悬灌水器为微喷头，微喷头将具有一定压力的水（一般 200～300 kPa）以细小的水雾喷洒在作物叶面或根部附近的土壤表面，有固定式和旋转式两种。前者喷射范围小，后者喷射范围大，水滴大，安装间距也大。微喷头流量一般为10～200 L/h。

(3) *小管出流*　小管出流是用直径 4 mm 的微管与毛管连接作为灌水器，以细流（射流）状局部湿润作物附近土壤，流量一般为 80～250 L/h。对高大果树通常围绕树干修一渗水小沟，以分散水流，均匀湿润果树周围的土壤。

(4) *渗灌*　渗灌是微灌系统尾部灌水器为一根特制的毛管，埋入地表下 30～40 cm，低压水通过渗水毛管管壁的毛细孔以渗流的形式湿润其周围土壤。由于渗灌能减少土壤表面蒸发，是用水量最省的一种微灌技术。渗灌毛管的流量 2～3 L/h。

2. 微灌系统组成

微灌系统主要有水源、首部枢纽、输配水管网和尾部设备灌水器以及流量、压力控制部件和测量仪表等组成，如图 3 所示。

(1) *水源*　江河、湖泊、水库、井、渠、泉等水质符合微灌要求的均可作为水源。

(2) *首部枢纽*　首部枢纽包括泵组、动力机、肥料罐、过滤设备、控制阀、进排气阀、压力表、流量计等。其作用是从水源中取水增压并将其处理成符合微灌要求的水流送到系统中去。常用水泵有潜水泵、深井泵、离心泵等。动力机可以是柴油机、电动机等；也可以利用自来水、蓄水池的压力水。

供水量需要调蓄或含沙量很大的水源，常要修建蓄水池和沉淀池。沉淀池用于去除灌溉水源中较大的颗粒。为了避免在沉淀池中产生藻类植物，应尽可能将沉淀池或蓄水池加盖。

过滤设备的作用是将灌溉水中较大的固体颗粒滤去，避免污物进入系统，造成系统堵塞。过滤设备应安装在输配水管之前。

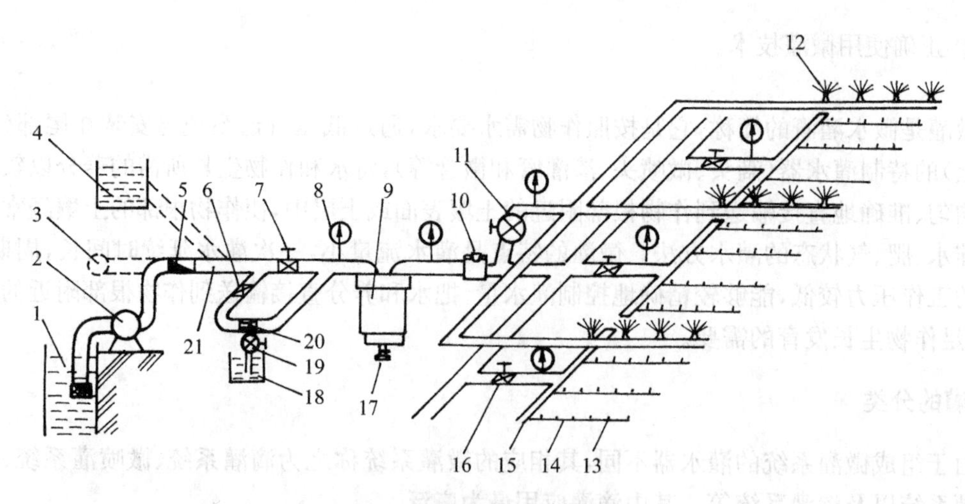

图3　微灌系统组成示意图

1. 水源；2. 水泵；3. 供水管；4. 蓄水池；5. 逆止阀；6. 施肥开关；7. 灌水总开关；8. 压力表；9. 主过滤器；10. 水表；11. 支管；12. 微喷头；13. 滴头；14. 毛管（滴灌带、渗灌管）；15. 滴灌支管；16. 尾部开关（电磁阀）；17. 冲洗阀；18. 肥料罐；19. 肥量调节阀；20. 施肥器；21. 干管

（3）输配水管网　输配水管网的作用是将首部枢纽处理过的水按照要求输送分配到每个灌水单元和灌水器，包括干、支管和毛管三级管道。毛管是微灌系统末级管道，其上安装或连接灌水器。微灌系统中直径小于或等于 63 mm 的管道常用聚乙烯管材，大于 63 mm 的常用聚氯乙烯。

（4）尾部设备　尾部设备是微灌系统的关键部件，包括微管和与之相联的灌水器（小微管、滴头、微喷头、滴灌带、渗灌头、渗灌管等）、插杆等。灌水器将微灌系统上游所来的压力水消能后以滴状、雾状等施于所需灌溉的作物根部或叶面。

技能单元 4.2　滴管

技能训练目标

① 了解滴管系统类型和组成。

② 正确使用滴灌技术。

1. 滴灌类型

根据滴灌工程中毛管在田间的布置方式、移动与否以及进行灌水的方式不同，可以将滴灌系统分成三类：地面固定式滴灌系统、地下固定式滴灌系统、移动式滴灌系统。

（1）地面固定式滴灌系统　毛管布置在地面，在灌水期间毛管和灌水器不移动的系统称为地面固定式系统，目前绝大多数滴灌采用这类系统。地面固定式滴灌系统应用在果园、温室、大棚和少数大田作物的灌溉中，灌水器包括各种滴头和滴灌管、带。这种系统的优点是安装、维护方便，也便于检查土壤湿润和测量滴头流量变化的情况；缺点是毛管和灌水器易于损坏和老化，对田间耕作也有影响。

（2）地下固定式滴灌系统　将毛管和灌水器（主要是滴头）全部埋入地下的系统称为地下固定式系统，这是在近年来滴灌技术不断改进和提高、灌水器堵塞减少后才出现的，但应用面积不多。与地面固定式系统相比,它的优点是免除了毛管在作物种植和收获前后的安装和拆卸工作,不影响田间耕作,延长了设备的使用寿命;缺点是不能检查土壤湿润和测量滴头流量变化的情况,发生问题维修也很困难。

(3) *移动式滴灌系统* 在灌水期间,毛管和灌水器在灌溉完成后由一个位置移向另一个位置进行灌溉的系统称为移动式滴灌系统,此种系统应用也较少。与固定式系统相比,它提高了设备和利用率,降低了投资成本,常用于大田作物和灌溉次数较少的作物,但操作管理比较麻烦,管理运行费用较高,适合于干旱缺水、经济条件较差的地区使用。

2. 滴灌组成

滴灌系统一般由水源、首部枢纽、输配水管网和灌水器四部分组成,其形式与微灌系统基本相同。

灌水器是滴灌系统的关键部件,它的作用是将毛管(最后一级管路)中具有一定压力的水均匀而稳定地灌到作物根部附近的土壤中,满足作物生长对水肥的需要。灌水器质量的好坏直接影响到系统的运行可靠性、寿命的长短和灌水质量的高低,因此在选用时一定要综合考虑。灌水器分为滴头和滴灌带(管)及微管等。

滴头是指通过流道或孔口将毛管中的压力水流变成滴状或细流状的装置。滴头与毛管制造成一体,具有输送水和滴水功能的管(带)称为滴灌管(带)。

技能单元4.3 微喷灌、渗灌

技能训练目标

① 了解微喷灌、渗灌系统类型和组成。

② 正确使用微喷灌、渗灌技术。

1. 微喷灌

微喷灌是通过管道系统利用微喷头将低压水或化学药剂以微流量低压喷洒在枝叶上或地面上的一种灌水形式。微喷灌和滴灌的不同之处在于灌水器由滴头改为微喷头,滴头是靠自身结构消耗掉毛管的剩余压力;而微喷头则是用喷洒方式消耗能量,湿润面积比滴灌大,这样有利于消除含水饱和区,使水分能被土壤随时吸收,改善了根区通气条件,但会使土壤表面的水量损失增加。与普通的喷灌相比,它的工作压力低,射程小,只能喷洒土壤表面局部,一般安装在近地面处,不会喷洒到作物叶面,可以调节田间小气候,但在温室、大棚中使用可能会增加湿度,易发生病虫害,这是不如滴灌和渗灌的地方。

微喷灌系统的组成和分类与滴灌系统相同,其水源、首部枢纽、输配水管网几部分的设计、设备选用、施工和运行维护均与滴灌系统相同。微喷头是将压力水流以细小水滴喷洒在土壤表面的灌水器。单个微喷头的喷水量一般不超过250 L/h,射程一般小于7 m。

按照结构和工作原理,微喷头分为射流式、离心式、折射式和缝隙式四种。

2. 渗灌

渗灌技术是继喷灌、滴灌之后的又一节水灌溉技术。渗灌是一种地下微灌形式,在低压条件下，通过埋于作物根系活动层的灌水器(微孔渗灌管)，根据作物的生长需水量定时定量地向土壤中渗水供给作物。

无论国内还是国外，渗灌发展的技术关键是研制渗灌管。近年来，随着工业技术的发展，国外的渗灌技术有了很大的进展，但我国刚刚起步与发达国家的差距很大。

渗灌系统全部采用管道输水。灌溉水是通过渗灌管直接供给作物根部，地表及作物叶面均保持干燥，作物棵间蒸发减至最小，湿润层土壤含水率均低于饱和含水率。因此，渗灌技术水的利用率是目前所有灌溉技术中最高的。

渗灌系统首部的设计和安装方法与滴灌系统基本相同，所不同的是，尾部地埋渗灌管渗水量的主要制约因素是土壤质地和渗灌管的入口压力，所以渗灌系统运行时的主要控制条件是流量，而滴灌系统完全是通过调节压力而控制流量的。

淤堵是渗灌所面临的一大难题，包括泥沙堵塞和生物堵塞。渗灌管是渗灌系统的关键部件，在管壁上无规则地分布着毛细微孔。目前应用的渗灌管品种很少，只是管径和流量等规格的不同。美国的渗灌管是通过特殊的配方和生产工艺而制造的，包括发泡、抗紫外线和防虫咬等专利技术。目前，我国还没有完全掌握生产渗灌管的关键技术，一旦发生堵塞清洗和维修十分困难。另外，它的管道埋设于地下，水肥可能流入作物根系达不到的土壤层，造成水肥的浪费。所以，目前渗灌的大面积推广应用受到一定限制。

渗灌与滴灌的区别在于出水点分散，无规律，孔管大小不一，工作压力低，一般为 10～50 Pa(1～5 m 水头)，出流量每米管长为 2～5 L/h，对水质要求高，抗堵塞能力差。

参 考 文 献

[1] 张福墁. 设施园艺学 (第一版)[M]. 北京:中国农业大学出版社,2001.
[2] 北京农业大学主编. 蔬菜栽培学·保护地栽培(第二版)[M]. 北京:农业出版社,1989.
[3] 王耀林,张志斌,葛红. 设施园艺工程技术 (第一版)[N]. 郑州:河南科学技术出版社,2000.
[4] 夏春森. 南方中小棚 108 种蔬菜生产技术(第一版)[M]. 北京:中国农业出版社,2001.
[5] 尚书旗. 设施栽培工程技术(第一版)[M]. 北京:中国农业出版社,1999.
[6] 李天来,张振武,张昕,须晖,胡寿菊. 棚室蔬菜栽培(第一版)[M]. 沈阳:辽宁科学技术出版社,1999.
[7] 杨祖衡. 设施园艺技能训练及综合实习(第一版)[M]. 北京:高等教育出版社,2000.
[8] 连兆煌. 无土栽培原理与技术[M]. 北京:中国农业出版社,1994.